Sciences participatives et gouvernance des patrimoines et territoires des deltas

Actes du Colloque International du Laboratoire Mixte International Pateo du 11 au 14 mai 2016 à l'Université Gaston Berger de Saint Louis du Sénégal

Marie-Christine Cormier-Salem
Luc Descroix
Mouhamadou Mawloud Diakhate
(Editeurs Scientifiques)

Sciences participatives et gouvernance des patrimoines et territoires des deltas

Actes du Colloque International
du Laboratoire Mixte International Pateo
du 11 au 14 mai 2016
à l'Université Gaston Berger de Saint Louis du Sénégal

L'Harmattan

5-7, rue de l'École-Polytechnique ; 75005 Paris

http://www.librairieharmattan.com
harmattan1@wanadoo.fr

ISBN : 978-2-343-12004-1
EAN : 9782343120041

CONFÉRENCE INTRODUCTIVE AU COLLOQUE PATEO :

L'INJONCTION DU PARTICIPATIF DANS LA GOUVERNANCE DES DELTAS OUEST AFRICAINS : ENJEUX SCIENTIFIQUES, DÉFIS POLITIQUES

Marie-Christine Cormier-Salem[1]

Résumé

Depuis une vingtaine d'années, le succès des approches participatives ne se dément pas, notamment en ce qui concerne la gouvernance de la biodiversité et de l'environnement. L'implication des populations, dans la production des connaissances, dans les controverses éthiques ou dans la gestion de l'environnement apparaît désormais comme une figure imposée de notre époque dans son aspiration à des modèles délibératifs plus démocratiques et à des rapprochements sciences-sociétés-politique. Le succès des approches participatives n'est pas sans ambigüité: outre les risques de privatisation des connaissances et d'instrumentalisation des citoyens, ces approches comprennent des biais méthodologiques et nécessitent un système de validation et homogénéisation des données, parfois très lourds.

L'objectif de cette contribution est d'envisager comment cette nouvelle injonction du « participatif » modifie les pratiques de la recherche pour le développement, le statut des connaissances produites et la place des savoirs autochtones et locaux et, plus largement, les relations sciences-sociétés-politique.

Cette contribution met en évidence les raisons de ce succès, puis analyse les biais scientifiques et les risques politiques et éthiques des dispositifs participatifs. Leurs apports et limites sont illustrés à travers les recherches empiriques conduites sur les deltas ouest africains et les manifestations animées par PATEO, en particulier les ateliers: Gouvernance territoriale des services écosystémiques (Saint Louis, décembre 2012), Muséologie participative (Mbour en février 2013) et Cartographie participative (Cabrousse, juillet 2014).

[1] DR IRD, LMI PATEO/ UMR PALOC, IRD/MNHN/Sorbonne Universités.

Ces réflexions interrogent sur l'institutionnalisation de la participation, la mise en œuvre de telles approches dans des systèmes politiques peu ou non démocratiques, la place de l'Etat et invitent à analyser les conditions qui favorisent (ou limitent) à la fois la production, l'application (ou l'opérationnalisation) et la circulation (réappropriation, diffusion, hybridation) des connaissances.

Introduction : un succès croissant, nécessitant de clarifier les postures

Le succès des approches participatives, en particulier en ce qui concerne la gouvernance de l'environnement, ne se dément pas depuis une vingtaine d'années. En témoigne le récent rapport sur les sciences participatives, coordonné par F. Houiller directeur de l'INRA et remis officiellement en février 2016 à Najat Vallaud-Belkacem et Thierry Mandon. Les sciences participatives sont définies comme les « formes de production de connaissances scientifiques auxquelles des acteurs non-scientifiques-professionnels, qu'il s'agisse d'individus ou de groupes, participent de façon active et délibérée » (Houiller, 2016: 6). Ce rapport fait un état des lieux des sciences participatives en France et propose un guide de bonnes pratiques en la matière. La co-production des connaissances est désormais reconnue comme un des principes fondamentaux des grandes instances nationales, européennes (cf. l'appel à projet de CLORA de l'UE)[2] et internationales (cf. *Future Earth, Research and governance;* cf. *Intergovernmental Science-Policy Platform on Biodiversity and Ecosystem Services*/ Plateforme intergouvernementale sur la biodiversité et les services écosystémiques, IPBES, etc.).

Quelles sont les modalités et les finalités de cette injonction à faire «du participatif » ? En quoi cette injonction révèle-t-elle de nouveaux liens entre les acteurs locaux (ou la société civile), la science et la politique ? Dans quelle mesure modifie-t-elle nos pratiques de recherche?

Dans cette contribution, après avoir analysé les raisons du succès des approches participatives, nous en montrons à la fois les apports et les

---

[2] Dans l'appel à projet 2016 CLORA sur le Changement climatique de l'Union Européenne, des taches sont dédiés à la traduction des savoirs, ou données, des scientifiques aux décideurs et praticiens. La réduction des « incertitudes » en termes de transfert d'échelles et d'opérationnalité est aussi une composante essentielle de ces AAP

risques. Plus précisément, nous analysons les dispositifs participatifs mis en œuvre dans le cadre du LMI PATEO, en basant nos réflexions sur l'animation d'ateliers organisés sur la gouvernance des deltas ouest africains entre 2012 et 2015. A la suite de Goldman et *al* (2011), à la croisée de la « *political ecology* » et des « *Science and Technical Studies* », nous analysons les liens entre production, application et circulation des connaissances et nous interrogeons sur nos postures et pratiques de recherche. Nous portons ainsi notre attention sur la façon dont les connaissances sur les deltas ouest-africains sont produites, circulent (en soulignant le rôle majeur des ONG) et sont appliquées sur le terrain.

1. Une injonction de plus en plus pressante

Les approches participatives, comme le souligne F. Houiller dans son rapport (2016), ne sont pas récentes, mais néanmoins sont de plus en plus mobilisées, voire imposées, notamment dans les pays du Sud. Les raisons de ce succès, multiples et intriquées, sont généralement liées à trois principales motivations (Demeritt, 2015) :

- normative ou politique et éthique: la participation est un droit fondamental démocratique. Ainsi, en ce qui concerne les Aires Protégées, à la vision protectionniste des premiers parcs nationaux, a succédé la promotion de la cogestion ou *community-based management* (Cormier-Salem, 2007 ; 2014a). La gouvernance partagée (Borrini-Feyerabend et *al*, 2009) répond aux exigences de justice environnementale, reconnaissant la légitimité des communautés locales à gouverner ces territoires ;

- instrumentale ou utilitaire: la participation publique, outil de médiation et de dialogue, permet une plus grande acceptabilité des politiques; c'est un outil efficace pour obtenir un consensus. Face à l'échec des politiques coercitives de protection de la nature et au désengagement des Etats (ou encore à la déliquescence des services publics en Afrique et la faiblesse de leurs moyens), le transfert de gestion aux communautés de base apparaît non seulement plus juste, mais aussi plus efficace;

- heuristique: la science et l'ingénierie écologique sollicitent de plus en plus les citoyens pour le recueil et le suivi des données *in situ*. Les réseaux d'observateurs ou d'amateurs éclairés de la nature permettent à un moindre coût et en temps réel de couvrir un plus large territoire et de diversifier les observations. C'est un moyen séduisant pour produire de nouvelles connaissances (De Sardan, 2001).

Ce succès n'est pas nouveau (Chlous et *al,* 2015). De fait, depuis les années 70-80s, l'accent mis sur l'altérité et sur la gestion locale amène à donner plus de place aux valeurs sociales et communautaires. Les recherches participatives apparaissent à ce moment-là en Afrique comme une évidence opérationnelle, une condition ou un préalable à l'adoption et à la diffusion des innovations (qu'elles soient institutionnelles, techniques, économiques etc.). L'impératif apparaît alors moins politique et éthique qu'instrumental. Le colloque de Ouagadougou, magistralement introduit par Pélissier (1979 : 5), fustigeant « l'ignorance hautaine des sociétés rurales et les arrogantes certitudes du transfert technologique caractéristiques des experts », constitue, sans nul doute, un tournant important dans la reconnaissance de divers ordres de rationalité : à la rationalité technique des développeurs, est opposée le bon sens ou la logique des paysans.

A partir des années 1980s, les politiques de décentralisation en Afrique se (re)déploient, considérées comme politiquement et économiquement plus efficaces (ou performantes), plus justes (ou égalitaires) et plus démocratiques dans le sens où elles favorisent les interconnections entre gouvernement et citoyens (Agrawal et Ribot, 2000). Au Sénégal, soulignons la politique de décentralisation dont l'acte I a été posé en 1996 et l'acte III en 2015 (cf. contribution de M. M. Diakhaté dans ce même ouvrage).

D'une façon générale, le champ du participatif découle de trois mouvements convergents (Chlous *et al*, 2015) :

- en premier lieu, à compter des années 90s, la montée en puissance du concept de communautés autochtones dans les arènes de négociations internationales sur la biodiversité confirme la place centrale à accorder aux populations locales et à leurs savoirs, et les impose comme des acteurs à part entière tant dans les bonnes pratiques du développement, que dans celles de la recherche. L'article 8, alinéa J de la Convention sur la diversité biologique (1992) est explicite sur la nécessaire reconnaissance des « traditions, savoirs et innovations des communautés locales et autochtones » (Cormier-Salem et Roussel, 2002). Dans l'IPBES, dès sa création en 2012, un groupe de travail est spécifiquement dévolu aux savoirs indigènes et locaux ;

- en second lieu, les liens entre la connaissance d'une part, le progrès et le bien-être d'autre part, sont remis en cause dans une société du risque, affectée par diverses crises. Manifeste dès les années 1970-80s, la crise de la rationalité technique et scientifique s'aggrave depuis deux décennies, concourant au déploiement de nouveaux dispositifs de recherche-action et de nouvelles approches à l'interface des sciences, de la société civile et des décideurs politiques.

Les incertitudes scientifiques sur les changements climatiques (CC) – ou la difficulté des experts scientifiques du GIEC à communiquer sur le CC- concourent ainsi à modifier notre façon d'appréhender notre environnement (physique et social, matériel et immatériel) et les articulations entre recherche et politique. Les négociations autour de la COP21 à Paris en novembre 2015 sont révélatrices de nos modes de gouvernance (de la pluralité des représentations, acteurs, institutions). Sans s'aligner sur les climato sceptiques, allant jusqu'à remettre en cause l'ampleur et la rapidité du réchauffement climatique, il faut reconnaître que le CC fait l'objet de nombreux débats. Les interrogations portent aussi bien sur l'objectivation des changements (quel état des connaissances avons-nous des paramètres climatiques et de leurs tendances passées, présentes et à venir ? comment cadrer le problème climatique ?), sur les scénarios à plus ou moins long terme (avec la question de l'articulation des échelles spatiales et temporelles), sur les solutions à apporter (le choix des outils économiques, les politiques d'atténuation et d'adaptation). Ce n'est pas l'objet de cette communication de discuter du CC mais simplement de souligner comment il est devenu une question politique conduisant à rapprocher sciences et sociétés dans de nouveaux dispositifs et de nouvelles approches (Aubertin et *al,* 2015).

- En troisième lieu, face à la globalisation des problèmes environnementaux (érosion de la biodiversité, changement climatique, accès à l'eau potable, etc.) et au néolibéralisme dominant, de plus en plus de voix s'élèvent pour dénoncer la marchandisation de la nature et les risques d'injustice environnementale. La montée en puissance de cette notion de justice environnementale dans ces trois dimensions (Schlosberg, 2007) – maintien et redistribution des bénéfices tirés de l'environnement, procédure de participation des communautés locales aux décisions et, enfin, reconnaissance de leurs savoirs et pratiques – invite à de nouvelles postures éthiques ou nouvelle déontologie, promouvant des modèles de développement ou de « gouvernementalité » et de recherche, à la fois ascendants, inclusifs et collaboratifs (Fletcher et *al*, 2015)

Ainsi, à l'échelle internationale, on relève un changement idéologique, qui modifie les pratiques de la recherche : la critique du « modèle linéaire » subordonnant l'action à la connaissance conduit à privilégier la co-construction des connaissances entre une pluralité d'acteurs -citoyens, ONG, décideurs- qui interviennent dans des arènes diversifiées, articulant initiatives locales, politiques nationales et gouvernance globale (Chlous et *al,* 2015).

Le succès des approches participatives n'est pas sans ambigüité: outre les risques de privatisation des connaissances (Pestre, 2003) et d'instrumentalisation des citoyens (*"a new tyranny that coopts people into their own subjugation"* selon les termes de Cooke and Kothari, 2001), les approches participatives comprennent des biais méthodologiques et nécessitent un système de validation et homogénéisation des données, qui peut s'avérer très lourd. De même que les politiques de décentralisation, promues par les BINGO et les grandes OI, n'ont pas répondu aux attentes, tant politiques qu'économiques, et font (toujours) l'objet de nombreux travaux critiques (Agrawal et Ribot, 2000), de même les approches participatives souffrent de limites, notamment en termes de dissymétrie de savoirs (et de pouvoirs) et de partage des devoirs et responsabilités. Dans cette contribution, nous nous baserons sur les ateliers thématiques annuels organisés dans le cadre du LMI PATEO entre 2012 et 2015 et nous efforcerons d'en tirer les principales leçons.

2. Etudes de cas : présentation de « nos » pratiques de recherche

Le succès des approches participatives, tout à la fois, révèle et invite à de nouvelles relations sciences-sociétés. Comment l'injonction du participatif modifie-t-elle les pratiques de la recherche pour le développement ? Quel est le statut des connaissances produites ? Qui sont les acteurs –professionnels et non professionnels de la science- qui participent ? Pourquoi ? Comment ? Quelles sont leurs motivations, leurs légitimités ? Les manifestations organisées dans le cadre de PATEO nous servent de matériel empirique pour répondre à ces questions.

Le LMI PATEO « Patrimoines et Territoires de l'eau », laboratoire de recherche centré sur les deltas ouest-africains transfrontaliers, dès sa création (Cormier-Salem, 2012), postulait une démarche participative, programmait des actions collaboratives, visait une gouvernance durable et partagée des deltas et comprenait, parmi ses membres, des institutions académiques et aussi une ONG, le GRDR, Groupe de Recherche et de Réalisations pour le Développement Rural (www.pateo.ird.fr). PATEO s'est efforcé de privilégier des approches participatives dans les actions phares des trois dimensions de cette plateforme : 1) scientifique à travers la contribution au programme sur la gouvernance citoyenne des littoraux du sud (convention programme AFD-GRDR, 2014-2016) ; 2) technique à travers l'élaboration et la gestion du SIG SIRENA (Appui DSI SPIRALES 2011-2015) ; 3) pédagogique à travers l'organisation de plusieurs formations en géomatique destinées aux gestionnaires des aires protégées ou encore en muséologie participative avec des représentants de la société civile. Outre les acteurs « académiques » (chercheurs, enseignants-chercheurs et étudiants), PATEO associe toutes les parties prenantes de la gouvernance des deltas et s'est clairement positionné comme un outil au service du développement, en accompagnant les initiatives innovantes des communautés locales pour valoriser leur patrimoine (cf. projet de conservation participative et forum de concertation organisé dans la Communauté Rurale de Dionewar en février 2013) ou encore qualifier les produits de terroir (cf. atelier de réflexion PRODIVALA « PRODuits de terroir : des Instruments innovants de VALorisation de la biodiversité en Afrique ? » en novembre 2014).

Dans cette contribution, à travers les recherches empiriques conduites sur les deltas ouest africains et les manifestations animées par PATEO, nous montrons les modalités et finalités de nos approches participatives. Nous nous basons en particulier sur les trois ateliers: Gouvernance territoriale des services écosystémiques (Saint Louis, décembre 2012), Muséologie participative (Mbour en février 2013) et Cartographie participative (Cabrousse, juillet 2014).

2.1. Compromis entre services et la gouvernance territoriale

L'atelier de travail « Services écosystémiques et territoires : pour un cadre d'analyse conceptuel et méthodologique », a été organisé à l'Université Gaston Berger de Saint Louis, du 1er au 8 décembre 2012, appuyé sur l'AI de l'IRD « Partage des Bénéfices issus de la biodiversité » (Cormier-Salem, 2012).

Les attendus de cet atelier étaient de constituer une culture partagée entre partenaires sur la notion de service écosystémique, d'en proposer une grille de lecture, fondée sur une première analyse bibliographique, et d'élaborer un cadre d'analyse interdisciplinaire pour évaluer les compromis ou les interactions (positives et négatives) entre services et les liens entre les services écosystémiques et développement des territoires, en repartant du cadre proposé par le MEA(Millenium Ecosystem Assessment, 2005).

Cet atelier de réflexion scientifique a été structuré autour de la présentation de 12 communications et l'animation de quatre groupes de travail sur : 1) La notion de service écosystémique: pertinence et limite ; 2) Evaluation des services : « *from valuation to assessment* » ; 3) Approche des compromis entre services et gouvernance territoriale ; 4) Partage des avantages issus de la biodiversité.

Cet atelier a débouché sur un état de l'art préliminaire de plus d'une centaine de références (Alfon et Cormier-Salem, 2012) et un programme de recherche sur les services issus des mangroves. L'équipe, interdisciplinaire, centre ses réflexions sur les interactions entre séquestration du carbone, biodiversité et services socio-culturels. Elle analyse plus particulièrement les effets des politiques de reboisement des mangroves sur la dynamique des socio-écosystèmes. Ciblé dans un premier temps sur le delta du Saloum au Sénégal, puis, dans un deuxième temps, sur le bassin de la Casamance, les analyses critiques des campagnes de reboisement des palétuviers se sont étendues au Vietnam dans le cadre du programme SAM « Services Associés aux Mangroves » (PEPS CNRS-IRD, 2015) et du LMI SEDES créé en 2016.

Si l'atelier avait des modalités et finalités d'abord scientifiques, les conclusions et les suites données à cet atelier se sont centrées sur les démarches participatives, seules à même de réellement appréhender les services et de répondre aux attendus en termes de gouvernance territoriale. Au nom des principes d'équité intra et trans-générationnelle et de justice environnementale (CBD, 1992 ; MEA, 2005), la nécessité de garantir la préservation des services écosystémiques, en lien avec le bien-être des communautés locales, est devenu un impératif. Si d'incontestables avancées ont été faites en ce qui concerne l'identification des services et leur évaluation, les approches restent largement dominées par l'estimation monétaire et instantanée de la valeur d'une espèce, d'un habitat ou encore d'un élément de la nature. Or, il s'agit en premier lieu non de donner un prix à la nature, mais de disposer d'instruments opérationnels pour assurer l'accès et le partage équitable de ces biens et services. Tout en soulignant les lacunes des méthodes d'évaluation, il est proposé de dépasser les débats existants autour de la notion même de services écosystémiques, leur classification et typologie, l'opposition entre valeurs instrumentales versus valeurs intrinsèques et de mettre l'accent sur les notions de justice environnementale et de gouvernance territoriale et sur la concertation entre acteurs. Compte tenu de la diversité des valeurs (ou système de valeurs) associées aux mangroves et de la complexité de ces socio-écosystèmes, il est privilégié une démarche intégrée, diachronique, territoriale et inclusive, prenant en compte toutes les parties-prenantes avec leurs savoirs, perceptions, pratiques et stratégies. Le pluralisme méthodologique et la collecte d'informations « à dire d'acteurs » sont au cœur de notre démarche. Ainsi, en ce qui concerne la mangrove, quand la séquestration du carbone par les forêts de palétuviers semble le service clé aux yeux de la plupart des acteurs extérieurs à ces milieux, la fourniture de produits alimentaires (riz, sel, miel, coquillages, crevettes, poissons, etc.), matériaux de construction et combustibles et les valeurs patrimoniales (sites sacrés, rites, espaces de vie, etc.) l'emportent aux yeux des populations des paysans-pêcheurs, marins-pêcheurs et femmes collectrices des coquillages et huîtres de Casamance comme du Saloum. Il est également souligné l'importance d'intégrer ces mêmes populations (ou de les faire réellement participer) à tous les stades des processus d'actions collectives, publiques et privées, qui connaissent un développement accéléré depuis une dizaine d'années dans le cadre notamment du mécanisme REDD+ (Cormier-Salem, 2014b ; Cormier-Salem et *al*, 2016 ; Cormier-Salem et Panfili, 2016).

2.2. Muséologie participative

L'école-chercheurs sur la Muséologie participative, a été organisée au CIREM (Centre International de Recherche et d'Enseignement) avec l'IFAN-CAD et l'Université de Nouakchott du 24 février au 5 mars 2013 (Cormier-Salem, 2013). Cette école avait pour objectifs de : partager nos savoirs et expériences dans le domaine de la muséologie participative; mettre en synergie les actions (en cours ou programmées) de valorisation muséale du delta du Saloum et du CIREM; élaborer une charte de bonne conduite.

Le groupe était constitué de scientifiques issus de disciplines différentes – muséologie, anthropologie, archéologie, ethnobotanique, géographie -, de gestionnaires, ONGs, et d'opérateurs de terrain, issus du « local » (femmes présidentes de GIE de Casamance ou du Saloum), du Sénégal, voire de France. Cette diversité de compétences et de savoirs a contribué à la richesse des échanges, et a aussi nécessité de co-construire un langage commun, préalable à tout projet. Il a été notamment nécessaire de clarifier les notions polysémiques de patrimoine, écomusée, centre d'interprétation, et bien sûr muséologie participative.

Les discussions ont porté notamment sur :

- les collections ou la collecte des objets dits patrimoniaux (à la fois naturels et culturels, matériels et immatériels) : comment les enrichir ? Les valoriser ? Qui choisit ? Selon quels critères ? La question du recrutement de systématiciens et de taxidermistes a été aussi soulevée ;

- sur les risques de représentation folklorique ou d'une mise en scène romantique des modes de vie et de gestion des ressources par les communautés autochtones. Il y a des traditions certes mais celles-ci ne cessent d'être réinventées et doivent s'adapter aux changements globaux, ce qui incite à innover. Une bonne illustration en est donnée par les pêcheurs artisans sénégalais avec les engins de pêche : les filets autrefois en coton sont maintenant en nylon, les haveneaux de fibres végétales sont désormais en plastique ;

- sur la concertation entre parties-prenantes : la connivence (pour reprendre le terme de C. Henry, 1986) est indispensable, pour que les actions se complètent et parce qu'il y a des contextes très divers : il y a de très fortes spécificités à l'échelle des villages en ce qui concerne les usages, techniques, pratiques. Un bon exemple est celui de l'exploitation des mollusques et des coquillages. Il faut donc diversifier les offres pour répondre à la diversité des attentes et des demandes à diverses échelles et selon les acteurs ;

- sur les musées : depuis les années 1990s les réflexions sur les musées en Afrique ont beaucoup avancé, comme le montre Y. Girault (2013 ; 2015) à travers la diversification des modes de valorisation (musées, centres d'interprétation, expériences locales des banques culturelles).

Le titre de l'atelier « Muséologie participative » était sans doute un peu présomptueux. Le projet de maison des produits de la mer, porté et géré par des experts, situé dans un centre de recherche plus ou moins clos, quoiqu'associant des acteurs de la société civile, ne peut être à proprement qualifié d'écomusée. En quoi les musées sont-ils participatifs ? Sans doute est-ce une exigence éthique, mais le défi, scientifique et institutionnel, reste entier.

Avant tout projet de conservation participative, il convient de s'interroger sur ces questions : quel public est visé ? Des étrangers touristes aux jeunes des villages, qui ne connaissent plus leur patrimoine ou encore aux scolaires ? Si on privilégie les visiteurs étrangers, il faut s'interroger sur les conditions et capacités d'accueil, voire de charge. Pour qui ? Qui en bénéficie ? Quelles sont les retombées pour les populations locales ? Avec quels moyens ? Si le public visé est d'abord local ou national, la gratuité des musées n'est-elle pas incontournable mais, du coup, quelles aides et subventions doit-on mettre en œuvre pour ces musées ? La culture n'est pas assez considérée comme un moteur du développement économique et social; les institutions sont insuffisamment coordonnées. Si le public est étranger, des revenus peuvent être assurés par la valorisation des produits locaux, spécialités culinaires ou objets artisanaux : mais il ne faut pas proposer ceux que l'on retrouve sur tous les marchés. Il faut offrir des produits « hauts de gamme », « contemporains » qui valorisent la créativité des artisans, mettent en valeur les matériaux locaux et les savoir-faire locaux adaptés au monde moderne. Enfin, quels objets peuvent être présentés ? Quels patrimoines mettre en scène ?

Ces interrogations reposent la question clé du rôle des divers acteurs dans les démarches de valorisation muséale. Au final, les débats ont souligné :

1) la nécessaire diversification de l'offre (muséale comme touristique ou socioculturelle) en fonction de la demande des visiteurs et de l'attente des populations locales pour valoriser les collections. Outre les expositions permanentes, il faut aussi concevoir des musées virtuels ou encore des sites internet plus pédagogiques, offerts notamment aux lycéens. La contextualisation est indispensable car il faut donner à voir les très fortes spécificités locales. Le *kecax* de Mbour n'est pas celui de Cayar ! Le « caractère » de chaque site (comme le caractère de chaque AP ou PN) est à valoriser pour une meilleure attractivité des visiteurs : il faut jouer sur la complémentarité entre sites, proposer des circuits ou réseaux de sites ;

2) l'information des opérateurs, médiateurs pour qu'ils soient au courant des potentialités et veillent à la qualité de l'accueil, invitant à la co-construction d'un label et d'une charte qui permettrait notamment d'appuyer le Centre de Toubacouta comme centre de ressources de la Réserve de Biosphère du delta du Saloum (devenue Patrimoine mondial de l'humanité de l'Unesco en 2012) et la Maison des produits de la mer au Cirem, comme porte d'entrée vers le Saloum et les autres actions de valorisation du patrimoine ;

3) la formation des guides, des écoguides et des conservateurs sur les techniques muséologiques et sur les informations scientifiques à communiquer aux visiteurs ;

4) le dialogue continu et renforcé sciences / sociétés : les experts scientifiques professionnels ont le devoir de restituer leurs

travaux aux autres acteurs, non professionnels de la science. La co-construction ou le co-partage des savoirs est au cœur de notre démarche.

3. Cartographie participative

Plusieurs communications et posters de ce colloque (Ehemba *et al* ; Sane *et al* ; Toure *et al*) traitent de ce sujet. Dans cette contribution, nous en dressons une rapide synthèse. L'école thématique sur la Cartographie participative, a été organisée par IRD (PALOC et PAOLA), GRDR, UASZ à Cabrousse dans la CR de Diembéring (arrondissement d'Oussouye) en Casamance du 30 juin au 5 juillet 2014 (Cormier-Salem, 2014c).

Le canevas, proposé au préalable aux intervenants pour faciliter les échanges, reposait sur les questions suivantes:

1. Pour qui? Genèse des projets. Quels acteurs ?
2. Pour quoi faire? En réponse à quelle demande? Objectifs ? Définis par qui ?
3. Comment? Démarche mise en œuvre; rôle respectif des acteurs; outils mobilisés ;
4. Principaux résultats: apports; limites ;
5. Produits et prospectives: suites données à ce projet.

Un premier temps de 2 jours de travaux en salle, théoriques et méthodologiques, a permis d'aborder les concepts et méthodes, échanger nos expériences, élaborer un cadre commun. Sept exposés ont été présentés. Un deuxième temps de 2 jours de travaux sur le terrain, empiriques, a permis de tester le cadre commun sur une des zones ateliers de la convention programme AFD « "Gouvernance citoyenne des littoraux sud", coordonnée par le GRDR et impliquant les partenaires du LMI PATEO. Trois villages de la CR de Diembéring (Diembéring, Bouyouye et Cabrousse) et 2 thèmes (riz et riziculture, patrimoine) ont été choisis, permettant de constituer 6 groupes de 4-5 personnes. L'équipe organisatrice avait conduit des pré-ateliers et prévenu les populations du CR de nos enquêtes, en s'appuyant sur leurs points focaux, la plupart riziculteurs diola, médiateurs entre les « experts professionnels» et les « locaux ». La méthodologie, les données acquises et les attendus ont été présentés aux participants et les groupes constitués en s'efforçant de combiner des compétences et expertises complémentaires. Les visites de terrain par groupes thématiques ont donné lieu à la réalisation de cartes (terroirs, ancien et actuel ; transects selon les thèmes ciblés), des recueils plus ciblés d'informations à travers des entretiens individuels et collectifs (calendrier des activités, généalogie, ..) et des séances de présentation et de troisième temps, dernier jour de nos travaux, en salle, en présence d'institutionnels, a été consacré à une séance de restitution générale et aux synthèses et perspectives.

Ces trois ateliers convergent sur plusieurs points:

- La démarche ou la philosophie privilégiée se veut participative.

- Le principal résultat attendu est moins un produit (un jeu de cartes, un écomusée, une publication), qu'un processus, une dynamique de partenariat, le dialogue permettant l'hybridation des connaissances et la circulation des informations au sein d'un réseau d'acteurs.

- Le public visé est la société civile, au-delà des cercles académiques ; les participants de toutes origines sont des experts techniques ou scientifiques, des acteurs locaux, des représentants des ONGs, des décideurs et gestionnaires, etc.

- L'objectif est la production de connaissances inédites, fondées sur de nouvelles modalités de collecte de données, en continu ou instantanées, *in situ*, et la création d'un réseau d'acteurs.

- Les modalités de mise en œuvre de ce réseau reposent sur des ateliers, à la fois de réflexion, de formation (co-apprentissage) et de concertation, la collecte d'informations sur le terrain et un appui aux initiatives locales de valorisation des patrimoines.

- Les ateliers comprennent un volet « théorique » ou méthodologique en salle, de 2-3 jours, un volet pratique, sur le terrain, de 5-7 jours, puis une restitution et évaluation des modalités en séance plénière. Les conditions de la réussite de ces ateliers tiennent pour une large part à la conception et la réalisation en commun (et de façon concertée) de ses diverses actions, où, selon leur nature et leur lieu, la parole est donnée en priorité tantôt aux scientifiques (volet théorique), tantôt aux acteurs locaux (volet empirique), tantôt aux décideurs et gestionnaires (volet restitution).

4. Discussion

Les démarches participatives dans le champ de l'environnement ont fait l'objet de nombreuses analyses critiques, soulignant en particulier la versatilité de la notion de participation, de la simple information, concertation, négociation à la prise de décision (Thouzard, 2006 ;

Mermet, 2012), l'instrumentalisation des « communautés locales » (Agrawal et Gibson, 1999) ou plutôt de la notion de « communauté » et les risques d'essentialisme : loin d'être une entité homogène, stable et étanche, les communautés sont traversées par des conflits d'intérêts. La complexité des différenciations internes et la multiplicité des relations externes avec les autres acteurs et institutions ne doivent pas être ignorées. Sont aussi mises en avant les tensions entre démocratie et inégalités, responsabilité de l'Etat (« jacobin » ou centralisateur[3]) et transfert des prérogatives, devoirs et moyens/décentralisation ou déconcentration (Agrawal et Ribot, 2000; Agrawal et Gupta, 2005).

Demeritt (2015) met ainsi en avant deux risques de dérive : d'une part, la participation peut être considérée comme un mode de pilotage normatif de la science par le public, qui va décider ce qu'est la « bonne » science et à quoi elle doit servir. La question alors se pose de la représentation de la société civile (le public, les acteurs locaux) et des risques de biais, dans la mesure où les démarches participatives révèlent et peuvent renforcer les inégalités existantes entre une majorité silencieuse et des élites locales (Escobar, 1999 ; Bryan, 2011 ; Amelot, 2013). Par ailleurs, le transfert de pilotage aux élites locales, bien souvent manque de transparence et dilue les responsabilités, interrogeant sur la place de l'Etat et la légitimité des parties-prenantes dans le processus de décision.

D'autre part, la participation peut être considérée comme un mode de vérification épistémique (Bryan, 2015 ; Demeritt, 2015). L'absence de frontières entre sciences, sociétés et politique interroge sur le statut des connaissances produites, leur objectivité, validité et fiabilité. Toute connaissance étant relative aux valeurs et représentations de chaque acteur, le risque est grand de considérer les croyances, les opinions, le bon sens commun comme des savoirs. Le rejet de la réalité des faits conduit au constructivisme. Il n'y aurait plus de réalités extérieures, mais des construits sociaux. Ainsi, la biodiversité ou encore le changement climatique, l'environnement n'existent pas en soi ; ils sont produits par les discours et sont moins des objets scientifiques que des objets de controverses politiques et éthiques (Escobar, 1998).

---

[3] La culture de la négociation, même dans des Etats démocratiques, n'est pas la même dans tous les pays. Ainsi, la conception nord-américaine de la société comme une confrontation de groupes d'intérêts valorise ce type de processus décisionnel, alors que la vision dominante en France met l'accent sur l'intérêt public, conférant aux interventions politiques une légitimité qu'elles n'ont pas aux États-Unis.

Pour parer aux risques de dilution ou d'extension des connaissances, il faut veiller à une claire définition de l'expertise et mettre en place des protocoles rigoureux de validation des données. L'exercice n'est pas aisé tant les ordres de rationalités diffèrent entre expériences ou savoirs empiriques et savoirs fondamentaux et tant il est délicat de qualifier ou disqualifier les partenaires des démarches participatives, d'en intégrer certains et d'en rejeter d'autres : certains seraient moins éclairés que d'autres, non compétents, voire ignorants.

Précisément en écologie politique, la revendication de co-production des connaissances repose sur le postulat que les « experts amateurs » sont impliqués dans la démarche non pas comme simples fournisseurs d'informations (ou personnes ressources) mais comme des partenaires, décidant au même titre que les experts professionnels de ce qui compte comme vrai et valide (Goldman et *al,* 2011; Demeritt, 2015).

L'examen étendu par les pairs permet de garantir la qualité et de la fiabilité des informations fournies, conduisant à de nouvelles procédures, notamment celles entendues sous les termes de sciences citoyennes (Bourg *et al*, 2010).

Demeritt (2015) souligne ainsi les tensions entre deux options: soit une participation universelle, ou du moins élargie, et où les représentants de la société civile risquent d'être qualifiés du seul fait de leur statut identitaire et politique ; soit une participation limitée aux experts qualifiés du fait de leur connaissance.

Les apports et limites des approches participatives sont illustrés à travers la diversité des retombées des manifestations animées dans le cadre de PATEO :

- les suites « collectives » données à l'atelier sur « Services écosystémiques et territoires » sont plus d'ordre scientifique que politique ou social: l'analyse bibliographique, les publications dans des revues indexées ou des chapitres d'ouvrage, le programme dans le cadre du PEPS CNRS-IRD et le LMI SEDES représentent une forte production des connaissances. L'évaluation multicritère et participative des services écosystémiques, appliquée sur le terrain par des experts scientifiques, est une approche alternative (en contrepoint) à celle strictement monétaire des analyses coût-bénéfice ou de la valeur totale des écosystèmes. Elle constitue un espace de résolution des conflits d'intérêts. Elle a une forte crédibilité scientifique, mais aussi légitimité politique et pratique pour guider l'action (Garmendia et Pascual, 2013). Dans cette mesure, l'atelier scientifique a contribué à la circulation et à l'application de nouveaux savoirs.

- L'atelier en muséologie participative a jeté les bases de nombreux projets -réseau de partenaires élargis et internationaux, synergies de part et d'autre du Sahel, initiatives locales et nationales- mais les réalisations concrètes d'envergure sont encore limitées: le réseau n'est guère actif; les synergies entre PATEO et MediTer balbutiantes. La maison des produits de la mer, initiée et pilotée par des experts scientifiques, située dans un centre de recherche, n'est pas à proprement parler un écomusée mais, davantage, un musée qui associe des partenaires diversifiés et n'a toujours pas vu le jour. Néanmoins, plusieurs projets, tels les sentiers écotouristiques de Niodior, ont été initiés par des acteurs locaux (en l'occurrence une actrice locale) et une association vient d'être créée. L'atelier a donc permis une forte circulation des connaissances et un début d'application.

- L'atelier de cartographie participative est sans doute la manifestation la plus prolifique: deux atlas sont en cours de réalisation; plusieurs communications sont présentées dans ce colloque ; des articles sont en cours de rédaction. La méthodologie a été répliquée à l'échelle de la Casamance et de la Guinée Bissau et doit être transférée en Guyane et au Vietnam. L'atelier a donc permis une forte production, circulation et application. Néanmoins, ce bilan très positif doit être nuancé: ainsi le SIG SIRENA, outre les contraintes à sa gestion et à sa réappropriation par le réseau de partenaires, a évolué et paraît davantage « collaboratif » que participatif (Cormier-Salem et *al*, 2016). De nombreuses questions sont en suspend en ce qui concerne l'atelier de Cabrousse : carte d'expert ou à dire d'acteurs ? Consensus ou plusieurs cartes ? Définition de la participation ? Durabilité des cartes ? Pouvoir des cartes ? Au final, la carte apparaît comme un outil de discussion formidable (Palsky, 2010). Plus que le résultat (la carte produite), c'est le processus (de participation) qui est en jeu. Là encore on peut s'interroger sur la terminologie. Pour reprendre la formulation de Bryan (2005), *from participatory mapping to social cartography*, l'enjeu est sans doute moins de faire participer tous les acteurs, que de mettre en évidence les nouvelles formes d'action collective, de s'interroger sur les acteurs et les contextes qui favorisent (ou non) ces démarches, les outils et les pratiques mobilisés pour dresser des cartes. La cartographie sociale est ainsi un processus ou un ensemble de pratiques pour réaliser et utiliser des cartes. Ce processus renseigne sur les acteurs qui participent, sur la façon dont les informations sont collectées, partagées et contrôlées. Le pouvoir des cartes -et de la cartographie- nécessite d'avoir une réflexion critique, comme nous y invite Sletto (2009 : 472) « *how undertandings of the 'environment' or 'nature' shape understandings of 'justice' and vice versa.* Struggles over *resources are invariably struggles over meaning* »

Conclusion

Dans le domaine de l'environnement, les dispositifs de production des connaissances, qu'ils soient participatifs, collaboratifs ou citoyens, connaissent un regain d'intérêt, dans un contexte de forte incertitude scientifique, de crise des modèles de développement, de critiques du néolibéralisme et de la globalisation des discours et des politiques. Ces dispositifs, fort divers dans leurs modalités, finalités, effets, ont en commun de redéfinir les liens entre science et politique et de constituer un nouvel espace de dialogue entre des acteurs aux statuts variés, tant du point de vue politique et identitaire que du point de vue de leur compétence, expertise et expérience. Leur contribution est indéniable, même si de nombreux travaux en montrent les biais scientifiques et les risques politiques et éthiques, rendant nécessaire l'élaboration de guide de bonnes pratiques (Madsen, 2012 ; Demeritt, 2015 ; Houiller, 2016).

En conclusion, nous soulignons les pistes de réflexion à approfondir, en particulier sur les difficultés de leur mise en œuvre et leurs effets, attendus ou non, dans les contextes des pays du Sud.

Le plus souvent, ces dispositifs, locaux, temporaires, sont limités spatialement et temporellement. Se pose alors la question de leur transfert à d'autres échelles et de leur durée. De fait, ils ne permettent pas d'institutionnaliser la participation à travers des institutions permanentes. Une critique similaire est formulée à l'égard de la Banque mondiale qui s'efforce de promouvoir les approches participatives, alors qu'elles demeurent des mécanismes temporaires (Agrawal et Ribot, 2000). L'itération ne doit pas se limiter à des opérations ponctuelles, mais répliquées dans l'espace et le temps. Le changement d'échelle n'est pas évident car ces dispositifs, très contextualisés par nature, adaptés au contexte « local », se prêtent mal à un transfert ou une généralisation. Outre la nécessaire prudence méthodologique, il s'agit de s'interroger sur les partenariats à l'œuvre dans les programmes de recherche et les motivations explicites, ou non, des institutions, associations et chercheurs impliqués.

Par ailleurs, il convient de s'interroger sur la mise en œuvre de telles approches dans des systèmes politiques peu ou non démocratiques. Les sociétés sont traversées par des asymétries de pouvoirs et de savoirs, entre hommes et femmes, aînés et cadets, résidents et migrants, nobles et castés, etc., ce qui conduit notamment à des inégalités d'accès aux ressources et à la terre, mais aussi à l'éducation, à la santé, aux services publics. La décentralisation des Etats concernés contribue-t-elle à une plus grande démocratie participative ? Comme le montrent les nombreux travaux sur la co-gestion ou la gestion communautaire (Agrawal et Gibson, 2001 ; Ahn *et al*, 2011), cela n'est pas évident. La condition du succès des politiques de décentralisation passe notamment par la mise en œuvre de mécanismes institutionnels qui encouragent les ménages les plus pauvres et les plus marginaux à avoir accès aux instances publiques, améliorent l'accès à l'éducation et promeuvent plus d'interactions entre les communautés rurales, moins puissantes, et les représentants de l'Etat (Agrawal et Gupta, 2005).

Dans tous les systèmes, qu'ils soient ou non démocratiques, l'injonction du participatif interroge sur la place de l'Etat, sur la diversité des modèles étatiques (centralisés, jacobins comme en France ou fédéraux comme aux USA), sur les mécanismes d'allocation et de régulation des ressources, et finalement, les prérogatives et responsabilités de l'Etat vis-à-vis de ses gouvernés (Agrawal et Ribot, 2000). L'Etat doit s'assurer que tous ses administrés ont les mêmes droits et, au besoin, compenser les déséquilibres ou inégalités, par des mesures, incitatives ou coercitives. Il s'ensuit qu'il n'y a pas une allocation « égale » des ressources, ni un aménagement uniforme du territoire, mais des gouvernementalités différenciées selon les populations et les lieux, qui sont, eux-mêmes, divers et plus ou moins vulnérables (Foucault, 1997). La politique légitime ou « juste » repose sur des choix, à négocier avec, et entre, tous les acteurs, rendant nécessaire de conforter le rôle de l'Etat dans les processus de prises de décision pour « gouverner » le territoire national. Les notions d'égalité et de justice environnementale sont ainsi devenues centrales dans nos réflexions.

Une autre difficulté tient à l'évaluation et au statut (notamment juridique) des connaissances produites. Comment une connaissance devient-elle une information, comment une information devient-elle un fait avéré ? La robustesse des connaissances se mesure aux résultats obtenus, à leur succès, à leur adoption. Mais qui légitime cette robustesse ? Comme le soulignent Goldman et *al* (2011), se révèlent dès lors le pouvoir de certains acteurs ou de certains groupes d'intérêts (par ex les ONGs) dans ces réseaux, leur capacité à faire circuler leurs idées, leurs pratiques, qui s'imposent comme le discours dominant dans les arènes de discussion.

Au final, si les approches participatives contribuent à créer des réseaux d'acteurs, elles invitent à analyser les conditions qui favorisent (ou limitent) à la fois la production, l'application (ou l'opérationnalisation) et la circulation (réappropriation, diffusion, hybridation) des connaissances. L'injonction du participatif modifie les pratiques de la recherche pour le développement, le statut des connaissances produites et la place des savoirs autochtones et locaux et, plus largement, les relations sciences-sociétés-politique.

Références bibliographiques

Agrawal, A., Gibson, M. C., 1999. Enchantment and Disenchantment: The Role of Community in Natural Resource Conservation. *World Development*, 27(4): 629-649.

Agrawal, A., Gupta, K., 2005. Decentralization and Participation: The Governance of Common Pool Resources in Nepal's Terai. *World Development* Vol. 33, No. 7, pp. 1101–1114.

Agrawal, A., Ribot, J., 2000. Analyzing Decentralization: A Framework with South Asian and West African Environmental Cases. World Resources Institute. *Journal of Developing Areas*, Washington DC World, Resources Institute, Environmental governance in Africa working papers 1, 39 p.

Ahn, T.K, Ostrom, E., Walker J., 2011. A common-pool resource experiment with postgraduate subjects from 41 countries. *Ecological Economics*, 70 : 1580-1589.

Amelot, X., 2013. Cartographie participative pour le développement local et la gestion de l'environnement à Madagascar : Empowerment, impérialisme numérique ou illusion participative ? *L'information géographique* 77(2013/4):47-67.

Aubertin, C., Damian, M., Magny, M., Millier, C., Theys, J., Treyer, S., (eds.), 2015. Les enjeux de la conférence de Paris. Penser autrement la question climatique. *Natures Sciences Sociétés*, 23 supplément 2015: S3-S5

Borrini-Feyerabend, G., M. Pimbert, M.T. Farvar, A. Kothari et Y. Renard, 2009. *Partager le pouvoir: cogestion des ressources naturelles et gouvernance partagée de par le monde*. IIUED et UICN/CEESP/TGER, Cenesta, Téhéran, 499 p.

Bourg, D., Whiteside K., 2010. *Vers une démocratie écologique* – Le citoyen, le savant et le politique. Paris, Le Seuil.

Bryan, J., 2011. Walking the line: Participatory mapping, indigenous rights, and neoliberalism. *Geoforum* 42: 40-50.

Bryan, J., 2015. Participatory mapping. *In* T. Perreault, G. Bridge, J. McCarthy, (Eds.). *The Routledge handbook of political ecology*. Abingdon, Oxon, New York Routledge: 249-262.

Chlous, F., Duvail, S., Guillaud, D., Robert, de P., Cormier-Salem, M.C., 2015. « Le tournant participatif, un nouveau mécanisme dans la gouvernance des territoires et de l'environnement ». Contribution aux Journées d'études *Mondialisation et nouvelles dynamiques Sud/Sud. Le développement en question*, Université Paris-Diderot – Institut de recherche pour le développement (IRD), Paris, 6-7 octobre 2015.

Cooke, B., Kothari, U. ed, 2001. *Participation: the New Tyranny?* London, Zed Books, 211 p.

Cormier-Salem, M.-C., Roussel, B., 2002. « Patrimoines et savoirs naturalistes locaux » : 125-142, In : J.Y. Martin, ed, *Développement durable ? Doctrines, pratiques, évaluations*. Paris, IRD, 344 p.

Cormier Salem, M.-C., 2007. Gouvernance locale, gestion participative, cogestion. In Y. Veyret, ed *Dictionnaire de l'environnement*. Paris: A. Colin: 179-180.

Cormier Salem, M.-C., (coord). 2012. *Projet de LMI PATEO*. « Patrimoines et Territoires de l'eau ». Dossier IRD, avril 2012, 20 p + Annexes (45 p).

Cormier Salem, M.-C., 2012. *De la préservation des services écosystémiques à l'analyse des compromis. Enjeux et difficultés dans le contexte des deltas ouest africains*. Communication à l'atelier PATEO/ IRD-UGB St Louis, Sénégal, 3-7 décembre 2012 « Services écosystémiques et territoires : pour un cadre d'analyse conceptuel et méthodologique».

Cormier-Salem, M.-C.,2013. *Quelle muséologie pour l'Afrique ? Bilan et perspectives*. Dakar, Sénégal, LMI PATEO IRD, Atelier régional de muséologie participative, 4-6 mars 2013.

Cormier-Salem, M.-C., 2014a. Participatory governance of Marine Protected Areas: a political challenge, an ethical imperative, different trajectories. Senegal case studies. *SAPIENS*, vol 7(2) 13 p. http://sapiens.revues.org/1541

Cormier-Salem, M.-C. 2014b. *Habiter les deltas ouest-africains. Incertitudes scientifiques et enjeux humains*. Colloque international « Habiter le littoral », SEH, Marseille, 16-18 octobre 2014 (en cours de publication).

Cormier-Salem, M.-C., 2014c. *Cartographie participative: apports et limites pour la gouvernance citoyenne des territoires.* Organisation d'un atelier de travail à Cabrousse, Casamance du 29 juin au 5 juillet 2014, LMI PATEO/ UMR PALOC/UASZ/GRDR.

Cormier-Salem, M.-C., Dieye, B., Sané, T., 2016. « Légitimité des politiques de reboisements de mangrove en Casamance ». *In :* L. Descroix, S. Djiba, T. Sané, V. Tarchiani (eds), *Eaux et sociétés face au changement climatique dans le bassin de la Casamance*. Paris, L'Harmattan: 189-210.

Cormier-Salem, M.-C., Panfili, J., 2016. Mangrove reforestation: greening or grabbing coastal zones and deltas? Senegalese case studies. *African Journal of Aquatic Sciences*, 41 (1): 89-98.

Cormier-Salem, M.-C., Touré, L., Fabre, M., Ba Mamadou El Abass, B., Bouaita, Y., Habert, E., 2016. SIRENA, une plateforme participative au service de la gouvernance du delta transfrontalier du fleuve Sénégal, *Revue d'ethnoécologie*, 9.

Demeritt, D., 2015. The promises of participation in science and political ecology. In G.B. T. Perreault, J. McCarthy, Ed. *The Routledge handbook of political ecology*. Routledge: 224-234.

Escobar, A., 1998. "The 'Problem of Nature' Revisited: History and Anthropology" (review essay of four books). *Current Anthropology* 39(3): 385-388.

Escobar, A., 1999. "Whose Knowlege, Whose Nature? Biodiversity Conservation and Social Movements Political Ecology." *Journal of Political Ecology* (electronic journal).

Fletcher, R., Dressler, W., Büscher, B. 2015. Nature™ Inc.: Nature as neoliberal capitalist imaginery. In R.L. Bryant, Ed. *The International Handbook of Political Ecology*. Cheltenham, UK: Edward Elgar: 359-372.

Foucault, M., 1997. *Cours au Collège de France, 1970–1984*, François Ewald and Alessandro Fontana, Paris, Gallimard.

Garmendia, E., Pascual U., 2013. A justice critique of environmental valuation for ecosystem governance. In T. Sikor, Ed. The Justices and Injustices of Ecosystem Services. Abingdon, Oxon: Routledge: 161-186.

Girault, Y., 2013. Les banques culturelles, une nouvelle approche qui a pris corps en Afrique. In *Atelier régional de muséologie participative*, Dakar, Sénégal, LMI PATEO IRD, 4-6 mars 2013

Girault, Y., 2015. Des premiers musées africains aux banques naturelles: des institutions patrimoniales au service de la cohésion sociale et culturelle. In Mairesse F. (eds) *Nouvelles tendances de la muséologie*. La documentation française, coll. MuséesMondes, 71/97,150p.

Goldman, M., Nadasdy, P., Turner M. D., 2011. *Knowing Nature. Conversations at the Intersection of Political Ecology and Science Studies*. Chicago, The University of Chicago press, 367 p.

Henry, C., 1986. *Affrontement ou connivence : la nature, l'ingénieur et le contribuable*. Paris, École polytechnique, 200 p.

Houiller, F. (dir), 2016. Les Sciences Participatives en France. Etat des lieux, bonnes pratiques et recommandations. Paris, Mission Sciences participatives Rapport pour le MENESP, 123 p, http://creativecommons.org/licenses/by/4.0/deed.fr

Madsen, M.L., Noe E. 2012. Communities of practice in participatory approaches to environmental regulation. Prerequisites for implementation of environmental knowledge in agricultural context. *Environmental Science et Policy*, 18.

Mermet, L., 2012. Un tramway pour Cancun: quelles perspectives pour la recherche en négociation sur les dossiers environnementuax complexes ? *Négociations*, 1(17), 63-75.

Millennium Ecosystem Assessment, 2005. *Ecosystems and human well-being. Our human planet: summary for decision makers*. Island Press, Washington, Covelo, London. 109 p.

Olivier De Sardan, J.P., 2001, Les trois approches en anthropologie du développement, Tiers-Monde, vol. 2, n° 168, pp : 729-754.

Palsky, G., 2010. Cartes participatives, cartes collaboratives. La cartographie comme mayeutique. *CCF* (205) :49-59.

Pélissier, P., 1979. Le paysan et le technicien: quelques aspects d'un difficile face-à-face, 1-8 (Introduction aux travaux) *In* CNRST-ORSTOM, *Maîtrise de l'espace agraire et développement en Afrique tropicale. Logique paysanne et rationalité technique*. Paris, Mémoires ORSTOM, n° 89, (Actes du colloque deOuagadougou), 600 p.

Pestre, D., 2003. *Science, argent et politique. Un essai d'interprétation.* Quae ed, coll Sciences en question, 204 p.

Schlosberg, D., 2007. *Defining Environmental Justice: Theories, Movements and Nature*. Oxford University Press, Oxford).

Sletto, B.I., 2009. We drew what we imagined. *Current anthropology*, 50 (4) : 443-476.

Thouzard, H., 2006. Consultation, concertation, négociation. Une courte note théorique. *Négociations*, 1(5): 67-74.

SESSION 1 :

DYNAMIQUE BIOÉCOLOGIQUE, ENVIRONNEMENTALE ET SOCIALE DES DELTAS

ANALYSE DE LA SITUATION DE LA PÊCHE ARTISANALE DANS LE DELTA ET LA BASSE VALLÉE DU FLEUVE SÉNÉGAL À PARTIR DU MODÈLE CONCEPTUEL DPSIR ET L'EXPLORATION DES SOCIO-ÉCOSYSTÈMES LIÉS À CETTE ACTIVITÉ LE LONG DU FLEUVE

Françoise Breton[4], El Hadji Oumar Touré[1], Eduard Ariza[1], Marc Baeta[1]

Résumé

Depuis l´avènement des grands barrages, nous observons une transformation généralisée des territoires de l´eau et une perte de services éco-systémiques dans le delta du fleuve Sénégal. Face à l´effondrement des stocks de poissons, le concept de gestion rationnelle des pêches a été utilisé dans de nombreuses régions pour remédier à ce phénomène.

Les modèles biologiques (Schaefer, 1954) et bioéconomiques (Gordon, 1954 ; Hardin, 1968 ; UICN, 2006) se concentrent sur l'étude de la durabilité de l'activité en fonction de la relation entre les engins de pêche et des captures, laissant au second plan l'environnement biotique et abiotique exploits par les pêcheurs (Rigler, 1982). Avec l'effondrement des stocks de poissons, afin de trouver un paradigme efficace pour

[4] Universitat Autònoma de Barcelona

résoudre le déclin des pêcheries, les disciplines socio-anthropologiques ont déployé d´autres méthodes d´analyse en tenant compte de l'espace de pêche, l'impact du changement climatique, l'amélioration de la technologie, la demande du marché, etc. (Corlay, 1993; Le Fur et al, 1999; Mbaye, 2002; Touré et Breton, 2013).

La pêche, du point de vue de la sécurité alimentaire et de la fourniture d'emplois aux jeunes, est sans doute une activité non négligeable dans le delta. Cependant, depuis quelques années, nous observons une baisse continue des captures qui hypothèque sérieusement le devenir du secteur (Bousso, 1997; Bousso et al. 2008; Magrin et Seck, 2009). Certains auteurs ont mis en relation ce déclin avec les aménagements hydroagricoles (barrages, digues, canaux de drainage de l'eau, etc.) et leurs impacts environnementaux (diminution significative de la salinité en amont du barrage de Diama, salinisation en aval, invasion du Typha, eutrophisation, pollution, etc.).

Aujourd'hui, le nouveau contexte de la gestion de la pêche artisanale est caractérisé par une situation dans laquelle l'intégration des facteurs naturels et socio-économiques est de plus en plus importante pour comprendre l'ensemble du système et les relations qui posent problème, à une partie ou à tout le socio-écosystème. La dimension complexe des pêches implique que notre analyse et l'interprétation ne peuvent être appréhendées de manière sectorielle. En ce sens, il est nécessaire d'envisager des approches holistiques telles que l'offrent la géographie ou les sciences de l'environnement, pour tenter de surmonter, autant que possible, la fragmentation de la connaissance.

Le modèle conceptuel DPSIR (Facteurs déterminants, Pressions, État, Impacts et Réponses), conçu par l'Agence européenne pour l'environnement (AEE, 1999) permet de faire une analyse de la situation actuelle de pêche du delta du fleuve Sénégal. Les ressources halieutiques constituent un indicateur écologique important qui permet de connaître la situation et les menaces qui affectent les écosystèmes d´eau douce.

Le modèle DPSIR est utilisé pour évaluer et gérer les problèmes environnementaux et décrire les relations entre les origines et les conséquences de ces problèmes afin de comprendre leur dynamique (Bidone et al, 2003; Camanho et al, 2010). Mais il permet aussi d'aller beaucoup plus loin en explorant et intégrant les socio-écosystèmes liés à la pêche artisanale.

Cette communication est une contribution à la gestion des pêches artisanales.

Introduction

Bassin fluvial transfrontalier

A l'échelle mondiale, on estime qu'il y a 276 bassins fluviaux transfrontaliers couvrant la moitié de la surface de la planète (Mac Quarrie *in* Wolf, 2013). 68 se trouvent en Europe, 64 en Afrique, 60 en Asie, 46 en Amérique du Nord et 38 en Amérique du Sud. Il faut noter, cependant, que ces chiffres sont évolutifs du fait des phénomènes naturels (filtration, ruissellement, érosion, transport et sédimentation) á l´origine de cette dynamique.

Sur l´ensemble des bassins fluviaux transfrontaliers existants, environ 93% s'étendent sur 2 à 4 pays, tandis que le reste comprend des territoires appartenant à 5 ou plusieurs États. Il est également important de considérer que près de 2.000 millions d'habitants de la planète dépendent des aquifères pour leur survie (http: www. // transboundarywates.orst.edu) à travers les activités telles que l´agriculture, l´élevage, le ravitaillement en eau, la pêche, etc. Le bassin versant du fleuve Sénégal couvre une superficie de plus de 340 000 Km². Long de 1750 kilomètres, le Sénégal, quatrième fleuve africain décrit un grand arc de cercle et s'étend sur quatre Etats : la Guinée, le Mali, la Mauritanie et le Sénégal (Touré et Breton, 2013) (Fig.1).

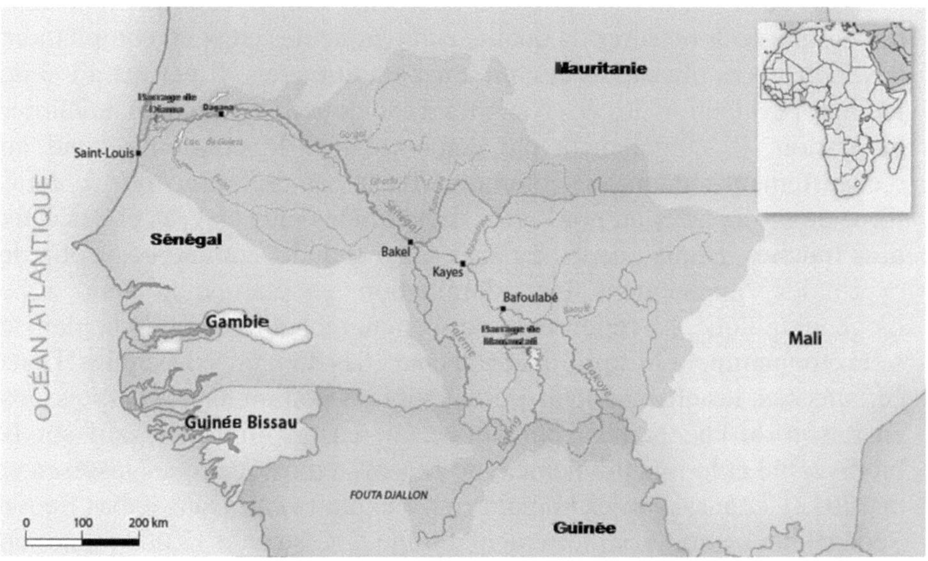

Figure 1: le bassin transfrontalier du fleuve Sénégal

Source: les auteurs

Les socio écosystèmes lies à ces bassins transfrontaliers sont d'une grande diversité et extrêmement complexes. Leur analyse demanderait la mise en marche d'un projet de collaboration entre les différents pays pour chacun des bassins versants affecté. Face a ces difficultés, nous avons essayé d'analyser le problème à partir d'un indicateur commun à tous, le poisson.

Poissons comme indicateurs des écosystèmes fluviaux

Il est scientifiquement reconnu, que l'exposition prolongée à des facteurs de stress environnementaux tels que la pollution ou la rareté ou le manque d'oxygène affectent négativement des fonctions très importantes telles que le métabolisme, la résistance aux maladies, le potentiel de reproduction et enfin l'état de santé et la survie des poissons (Barton *et al*, 2002). Ces effets négatifs ont un impact sur les populations et les communautés qui exploitent ce service écosystémique. Les effets sur le plan individuel ou de la population dépendent de l'intensité et de la durée des facteurs de stress ainsi que des caractéristiques de chaque espèce. Il est démontré que les poissons réagissent à différentes pressions environnementales telles que la pollution, l'eutrophisation, la modification de la nature des flux; l´intensité du drainage du fleuve, la dégradation hydromorphologique et l´acidification (Appelberg *et al*, 2000).

Pour cette raison, le poisson peut être utilisé comme indicateur biologique pour mesurer la qualité écologique des eaux en complément des indicateurs physiques et chimiques traditionnels. Il permet aussi de faciliter l'évaluation des écosystèmes d'eau douce et donc d'en améliorer la gestion. Il a également été démontré que le poisson répond au réchauffement climatique, comme ce fut le cas de *Salvelinus alpinus*, forcé de se déplacer au nord vers des altitudes plus élevées et des eaux plus fraîches, tandis que les espèces d'eau chaude, comme beaucoup de cyprinidés, augmentent leur domination et élargissent leur zone biogéographique. La réponse du poisson au réchauffement de la planète a été étonnamment forte et rapide au cours des dernières décennies. Dans certains cas, les changements qu'ont subi les communautés de poissons en raison du changement climatique ont eu un impact négatif sur la biodiversité et le fonctionnement de l'écosystème aquatique (Jessesen *et al.,* 2012), et aussi sur les humains qui l'exploitaient. Dans le bas fleuve Sénégal, les captures ont fortement diminué, passant de 35.000 tonnes en 1956 à 8.000-10.000 en 2010 (Fig. 2).

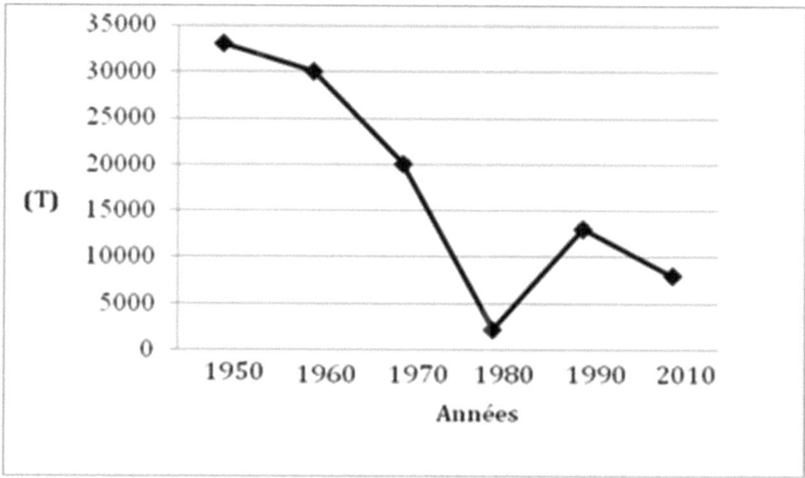

Figure 2. Evolution des captures de pêche dans le delta et la Basse vallée du fleuve Sénégal (1950-2010)

Source: Elaboration propre

Certains auteurs qui ont étudié la région (Mietton *et al.*, 2007; Camara, 2008 ; Kane 2010) mettent en relation ce phénomène avec les projets de développement qui ont transformé le cours bas du fleuve (barrages, digues, canal de drainage, etc.), et à leurs impacts environnementaux (destruction du système “estuaire” impliquant des changements significatifs de la salinité en amont et en aval du barrage de Diama, prolifération d'algues flottantes, la contamination des eaux dans le cours aval, ainsi que des phénomènes hydrologiques entre mer et fleuve mettant les territoires et les communautés riveraines sous haut risque d´inondation).

Aujourd'hui, le nouveau contexte de la gestion de la pêche artisanale se caractérise par une situation globale dans laquelle l'intégration des facteurs naturels et socio-économiques est de plus en plus importante â considérer. La dimension complexe de la pêche détermine que son analyse et son interprétation ne peuvent être strictement réduites à des approches mono-disciplinaires et parcellaires. À cet égard, il est nécessaire d'envisager des approches holistiques telles que celles offertes par la géographie ou les sciences de l'environnement, pour tenter de surmonter, dans la mesure du possible, la fragmentation de la connaissance et les analyses biaisées (Quensière, 1993). Le cadre conceptuel DPSIR (*Drivers, Pressures, State, Impacts, Responses* -c´est à dire- Facteur déterminant, Pressions, Etat, Impact et Réponse), conçu par l'Agence Européenne pour l'Environnement (AEE, 1999) fournit un cadre intégré approprié pour l´analyse du problème. Le modèle DPSIR s'utilise pour évaluer les problèmes environnementaux, en comprenant mieux les relations et interactions entre ce qui donne origine aux problèmes et à leurs conséquences. Une meilleure appréhension de ces dynamiques permet aussi une meilleure gestion avec l'analyse des réponses possibles qui entrainent de nouveaux impacts, etc. Nous sommes davantage dans une compréhension systémiques des flux qui permet d'apprécier mieux où, quand, comment, par qui, etc. des actions possibles sont envisageables.

Notre travail est fondé sur :

1.- La prospection de la zone d'étude relative à l'analyse de la pêche et ses impacts sur la biodiversité des eaux douces dans le delta et la basse vallée du Sénégal et l'exploration des socio-écosystèmes liés à cette activités.

2.- Recueil de documentation pour l'évaluation des espèces de poissons

3- Recueil de documentation sur l´hydrologie et la qualité des eaux

4- Réalisation d'un DPSIR en intégrant les données socio-économiques et environnementales.

2. Déroulement de la mission

2.1. Zone d´étude

La région étudiée se localise dans la basse vallée du fleuve, au nord-ouest du Sénégal, dans une zone incluse dans le Sahel avec des températures élevées (entre 25-35^{oC}, pouvant atteindre 40 ^{oC} ou plus avec l'harmattan), une saison sèche longue (novembre à juillet) et une saison des pluies courtes (de juillet à octobre) (fig. 3).

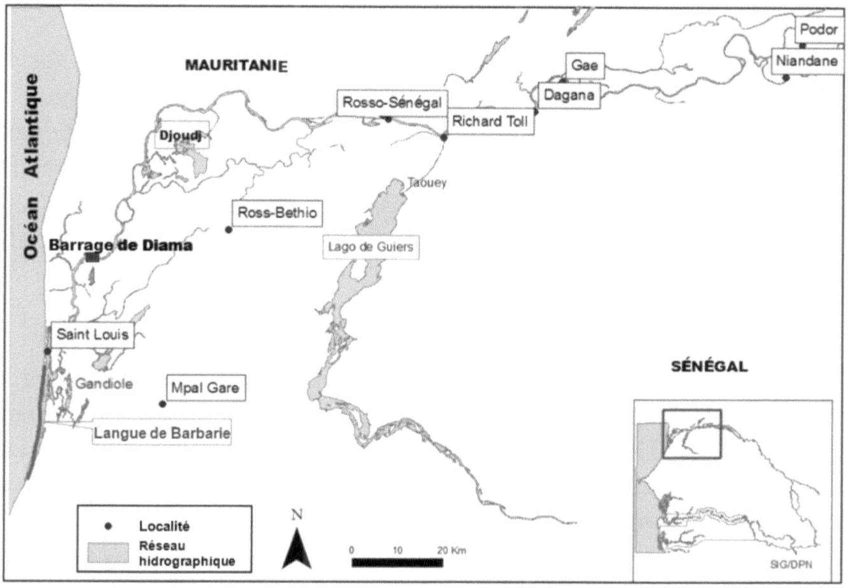

Figure 3. Localisation de la zone d'étude
Source: les auteurs

L'originalité du milieu naturel a fait que cette zone a fait l'objet de grands programmes d'aménagement en vue de sa mise en valeur agricole. Ces derniers ont fortement bouleversé les systèmes de production traditionnels, à tel enseigne qu'ils ont complètement artificialisé le delta. Dans le delta et la basse vallée s'opposent deux grandes catégories d'unités paysagères : une zone régulièrement inondée par les crues du fleuve appelée *walo* et une autre non inondable à cause de sa topographie un peu plus haute qu'on appelle *dieri.* La pratique de la pêche dans le delta du fleuve Sénégal était rendue possible par les eaux du fleuve et l'existence d'une gamme importante de cours d'eau (Gorom, Lampsar, Lac de Guiers, etc.).

2.2. Méthodologie

Dès le départ, nous avons réalisé une enquête cadre en deux phases distinctes du cycle de pêche pendant la saison sèche (avril) et en hivernage (septembre), puis deux recensements semestriels afin de permettre une première approche du système-pêche et l'établissement d'un plan d'échantillonnage.

2.2.1-Personnes et groupements rencontrés

Au cours de la mission, nous avons rencontré : le Chef de service départemental des pêches et de la surveillance de Dagana ; un groupement de pêcheurs à Pilote Tassinaire ; un Groupement de pêcheurs à Gaé II et à Gadal Khout, le service d'aide de plage CRODT à Saint-Louis ; deux pêcheurs en retraite (50 ans d'activité) à Saint-Louis ; trente vendeuses de poisson (banabana) à Richard-Toll et Saint-Louis ; enfin, deux cents pêcheurs en activité.

2.2.2 Travail effectué ou questions traitées

Au cours de la mission, nous avons parcouru tous les sites de débarquement de pêche artisanale de Saint-Louis, Pilote, Tassinaire, Richard-Toll et Dagana afin de faire le recensement des espèces capturées sur place et d'enquêter sur l´histoire environnementale du fleuve et l'évolution de la biodiversité des poissons.

Le travail effectué et les questions traitées consistent à étudier : - les effets des barrages et des aménagements hydroagricoles sur les ressources exploitées, - les principales espèces pêchées en eau douce (dans le fleuve), - la biodiversité des espèces d'eau douce, des conditions d'habitats et les risques écologiques encourus par ces espèces (effets de la sécheresse, des barrages et aménagements hydro agricoles), - la proportion quantitative des espèces pêchées dans le temps et dans l'espace, - les espèces les plus sollicitées par les populations et leur abondance dans les captures, - les essais de pisciculture déjà réalisés dans la région.

Dans le cadre des travaux de Oumar Touré du projet MAEC-AECID, des enquêtes ont été effectuées sur les types d'engins utilisés dans le delta et sur les efforts de pêche. Le travail consiste à décrire le matériel de pêche. Le plan d´enquête se structurait en quatre niveaux : 1. Dénomination : type d'engin, nom (s) vernaculaire (s), port d'attache, propriété (privée, collective), 2. Choix des matériaux et Caractéristiques de l'engin : filets (longueur, nombre de mailles en longueur, hauteur, nombre de mailles en hauteur), type (s) de fil ; nature (cablé, mono..) ; diamètre (s), maillage (étiré, sec), 3. Conception et construction de l'engin : filets : coupe, montage et armement, ralingue, Diamètre, lest (nature), flotteurs (nature), lignes et hameçons, 4. Techniques de pêche utilisées : mode(s) de pêche, domaine (s) d'utilisation, embarcation, moyens de propulsion, équipage, espèce (s) capturée (s).

En parallèle, la mission est mise à profit pour démarrer les enquêtes sur les activités et les sorties de pêche dans deux centres principaux (Saint-Louis et Richard-Toll. et trois centres secondaires (Pilote Tassinaire, Bango et Rosso Sénégal). La perception des impacts dus au barrage de Diama et au canal de délestage par les pêcheurs a aussi été analysée. Les entrevues ont été réalisées sur un échantillon de 200 pêcheurs (100 pêcheurs distribués entre les stations de St Louis et Gandiole dans la zone d'estuaire, et 100 autres dans les stations de Richard Toll et Podor-Matam, dans le secteur d'eau douce.

Difficultés, problèmes ou incidents éventuels : dans l'ensemble, le travail de terrain s'est déroulé dans de très bonnes conditions sans perte de temps. Il n'y a pas eu de difficultés ou d'incidents majeurs, sauf des problèmes liés à une faible activité de pêche due à la saison froide et à la pratique d´activité secondaire (agriculture, transport touristique, etc.). Les pêcheurs sont aussi en partie agriculteurs, éleveurs etc.

3- Modèle conceptuel DPSIR : Intégration des indicateurs socio-économiques et environnementaux

Le modèle DPSIR est applicable au cadre général de l'évaluation environnementale dans une perspective de développement durable. Il a été développé par l'AEE (Agence Européenne de l'Environnement) pour pouvoir hiérarchiser les différents niveaux de la chaîne de causalité sans fournir forcément une vision complète d'un processus donné, mais qui apporte cependant des pistes sur certains flux et interactions du système. Il est toujours intéressant d'essayer de définir à quel niveau appartiennent les éléments d'un schéma qui est supposé représenter une cause et ses effets de façon systémique. Plus concrètement, nous avons analysé le schéma proposé par l'AEE sur la pêche artisanale :

L'artificialisation du bassin et la demande en poisson ont été choisies comme indicateurs de forces motrices (D). La dynamique des engins de pêches utilisés pour exploiter les écosystèmes est l'élément principal pour mesurer les pressions sur les ressources (P). Les changements dans la composition physico-chimique et biologique de l'eau sont les indicateurs employés pour évaluer l'état de la zone exploitée (S). Les captures par engin de pêche constituent les indicateurs d'impact (I). Pour le suivi de l´activité, on a utilisé un échantillonnage des 6 types d'engins les plus représentatifs (ceux qui capturent 90% du potentiel de pêche de la zone étudiée : *goubole, saina, sabel, rauk, féléfélé, palangre*). En plus de ces données sur l'impact, on a incorporé des sources orales sur la perception que les pêcheurs ont des impacts du barrage de Diama et du canal de la Langue de Barbarie. Finalement, les indicateurs de réponse (R) choisis ont une relation directe avec les tactiques et stratégies développées par les pêcheurs pour mieux s'adapter aux changements pour améliorer les rendements de l'activité. L'évolution du calendrier des activités des pêcheurs nous permet de savoir s'il y a eu reconversion des pêcheurs vers d'autres activités, migrations, etc.

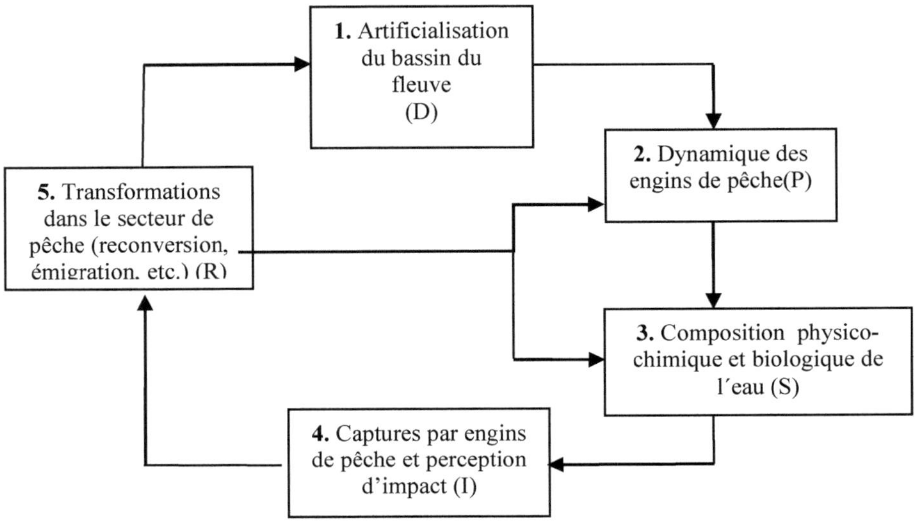

Figure 4. Modèle intégré pour l'étude de la pêche artisanale, basé sur le modèle conceptuel DPSIR

Source: Elaboration propre.

3.1. Artificialisation du bassin du fleuve (D)

Le fleuve Sénégal, compte dans le delta de nombreux affluents qui rejoignent le cours principal en amont de Saint-Louis. Il se jette dans l'Océan Atlantique après avoir parcouru 1700 km. La sécheresse observée dans le Sahel entre 1968 et 1998, de par la réduction de la pluviométrie et la salinité qu'elle a exacerbé, a constitué un problème majeur pour les populations de la basse vallée du fleuve. L'intrusion saline qui se propageait jusqu'à 200 km en amont de l'embouchure a nécessité, après études de l'Organisation pour la Mise en Valeur du fleuve Sénégal (OMVS), la mise en place du barrage de Diama, suivie de celle du barrage de Manantali. Les barrages de Diama et Manantali respectivement mis en service en 1986 et 1988 devaient permettre de : irriguer 375 000 hectares de terres ; arrêter l'intrusion des eaux salées dans le cours fluvial ; rendre navigable le fleuve de Kayes à Saint-Louis; produire 800 GWH d'énergie hydroélectrique par an. (Fig.5).

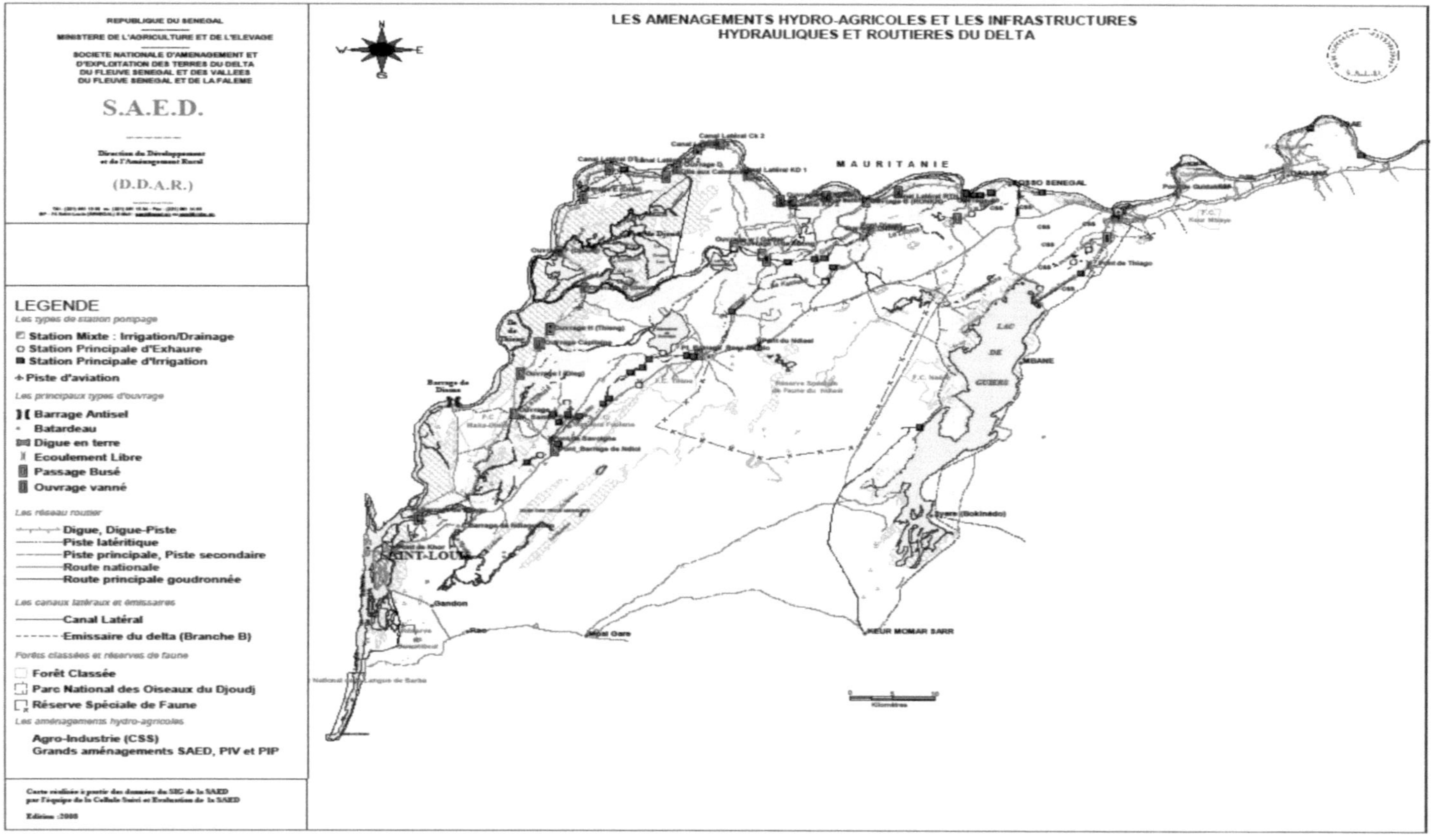

Figure 5. Artificialisation du delta

L'artificialisation du fleuve, par la mise en eau du barrage de Diama, a conduit à une vitesse d'accroissement du cordon littoral vers le sud beaucoup plus importante qu'auparavant, d'environ 530 m.an-1 entre 1987 et 2003, mais avec un maximum de 575 m.an- 1 entre 1987 et 1999. L'hivernage 2003 a été marqué par une bonne pluviométrie dans le bassin du Sénégal. De ces précipitations, il en a résulté des dépassements de la côte d'alerte de 1,94 m contre un seuil critique de 1,75 m. L'ouverture puis l'élargissement du canal de délestage (3 m en 2003 jusqu´à 5 km en 2013), creusé environ à 7 km au Sud de la ville de Saint-Louis, se sont accompagnés de la fermeture progressive de l'ancienne embouchure du fleuve (à 30 km au sud de la ville).

Il existe une relation de cause à effet entre les forces motrices naturelles et socio-économiques, et vice-versa. Les modifications commentées précédemment ont causé la dégradation de la population de poissons disponibles (quantité et qualité). Aussi, les barrages et digues se dressent-ils comme une barrière à la migration des poissons.

3.2. Dynamique des engins de pêche (P)

Les pêcheurs utilisent différents engins de pêche. Les engins de pêche sont artisanaux, fabriqués avec des matériaux locaux et leur utilisation dépend de l'espèce cible et de la période de l'année. Pour analyser les types de pression sur les écosystèmes, nous avons d'abord réalisé un recensement afin de détecter les types de concentration spatiale et temporelle et par village de pécheurs. Le recensement effectué dans les populations de pêcheurs a permis de connaître le nombre exact des engins de pêche. Cependant, quand nous parlons de pêcheurs nous nous référons exclusivement à ceux qui ont le matériel pour capturer le poisson de façon permanente, que ce soit les pêcheurs professionnels ou temporaires. Nous avons dénombré 1.056 engins en Janvier et 982 en Octobre (Fig5).

Les pêcheurs ont habituellement plusieurs engins de pêches. La pêche se fait avec une pirogue ou à pieds. Nous avons recensé 18 types de pêche et 3 types de pirogues. La classification faite selon l´engin de pêche, l´utilisation d´une pirogue, la zone d´utilisation et les espèces ciblées laissent entrevoir 9 classes d'engins de pêche (Tab.1 et 2).

Tableau 1 : Inventaire des engins de pêche utilisés dans la zone d'étude

Type d´engin	Dénomination en wolof	Caractéristiques techniques	Espèces capturées
Senne de rivage	*Goubole (Mbal opane; Lakter)*	La pêche se fait avec deux pirogues qui encerclent une masse d´eau pour capturer le poisson. La longueur de l´engin peut dépasser 400 m	*Polydactylus quadrifilus, Mugil curema, Pteroscion peli*, etc. en zona estuárica et *Lates niloticus, Oreochromis fasiatus*, etc. en eaux douces
Filets maillants fixes	*Rauk*	L´engin mesure 30 m de long pour 2 m de hauteur et une maille de 50 à 250 mm.	En zone estuaire: *Mugil cephalus, Polydactylus quadrifilis, Saratherodon melanotheron, Sardinella maderensis.* En eaux douces: *Auchenoglanis biscutatus, Bagrus bajad, Lates niloticus, Hemichromis fasciatus, Oreochromis niloticus, etc.*
	Sabel	Engins de surface qui mesure 80 m de long 2 m de hauteur avec une maille entre 40 et 90 mm	En eaux douces: *Tilapia guineensis, Oreochromis aureus, Hémichromis fasciatus, Clarias anguillaris, Clarias gariepinus, Heterotis niloticus, Hyperopisus bebe, Chrysichthys nigrodigitatus, Gymnarchus niloticus,* etc. En eaux saumâtres: *Pseudotolithus elongatus, Rhinobatos rhinobatos,* etc.
Filets maillants dérivants	*Félé félé tambadiang*	Engin de surface : Longueur de 200 m, 6 m de chute et une maille de 22 mm	*Ethmalosa fimbriata*
	Fele fele mbal cobo		
	Yolal	Longueur de 30 m, une chute de 4 m et une maille de 46 mm à 50 mm.	*Sphyraena spp.Arius spp., Scianidae, Pomadasys jubelini, Drepane africana, Lutjanus goreensis, Tilapia guineensis,* etc.

<table>
<tr><td>Filets maillants encerclants</td><td>Saina</td><td>Longueur de 300 m, une chute de 5 m et une maille de 36 mm à 46 mm.</td><td>Ethmalosa fimbriata, y Sardinella aurita</td></tr>
<tr><td rowspan="2">Pièges</td><td>Casier</td><td>10 m de long et une maille de 12 mm.</td><td rowspan="2">Penaeus notialis</td></tr>
<tr><td>Mbal xuss</td><td>La pêche se réalise à pieds par deux pêcheurs qui ratissent le filet</td></tr>
<tr><td rowspan="4">Lignes et palangres</td><td>Dolinke</td><td rowspan="2">sidoli s'utilise en saison des pluies et le palangre dolinke en saison sèche</td><td rowspan="4">Heterotis niloticus, Auchenoglanis biscutatus, Baremose, Synodontis schall, Epinephelus aenus, Pomadasys spp., Sphyraena spp., Plectorhinchus macrolepi, etc.</td></tr>
<tr><td>Sidoli</td></tr>
<tr><td>Diaat</td><td rowspan="2">Diamètre moyen de de 80/100 mm et une resistance de 20 a 25 kg.</td></tr>
<tr><td>Kotj kotj</td></tr>
<tr><td>Épervier</td><td>Mbal saani</td><td>filet circulaire de 5 à 30 m, avec une chute de 2,5 à 4,5 m et une maille de 23 mm.</td><td>Toutes les espèces</td></tr>
<tr><td>Casiers et nasses</td><td>Sorokh o nasas</td><td>structure en métallique pour piéger le poisson</td><td>crustacés.</td></tr>
<tr><td>Harpons et engins soulevés</td><td>Diomgol, satal y ber.</td><td>engins soulevés et lancés pour pêcher les poissons ou les crabes</td><td>Espèces vivant près du rivage</td></tr>
</table>

Tableau 2. Embarcations de pêche dans la zone d'étude

Pirogues	Caractéristiques techniques	Usage sur le territoire
Pirogue de mer	La pirogue mesure 15 m de long, 2 m de large et 1.5 de profondeur	maritime et estuaire
Tara	9 m de long, 1.5 m de large et 1 de profondeur La	estuaire
Mboul	5 m de long, 0.5 m de large et 0.5 de profondeur	Eaux douces

Source: Elaboration propre.

3.3. Composition physico-chimique et biologique de l'eau (S)

Dès la mise en service du barrage de Diama, il a été constaté une baisse des taux de minéralisation globale des eaux. En amont de Richard-Toll, les eaux fluviales sont douces et de bonne qualité, en particulier depuis la mise en fonction du barrage de Manantali qui favorise des débits fluviaux soutenus et constants. Au lac de Guiers, la salinité moyenne de l'eau a fortement baissé. En région sud du lac de Guiers par exemple, la salinité est passée de 921 à 480 $mg.l^{-1}$, soit une baisse de moitié. A la hauteur de Richard-Toll, les rejets de la CSS, de par leur volume et leur concentration très élevée en minéraux dissous, ont un effet notable sur la salinité du fleuve. Environ 200 000 à 250 000 $m^3.j^{-1}$ d'eau usées et 110 000 tonnes de sel dissous sont rejetés annuellement dans le fleuve. Dans le tronçon de Richard-Toll à Diama, les eaux présentent un gradient de salinité bien marqué lié à l'évaporation mais aussi aux autres rejets d'eaux de drainage dont celles des casiers de Débi et divers autres exploitants privés.

Dans le réservoir de Diama, à l'amont du barrage, la salinité évolue de manière très sensible en fonction de la période de l'année et du régime hydrologique fluvial. En fin de saison sèche, la salinité atteint 400 $mg.l^{-1}$ pour 50 à 75 $mg.l^{-1}$ en période de crue. Le pH des eaux présente de fortes variations en cours d'année avec des valeurs extrêmes de l'ordre de 9,5 en saison sèche. Ces conditions de qualité de l'eau s'accompagnent parfois d'un important développement algal, en particulier dans les périmètres irrigués. Ce développement algal pourrait être favorisé par la présence de résidus d'engrais dissous (nitrates et phosphates). La salinité des eaux dans le bas estuaire est, d'une manière générale tributaire des apports d'eau marine dont la qualité évolue en fonction des masses d'eaux océaniques présente à l'embouchure. En aval du barrage de Diama, les lâchers d'eau, en dehors des périodes de crue, ont profondément perturbé le cycle annuel de salinisation - dissolution. Ces lâchers justifiés surtout par les aménagements du delta provoquent beaucoup de modifications préjudiciables aux écosystèmes aquatiques. Dans l'océan, on observe une dissolution significative des eaux, principalement sous l'effet des crues du fleuve. Kane (2010) suggère que cette dilution est plus liée à des effets locaux qu'aux apports fluviaux directs. En tout état de cause, cette dilution se révèle plutôt bénéfique pour l'activité en mer des pêcheurs de Saint-Louis.

Nous avons répertorié quelques soixante-trois (68) espèces de poissons. La majorité des espèces d'eau douce inventoriées avant la construction du barrage de Diama (1984 et 1987) sont toujours présentes dans le fleuve (*Schille intermedius et mystus, Alestes baremoze et dentex, Labeo senegalensis*). Si les espèces les plus abondantes avant barrage sont toujours bien représentées, en revanche certaines espèces semblent être moins abondantes actuellement (*Lates niloticus, Hydrocynus brevis et forkali, Distichotus rostrastus, Citharinus citharus*).

3.4. Captures par engin de pêche et perception de l'impact (I)

En régime naturel, une partie du poisson remontait ou descendait le fleuve pour aller en mer ou fréquenter la plaine d'inondation. Aujourd'hui, de nombreuses barrières physiques réduisent le déplacement du poisson et les brusques variations de milieux induites par le jeu des ouvertures et fermetures des vannes à Diama sont préjudiciables aux poissons situés dans l'estuaire. Des problèmes de mortalité du poisson liés aux changements brusques de qualité des eaux (passage eaux salées / eaux douces et vice versa) sont notés. Ce dernier cas se pose de nos jours avec plus d'acuité puisque le barrage est fermé quand une bonne partie du poisson est encore dans le bief estuarien. L'augmentation progressive de la salinité entraîne les forts taux de mortalité observés chaque année. Quand le barrage est fermé, les espèces d'eau saumâtre ne peuvent plus remonter le fleuve pour atteindre la moyenne vallée. Lorsque le barrage est ouvert, certains poissons se retrouvent repoussés vers l'aval et meurent, suite aux forts taux de salinité. De l'avis des pêcheurs, la construction des barrages a eu des effets très remarquables sur les ressources exploitées. Elle a entraîné:

- la diminution des rendements et la rareté de certaines espèces en aval de Diama, entre autres *Clarias anguillaris*, *Heterobranchus bidorsalis*, *Chrysichthys nigrodigitatus*, *Chrysichthys maurus*, *Chrysichthys auratus*, *Polypterus senegalus senegalus*, *Citharinus citharinus, Citharinus latus*, *Gymnarchus niloticus*, *Latex niloticus*, *Brycinus nurse*, *B. leuciscus* ;

- la disparition d'autres espèces comme *Synodontis schall*, *S. clarias*, *S. filamentosus* dans les eaux douces de Saint-Louis ; *Polypterus bechir* et *Ethmalosa fimbriata* dans les eaux de *Richard-Toll*.

L'anguille africaine (*Gymnarchus niloticus*) et le capitaine de rivière (*Latex niloticus*) sont trouvés dans les marchés de Saint-Louis mais quasi-inexistants à Richard-Toll. Les espèces comme *Tilapia zilii*, *Tilapia dageti*, *Tilapia guineensis* étaient abondamment pêchées dans la région du fleuve mais après la construction des barrages, les prises ont fortement diminué. Nous avons recueilli au cours de la mission une liste des espèces pêchées avec une cotation d'abondance. Mais cette liste doit d'être complétée lors des prochaines missions de terrain.

3.5. Transformation du secteur de la pêche (R)

Le suivi du calendrier des pêcheurs à Saint-Louis, Gandiole, Richard-Toll et Podor pêche montre que, en dehors de la pêche, la plupart des pêcheurs sont engagés dans d'autres activités afin d'obtenir un revenu supplémentaire. Selon notre enquête, en zone continentale, 30% des pêcheurs pratique l´agriculture (le riz, la canne à sucre, l'horticulture, etc.) et l'élevage (moutons, chèvres, poulets, etc.), tandis que dans la zone estuarienne 10 % des pêcheurs sont impliqués dans le transport de touristes. Le maraîchage était important dans la zone et surtout dans les zones humides ou les dépressions inter-dunaires appelées Niayes. Cependant, depuis l'installation du canal Langue de Barbarie, cette activité est en récession en raison de la salinisation des sols. Les autres causes d'inactivité sont liées au manque de rentabilité (10% dans les centres de Saint-Louis et Gandiole et 8% à Richard-Toll et Podor); ou d'autres raisons d´ordre météorologique, mauvaises conditions hydrologiques (8% dans la zone estuarienne et 10% en la zone d'eau douce). Au cours de notre mission de terrain, nous avons observé que les pêcheurs Ndar-walo walo Guet Ndar Guet font plusieurs migrations le long du bassin ou de la côte. Cependant, le phénomène de la migration des pécheurs de Guet Ndar est très ancien.

4. Conclusions

Le DPSIR à partir de l'indicateur poisson apporte des connaissances sur l'histoire environnementale et de la gestion sociale des pêches. Il permet aussi de mieux comprendre les effets du changement climatique sur la ressource poisson et ses incidences sur les populations locales (Reizer, 1972). Mais les transformations anthropiques ont eu un effet beaucoup plus ressenti sur les communautés locales. Une gestion mal effectuée du bassin versant a apporté de très graves problèmes qui se cumulent avec ceux des transformations de la ressource. Ils affectent en effet le territoire lui-même et sa capacité à retenir l'eau douce (déséquilibre des flux estuariens entre entrée de la mer et force du fleuve, salinisation des nappes et des sols, inondation par la mer du bas delta/langue de Barbarie et submersion de grande partie des rivages, de certains villages et terres agricoles, etc.), qui provoquent un manque d'eau douce, des friches de sols aujourd'hui salinisés, des problèmes pour l'agriculture et l'élevage, auxquels s'ajoute la baisse des captures (Bousso, 1997). Si les écosystèmes, le territoire, la qualité de l'eau, sont affectés, les populations sont aussi dans une situation de risque majeur et d'insécurité alimentaire, sans perspectives d'avenir pour les jeunes paysans. Ils se tournent vers l'émigration ou le basculement social vers des positions radicales. Ce sont les seules perspectives perçues qui pourraient assurer aujourd'hui la survie.

Des actions locales et régionales basées sur une stratégie forte et immédiate de justice sociale, donnant aux populations paysannes les moyens de produire pour leurs besoins, est aujourd'hui non seulement nécessaire mais urgente. Elles devraient être associées à la gestion participative et transparente du territoire et des bassins versants, où d'autres actions peuvent être développées pour et par ces communautés vulnérables à la pauvreté et à la misère, en particulier les jeunes et les femmes.

5. Références bibliographiques

Agence Européenne pour l'Environnement (AEE) (1999): *Environmental indicators: Typology and overview.* Copenhagen, EEA Technical report no. 25.

Appelberg, M., Bergquist, B.C., Degerman, E., 2000. Using fish to assess environmental disturbance of Swedish lakes and stream- a preliminary approach. Verhandlungen der internationalen Vereinigung fur Liminologie, 27,311-315.

Barton, B.A., Morgan, J.D., Vijayan, M.M., 2002. Physiological condition-related indicators of environmental stress in fish. In S.M. Adams (Ed)

Biological indicador of stress in fish, p 111-148. Maryland: America Fishery Society.

Bidone, E.D., Lacerda, L.D. (2004): "The use of DPSIR framework to evaluate sustainability in coastal areas. Case study: Guanabara Bay basin, Río de Janeiro, Brazil". *Regional Environmental Change,* 4(1), pp. 5-16.

Bousso, T., Touré, E.O., Thiam, N. (2008): "Biodiversité des eaux douces et son processus d'integration dans le domaine de la pêche et de l'aquaculture". Rapport de mission. Dakar, Centre de Recherches Oceanografiques de Dakar-Thiaroye.

Bousso, T. (1997): "The estuary of Senegal River: the impact of environnemental changes and the Diama Dam on resource status and fishery conditions". In K. Remane (Ed.), *African inland fisheries, aquaculture and the environment.* Oxford, Blackwell, pp. 45 - 65.

Camanho, A.S., Hora, J., Gaspar, M.B., Oliveira, M.M. (2010): *Analysis of the artisanal fisheries in the Atlantic Arc based on the DPSIR framework.* FEUP/IPIMAR Report of Project PRESPO.

Corlay, J.P. (1993): "Les concepts d'espace halieutique : réflexion de géographes sur les pêches maritimes à partir du cas danois", en Colloques et séminaires : *Question sur la dynamique de l'exploitation halieutique.* Montpellier, ORSTOM/ IFREMER, pp. 125-140.

European Environmental Agency (EEA), 1999. *Environmental indicators: Typology and overview*, Technical report no. 25. Copenhagen, EEA.

Gordon, H.S. (1954): "The economic theory of a common property resource". *The fishery Journal of Political Economy*, 62 (2), pp. 124-142.

Hardin, G. (1968): "The tradedy of the commons". *Science,* 162, pp. 1243-1247.

Kane, C., 2010. Variabilité du système socio-environnement du domaine Sahélien: l'exemple de l'estuaire du fleuve Sénégal. De la perception à la gestion des risques. Tesis doctoral inédita. Strasbourg, Université de Strasbourg.

Le Fur J., Laloe F., Durand, M.H., Chaboud C. (1999): "Co-viabilité des systèmes halieutiques". *Nature, Sciences, Sociétés,* 7 (2), pp. 19-32.

Magrin, G., Seck, S.M. (2009): "La pêche continentale en sursis? Observation sur les pêcheries en rive gauche de la vallée du Sénégal dans un contexte de décentralisation". *Geocarrefour*, 84 (1-2), pp. 54-64.

Mbaye, A. (2002): "Analyse sociologique de la differenciation technique dans la pêche artisanale maritime sénégalaise", en *Séminaire C3ED-OA, LINUS*, Dakar.

Mietton, M., Dumas, D. Hamerlunck, O. *et al.*, 2007. "Le delta du fleuve Sénégal. Une gestion de l'eau dans l'incertitude chronique". In Allard, P., Fox, D. y Picon, B. (Eds.) *Incertitude & Environnement. La fin des certitudes scientifiques.* Aix en Provence, Editions Edisud, pp. 321-336.

Quensière, J., 1993. "De la mondialisation à la gestion systémique des pêches". Nature, Sciences, Société, 3, pp. 211-220.

Reizer, C.; Lessent, P., 1972. "Les pêches continentales du bas Sénégal". *Revue Bois et Forêt des Tropiques*, 143, pp. 3-21.

Rigler F.H. (1982): "The relation between fisheries management and limnology". *Transactions of the American Fisheries Society*, 11(2), pp. 121-13.

Schaefer, M.B. (1957): "Some considerations of population dynamics and economics in relation to the management of the commercial marine fisheries". *Journal of the fisheries Research Board of Canada,* 14 (5), pp. 669-681.

Touré, E.O. y Breton, F., 2013. "Cooperación transfronteriza en la esfera del agua: el caso del rio Senegal". In Boada, M. y Maneja, R. (dir.) *El agua y la vida: cooperación en la esfera del agua.* Barcelona, Consejo Superior de Investigaciones Cientificas, Lunwerg Editores, pp. 202-209.

Union Internationale pour la Conservation de la Nature (UICN) (2006): *Evaluation économique des ressources sauvages au Sénégal*. Dakar, UICN.

ETUDE DE LA REPOUSSE APRÈS COUPES SUR DIFFÉRENTES HAUTEURS DE LA PLANTE *TYPHA AUSTRALIS* (SCHUM. ET THON) DANS LA RÉGION DE TRARZA EN MAURITANIE

***Nianguiri Moussa Konaté*[5], *Atiya Ould Abdallahi*[6], *Babana Ould Mohamed Lemine*[7], *Benjamin Trouilleux et Dieng Hamidou*[8]**

Résumé

La construction des barrages de Diama et de Manantali sur le fleuve Sénégal a entraîné des modifications profondes du régime hydrologique du fleuve, mais aussi de l'environnement biophysique et socio-économique du bassin. La prolifération de la plante invasive *Typha australis* résultante de ces modifications constitue aujourd'hui encore une problématique majeure de développement pour les décideurs et gestionnaires de la vallée du fleuve Sénégal. Il y a eu plusieurs tentatives pour maîtriser la propagation de cette plante par brûlis ou par la pratique de coupes massives. La présente étude a pour objectif d'étudier l'impact de la hauteur de coupe (par rapport à la lame d'eau) sur sa régénération. Les objectifs fixés sont les suivants :

- Tester la capacité de repousse de *Typha australis* selon les niveaux de coupes établis ;

- Tester la vitesse de croissance de plants de *Typhas australis* après coupe ;

[5] Département de production et de protection végétale, Institut Supérieur de l'Enseignement Technologique (ISET), Rosso, Mauritanie.

[6] Département de Biologie, Faculté des Sciences et Techniques, Université des Sciences, de Technologie et de Médecine (USTM), BP 5026, Nouakchott, Mauritanie.

[7] Département de génie électromécanique, Institut Supérieur de l'Enseignement Technologique (ISET), Rosso, Mauritanie.

[8] Professionnels du développement solidaire (GRET), Rosso, Mauritanie.

Les expérimentations ont été effectuées dans deux sites de coupe de biomasse de Typha pour la fabrication du charbon par le PROJET TYPHA : le site de Bouhajra, au niveau du Parc National de Diawling (PND) et le site de Garack, village situé au nord-ouest de la ville de Rosso. Nous avons utilisé comme matériel végétal, la biomasse d'une population mature de *Typha australis* en végétation libre. Au niveau de chaque site les mesures sont faites sur deux zones différentes selon la profondeur de la lame d'eau : une zone peu profonde de 5 à 10 cm de profondeur et une zone profonde de 50 à 70 cm de profondeur. Nous avons déterminé la densité des plants par surface, un suivi hebdomadaire de repousse et évalué la croissance sur les pousses.

La repousse est très significativement plus élevée dans les zones peu profondes que dans une lame d'eau profonde. Le nombre de repousses est constant pour les zones de même niveau de coupes. Les plantes régénérées présentent une croissance en hauteur exponentielle.

Ce travail nous a permis de mettre en évidence i) les niveaux de coupes intéressants pour une bonne gestion de la plante *Typha australis* et ii) que la nature envahissante de cette espèce serait directement liée à une croissance en hauteur exponentielle après coupe. Notre étude a confirmé que cette espèce repousse majoritairement par rejets à partir des rhizomes.

Mots clés : *Typha australis*, Hauteurs des coupes, repousse, croissance, lame d'eau, Trarza-Mauritanie.

Introduction

La construction de barrage de Diama en aval et de Manantali en amont sur le fleuve Sénégal ont entraîné des modifications profondes du régime hydrologique du fleuve, mais aussi de l'environnement biophysique et socio-économique du bassin (AGRER *et al*, 2003 ; Ficatier et Niasse 2008). Le barrage de Diama dont le premier but était d'empêcher les remontées d'eaux salées dans le cours du fleuve a finalement entraîné plusieurs conséquences négatives (Ficatier et Niasse, 2008). D'une part, une salinisation des terres et de certaines eaux rendues impropres à l'usage tant des populations locales que de la faune et la flore. D'autre part, la création d'une grande étendue d'eau douce en amont du barrage, qui a favorisé le développement de maladies hydriques qui touchent l'homme, le bétail et à la faune, mais surtout la prolifération de plantes envahissantes comme *Salvinia molesta* (la fougère d'eau), *Pistia stratiotes* (la laitue d'eau), *Phragmites australis* (roseau) et surtout *Typha australis* (massette).

Typha australis est une plante d'eau douce qui se développe dans des conditions écohydrologiques modestes et qui présente deux modes de reproduction : la reproduction sexuée par ses graines et une reproduction asexuée via ses rhizomes (Diagne et *al.*, 2010). En 2006, la superficie occupée par *Typha australis* était estimé à plus de 100 000 ha et la progression se fait à une vitesse de 10 % par an (SOE, 2005). En dépit de la panoplie de méthodes utilisées ou proposées pour limiter sa prolifération (Diagne *et al.*, 2010), le phénomène de propagation de *Typha australis*, se poursuit (AGRER *et al.*, 2003). Cette propagation constitue aujourd'hui encore une problématique majeure de développement pour les décideurs et gestionnaires de la vallée du fleuve Sénégal. En dépit de la panoplie de méthodes utilisées ou proposées pour limiter sa prolifération (Dieng, 2002), le phénomène de propagation de *Typha australis* se poursuit. Elle a été évaluée dans les limites du PND (Parc National de Diawling), par le projet Typha à 400 ha/an (4081 ha en 2005 et 6964 ha en 2012).

Face à cette situation le GRET, en partenariat avec l'ISET et le PND, développe depuis 2011 le « PROJET TYPHA » de Promotion du charbon de *Typha australis* en alternative au charbon de bois avec l'installation de plusieurs unités artisanales de fabrication et récemment une unité de production industrielle à ISET. Ainsi, au lieu d'une destruction massive par coupe ou par brûlis, le PROJET TYPHA tente d'utiliser cette plante envahissante comme alternative devant préserver d'autres espèces ligneuses menacées par la fabrication du charbon de bois. C'est dans ce cadre que, nous nous sommes intéressés à étudier l'impact de la hauteur de coupe (par rapport à la lame d'eau) sur la repousse de *Typha australis*.

Pour atteindre cet objectif, il est nécessaire de i) tester la capacité de repousse de *Typha australis* selon les niveaux de coupes établis et ii) de tester la vitesse de croissance de plants de *Typhas australis* après coupe.

Matériel et Méthodes

Matériel végétal utilisé

La plante *Typha australis* nommée aussi *Typha domingensis* (Bosch, 2011) est une plante aquatique de la famille de Typhacées. Elle peut atteindre jusqu'à 6 m de hauteur. C'est une spadisciflorae, une monocotylédone dont l'inflorescence est un spadice. A maturité, son inflorescence en chandelle de 15 à 20 cm de long peut contenir entre 20000 et 700000 graines (Theuerkorn, 2002 cité par PNEEP/TYPHA, 2014). L'appareil racinaire fibreux à rhizome peut atteindre 3 à 10 m/an (Parsons et Cutherbertson, 1992). Ces rhizomes latéraux peuvent donner chacun un ou plusieurs tiges (PNEEP/TYPHA, 2014).

Présentation des sites expérimentaux

Les expérimentations ont été effectuées dans deux sites distants d'environ 70 km, utilisés pour la production de biomasse de Typha pour la fabrication du charbon par le Projet Typha :

- Le site de Bouhajra, au niveau du Parc National de Diawling (PND, déclaré site Ramsar en 1994) est situé entre 16° 05′ et 16° 35′ N, et 16° 20′ et 16° 30′ W.

- Le site de Garack, village situé au nord-ouest de la ville de Rosso de coordonnées GPS : 16° 32 ' 47.41''N ; 15° 46' 1.30''W.

Nos campagnes de récolte de *Typha australis* ont été effectuées en Juin 2014. Nous avons utilisé comme matériel végétal, la biomasse d'une population de *Typha australis* mature en végétation libre au niveau des deux sites : Bouhajra et Garack.

Protocole expérimental

Au niveau de chaque site, les expérimentations sont réalisées dans deux zones ennoyées avec 3 niveaux de coupes : une zone peu profonde (PP) recouverte par 5 à 10 cm d'eau où les niveaux de coupes sont fixés à 0, 10 et 20 cm au-dessus de la lame d'eau. Une zone profonde (P) recouverte par 50 à 70 cm d'eau où les niveaux de coupes sont fixés à -10 -20 et -40 cm en dessous de la lame d'eau. Les coupes sont effectuées à la main, à l'aide des faucilles sur la hauteur des tiges des plantes par les coupeurs de Typha du projet basés à l'ISET.

L'unité expérimentale est une placette d'un mètre carré ($1m^2$) délimitée par un quadrat carré préfabriqué en fer. Le dispositif expérimental complet consiste en 24 placettes, nommément 6 répétitions pour chaque zone (reparties au hasard), dans le site de Garack (GPP et GP) et dans le site de Bouhajra (BPP et BP). Apres installation des unités expérimentales, les zones sont séparées du reste de la population mature par coupe de Typha tout autour à hauteur de 2 m pour éviter toute interférence éventuelle de la population mature sur la repousse.

Variables mesurées

Nous avons déterminé avant coupe et 5 semaines après coupe la densité des plants par zone pour les deux sites par un simple comptage de l'ensemble de plants dans la parcelle. Apres la coupe des plants de Typha, nous avons fait un suivi de repousse et évalué la croissance (augmentation en hauteur des repousses en fonction du temps) sur l'ensemble des pousses présentes dans la parcelle à l'aide d'une règle graduée (du ras du sol jusqu'au sommet de la pousse). Ce suivi a été effectué pendant 5 semaines sur le site de Garack. Suite à des difficultés d'accès au site de Bouhajra, le suivi n'a pas été réalisé les semaines 3 et 4.

L'ensemble des données a été analysé avec le logiciel SPSS (SPSS Inc, version 22.). Le seuil de significativité était fixé à $p < 0.05$.

Résultats et discussion

Densité de Typha australis

Typha australis pousse plus abondement quand il est coupé au-dessus de la lame d'eau que quand il est coupé en dessous de la lame d'eau (Fig.1). Pour les deux sites confondus, la densité est très significativement plus élevée pour les niveaux de coupes au-dessus de lame d'eau (0, 10 et 20 cm), que pour les coupes en dessous de la lame d'eau (-10 -20 et -40 cm) (Fig.1, $p < 0,0001$). Apres coupe, les valeurs moyennes de la densité varient de 2 à 15 pied/m^2, respectivement des zones profondes aux zones peu profondes.

Ces résultats suggèrent que les plantes de *Typhas australis*, réagiraient comme d'autres monocotylédones à la coupe en profondeur. Chez certaines graminées (le riz), la tige semble être conducteur des gaz (Heller *et al.*, 1998) et une coupe en profondeur conduit à un appauvrissement délétère en oxygène pour les racines. La multiplication végétative de *Typha australis* nécessite un apport d'oxygène pour le développement des rhizomes. Cet oxygène est apporté du niveau aérien par les feuilles et transportées vers le rhizome en profondeur (Sale et Wetzel, 1983). Après une coupe et grâce à ses rhizomes, le Typha peut résister durant 4 à 6 jours dans un milieu anaérobie (PNEEP/TYPHA, 2014).

Couper la plante *Typha australis* sous l'eau et laisser les rhizomes sous l'eau plus d'une semaine crée un phénomène d'asphyxie qui inhibe sa régénération et stoppe la propagation de la plante. Un résultat similaire a été trouvé par Hellsten *et al.* (1999) sur le *Typha australis* après une coupe de 20 et 50 cm sous l'eau avec un véhicule amphibien (model Conver 480 H). L'étude de Coops *et al.*, (1996) a montré une corrélation négative entre la croissance des rhizomes et la profondeur de la lame d'eau.

Une coupe sur la lame d'eau n'élimine pas la plante (Fig.1). Le Typha régénère rapidement des feuilles, stratégie favorisant l'activité photosynthétique, par conséquent le stockage de photosynthétats dans les rhizomes et, in fine, la production des nouvelles plantes. Cependant, nos résultats montrent que la densité après coupe reste inférieure à la densité initiale dans tous les niveaux (Fig.1). Il apparait donc que les coupes conduisent à la mort de certains pieds. La coupe peut engendrer des blessures, une asphyxie, ou la consommation des réserves en photosynthétats, affaiblissant les rhizomes. Il est aussi envisageable que les rhizomes soient endommagés directement par le piétinement des coupeurs de Typha. Cependant, nous pensons que la densité initiale pourra être restaurée dans un délai plus long après coupe car les rhizomes peuvent émettre plusieurs jeunes pousses avant que la population ne soit mature (PNEEP/TYPHA, 2014). Nous avons constaté par observation au niveau des pieds des plants que la repousse se fait majoritairement par les rhizomes latéraux. Le même phénomène de régénération majoritairement par rejets à partir de rhizomes latéraux a été observé sur les plantes de *Typha australis* au PND (Zéine et *al.,* 2005).

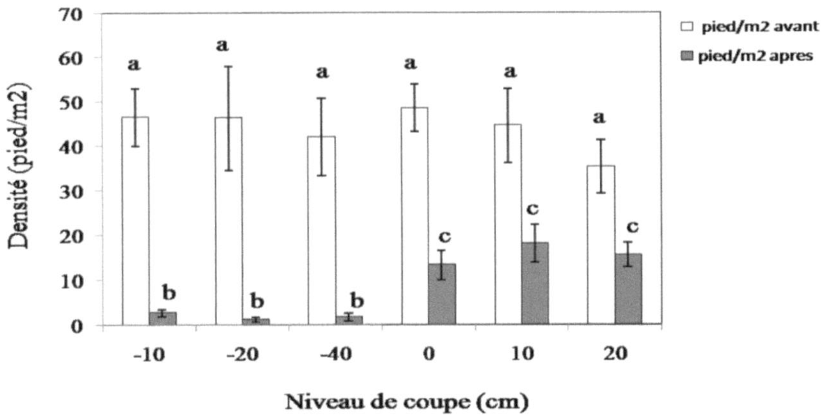

Figure 1 : Densité de *Typha australis* avant et après coupe par niveau. Les lettres indiquent une différence significative à P < 0,05, moyenne ± écart-type, n = 4.

Concernant la propagation par graine, la germination de *Typha australis* se fait facilement dans les endroits humides et dégagés. Les plantules peuvent survivre, qu'elles aient été immergées ou non dans l'eau, mais la mortalité des jeunes plants, avant d'atteindre le stade adulte, est élevée (Bosch, 2011). Une fois la plante bien enracinée, dans l'année qui suit la germination, la croissance du rhizome démarre et devient le principal mécanisme qui maintient le peuplement (Bosch,

2011). Alors que les deux modes de reproduction peuvent coexister (Diagne *et al.*, 2010), notre étude confirme l'efficacité de la propagation végétative de cette espèce.

Suivi de croissance en hauteur de *Typha australis*

A Garack, nous avons constaté qu'après la coupe, les jeunes plants qui ont pu repousser présentent une croissance rapide. Le suivi de croissance en hauteur de *Typha australis* à un pas hebdomadaire à l'échelle du site de Garack (Fig.2) montre une vitesse de croissance très forte ($p < 0{,}0001$). En cinq semaines après coupe, il atteint une hauteur moyenne de 1,33 m. Cette croissance rapide après coupe est liée à l'état mature de la population de Typha étudiée. En effet, la plante Typha possèdent deux réservoirs pour l'accumulation des réserves pour sa perpétuation : les graines et les rhizomes (Dieng, 2000 ; Henning, 2002). A l'état mature, les rhizomes de la plante possèdent des réserves importantes en hydrates de carbone. Ces réserves seront utilisées pour la croissance mais aussi impliquées dans la production des nouveaux individus. D'ailleurs les rhizomes de Typha sont consommés dans l'alimentation humaine dans certaines régions (Bosch, 2011), et leur teneur en amidon peut atteindre jusqu'à 30% (Henning, 2002). Cette teneur est importante même comparativement au rhizome de la plante Gingembre (une des épices les plus prisées mondialement du fait de son caractère aromatique et de son âcreté). L'amidon est le constituant majeur du rhizome de Gingembre (Dei-Tutu et Rish, 1976), sa teneur s'élève entre 40,4 et 59% (Natarajan *et al.*, 1972).

L'état de la végétation de *Typha australis* avant coupe est stratégique pour sa survie après coupe. Toute coupe de Typha avant la maturité contribue à l'élimination de la plante car elle n'aura plus de ressource pour constituer ses semences ou bien se régénérer par repousse et se perpétuer. Des coupes répétitives sur le Typha peuvent l'exterminer car ne permettant pas la reconstitution des réserves des rhizomes en hydrates de carbone (Hall, 2008) pour assurer la pérennité de l'espèce.

En outre nous avons effectué la coupe pendant le mois de Juin, période où l'accumulation en produits photosynthétiques est sensée être très significative. La période Avril-Juin correspond à une photopériode optimale pour la plante *Typha australis*. En effet, c'est en cette période que sa floraison est maximale (Dieng, 2002).

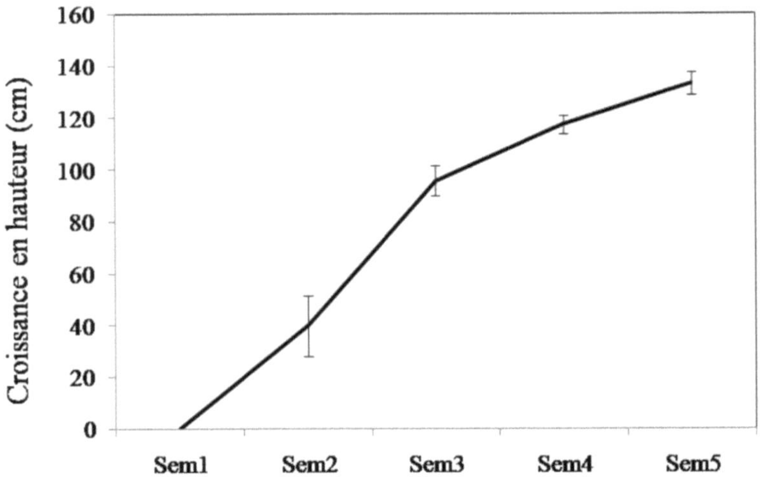

Figure 2 : Suivi de croissance hebdomadaire de *Typha australis* à Garack après coupe, moyenne ± écart-type et n = 12.

Conclusion

Ce travail nous a permis de mettre en évidence les niveaux de coupes intéressants pour la bonne gestion de la plante *Typha australis*. En effet, dans la lutte contre la prolifération de cette plante, il apparaît nécessaire de la couper quelques dizaines de cm en dessous de la lame d'eau : -10, -20 ou -40. Ce niveau d'eau doit être conservé pendant quelques temps (quelques semaines ou plus) afin d'épuiser complètement les rhizomes. Par contre s'il s'agit de la gestion de la plante pour optimiser sa prolifération en vue d'utiliser sa biomasse comme dans le cadre de la carbonisation, il est important de la couper au niveau ou sur quelques dizaines de cm au-dessus de la lame d'eau : 0, 10 et 20 cm. Nous avons ainsi constaté que les densités des repousses restent constantes pour ces niveaux de coupe. Nos travaux montrent qu'en situation naturelle et sur des populations matures, la plante *Typha australis* présente une croissance en hauteur rapide et qu'elle repousse par rejets des rhizomes latéraux.

Remerciements

Nous remercions l'Union Européenne (UE) et l'Agence de Promotion de l'Accès Universel aux Services (APAUS) pour le financement du projet. Nous remercions également le personnel du parc National du Diawling pour les

accueils et aides lors de nos séjours au PND, les gens de Garack et le personnel de l'équipe Typha du GRET et de l'ISET de Rosso.

Références bibliographiques

AGRER-SERADE-SETICO. (2003). Etude pour la restauration du réseau hydraulique du bassin du fleuve Sénégal, Rapport Phase 1, Vol. 1 et 2, OMVS/SOGED.

Bosch, C., H., 2011. *Typha domingensis* (pers.) Steud. [Internet] Fiche de PROTA4U. Brink, M., & Achigan-Dako, E., G., (Editeur). PROTA (Plant Resource of Tropical Africa / Ressource vegetales de l'Afrique Tropicale), Wageningen, Pays Bas.<http : www.prota4u.org/search.asp>.

Coops, H., Brink, FWB., Velde, G., Van der., 1996. Growth and morphological responses of four helophyte species in an experimental water depth gradient. Aquatic Botany 54: 11-24.

Diagne, M. L. ; N'Diaye, P.I. ; Sari, T. et Niane. M.T. 2010. Un model mathématique de la prolifération du Typha. CARI Yamoussoukro, Cote d'Ivoire. inria-00505247.

Dei-Tutu, J., & Rish, E., 1976. Studies on the composition of some Ghanaian ginger samples. Ghana Journ. Agric. Sci. 9, 225-229.

Dieng, S., D., 2000 : Utilisation du *Typha australis* comme combustible domestique au Sénégal. PSACD.

Dieng, S., D., 2002 : Le Typha, Bilan des résultats : PSACD. Présenté au Colloque de Saint-Louis PSACD

Ficatier, Y. et Niasse, M. Volet social et environnemental du barrage de Manantali, Agence Française de Développement (2008) ISSN : 1958-590X.

Hall, S., J., 2008. Harvesting diversity after cattail invasion: prospects for wetland restoration. Madison, USA: University of Wisconsin-Madison.

Heller, R. ; Esnault, R.et Lance, C. 1998. Physiologie Végétale, Nutrition 6 éme édition. 42p. DUNOD. France.

Hellsten, S., Dieme, C., Mbengue, M., Janauer, G. Hollander, N., Kloff, S. & Pieterse, A.,

1999. Typha control efficiency of a weed-cutting boat in the Lac de Guiers in Senegal: a preliminary study on mowing speed and re-growth capacity. Hydrobiologia 415: 249-255.

Henning, R., K., 2002. Valorisation du Typha comme combustible domestique en Afrique de l'Ouest et en Europe. In: Workshop on Typha in Saint Louis, Senegal. 23. - 25. 7. 2002, St. Louis, Sénégal, Juillet 2002. http://www.typha.net.

Natarajan, C., P., Padman, Bai R., Krishnamurthy, M., N., Raghavan, B., Shankaracharya, N., B., Kuppuswamy, S., Govidarajan, V., S., & Lewis, Y., S.,

1972. Chemical composition of ginger varieties and dehydration studies on ginger. Journal of food science and technology, 9, 120-124.

Parsons, W., T., Cuthbertson, E., G., 1992. Noxious Weeds of Australia. Melbourne, Australia: Inkata Press, 692 pp.

PNEEB.2014. Capitalisation des résultats de recherche et expérience sur le Typha.

Sale, P., J., M., Wetzel, R., G., 1983. Growth and metabolism of Typha species in relation to cutting treatments. Aquatic Botany, 15(4):321-334.

SOE., 2005. Notes techniques de suivi-évaluation de l'état de l'environnement du bassin du fleuve Sénégal ", OMVS/Observatoire de l'environnement Dakar, Sénégal.

Zeine, E., A., O., S., Guenda, W., Ba., A., D., 2005. L'impact du « *Typha australis* (Schum.& Thonn) » sur la Biodiversité du Parc National du Diawling. Mémoire de Diplôme d'Études Supérieures Spécialisées. Université de Ouagadougou (UFR/SVT).

PARTENARIAT, PARTICIPATION PAYSANNE ET DÉVELOPPEMENT DE LA FILIÈRE HYDRO-AGRICOLE : L'EXPÉRIENCE DE PONT-GENDARME DANS LE DELTA DU FLEUVE SÉNÉGAL

Dominique Sène[9]

Résumé :

Le delta du fleuve Sénégal est l'une des zones hydro-agricoles où les partenaires au développement promouvant des approches participatives interviennent le plus dans la vallée du fleuve Sénégal. Cette zone deltaïque est constamment confrontée à un tissu solidement structuré de contraintes hydro-agricoles coriaces dont les plus préoccupantes pour les populations en majorité paysannes qui y résident sont d'ordre naturel, financier, technique, organisationnel, infrastructurel et commercial. Le présent texte fait le point sur la portée des approches participatives prônées par la plupart des partenaires extérieurs qui interviennent dans la filière hydro-agricole au niveau du delta du fleuve Sénégal. La souplesse et l'efficacité de ces modes d'intervention participatifs est venu se greffer aux dynamiques paysannes locales d'autopromotion, posant ainsi les jalons de ce que nous avons appelé le « co-développement rural » dans notre thèse de doctorat. Les données, que nous présentons dans ce texte, ont été collectées au moyen de la technique documentaire, de l'observation et d'entretiens individuels avec des paysans, des responsables paysans ainsi que des agents des institutions d'appui au développement agricole intervenant à Pont-Gendarme.

Mots clés : Partenariat, participation paysanne, développement agricole, delta, Pont-Gendarme.

Introduction

Le développement de la filière hydro-agricole est un enjeu mais aussi un défi qui se pose à beaucoup de pays en développement. Au Sénégal, c'est dans la zone agro-écologique de la vallée du fleuve qu'est concentrée la plus grande partie des aménagements hydro-agricoles du

---

9 Sociologue/Chargé de cours à l'université Gaston Berger de Saint-Louis. Chercheur au laboratoire CIERVAL (Centre Interdisciplinaire d'Études et de Recherche de la Vallée)

pays. Depuis la période coloniale, les terres très fertiles de la vallée ont été aménagées à des fins d'exploitation rizicole et maraîchère par des organismes techniques de mise en valeur tels que la Mission d'Étude du Sénégal (MES) de 1935 à 1938, la Mission d'Aménagement du Sénégal (MAS) de 1935 à 1960, l'Office Autonome du Delta (OAD) de 1960 à 1965 et la Société d'Aménagement et d'Exploitation des terres du Delta du fleuve Sénégal et des vallées du fleuve Sénégal et de la Falémé (SAED) de 1965 à nos jours. Des approches technicistes, condescendantes d'aménagement et de production ont été tour à tour promues par ces organismes jusqu'au désengagement de la SAED en 1987. À cause des limites de ces modes de production paternalistes, des approches participatives plus souples et plus aptes à impulser le développement de la filière hydro-agricole ont été désormais préconisées par l'État à travers la SAED et par les autres partenaires extérieurs. Le texte que voici vise à faire observer la corrélation qu'il y a entre la participation paysanne, le partenariat et le développement de la filière hydro-agricole. La localité de Pont-Gendarme dans le bas delta du fleuve Sénégal a été choisie pour nous servir de cadre d'étude. Notre analyse s'est organisée autour de deux principaux axes. Le premier axe met en exergue la portée des approches participatives en milieu paysan. Le deuxième axe, plus pratique, fait état de quelques expériences de projets participatifs de développement hydro-agricole promus par les partenaires extérieurs dans la localité de Pont-Gendarme.

1. Sur la portée des approches participatives en contexte de développement rural

Ce qui saute aux yeux de quiconque parcourt l'abondante littérature consacrée au développement rural en contexte africain postcolonial, c'est que le concept de participation y occupe une place de première importance. Une part prépondérante de la littérature produite sur le développement rural a été consacrée aux approches participatives. Dans la perspective des promoteurs de ces approches, les paysans sont les seuls véritables acteurs capables de faire face à leur propre destin, de construire et de consolider le développement qu'ils souhaitent avoir pour eux-mêmes, avec l'appui minimal des partenaires extérieurs. Robert Chambers, socio-anthropologue et expert en développement auprès de la Banque mondiale, fait observer que le débat sur le paradigme du développement commença vers le milieu et à la fin des années 1970 à poser la question de la participation de ceux dont on essaie de favoriser le développement en tant que protagonistes de leur propre développement, comme une variable essentielle dans le développement humain. Cette vision fut confortée par des échecs de projets et programmes de développement conçus par des experts et mis en place d'« en haut » (Chambers, 1990 : 11).

Depuis les années soixante-dix et même avant (Gado, 1997 : 219), les approches participatives ont été effectivement prônées par les experts du développement dans les pays du Sud, sur injonction des bailleurs de fonds, à la faveur de leur efficacité et à cause des échecs de beaucoup de projets de développement prétendant faire abstraction de l'implication des populations concernées dans leur mise en œuvre et leur exécution. La participation était alors devenue un concept choyé, chéri, parce que charriant des valeurs de dignité, d'équité sociale, outre son efficacité dans le terrain du développement rural. Les acteurs du développement, en particulier les bailleurs de fonds, les ONG, les États, les institutions de coopération décentralisée, les chercheurs, etc. ne cessaient alors de scander la philosophie participative. Dans les pays du Sud, la rhétorique de l'approche participative rythmait allègrement les séminaires, les colloques consacrés au développement rural, les rencontres avec les promoteurs de projets. Cette approche a ainsi réussi à s'imposer comme un mode d'intervention idéal, répondant aux préoccupations réelles des populations et capable de déclencher le développement rural. En rompant avec les pratiques technicistes condescendantes qui ont étalé au grand jour leurs limites dans beaucoup de milieux du développement, les partenaires techniques et financiers ont peut-être eu raison de porter au pinacle le paradigme participatif. Cependant, c'est en partie pour mobiliser la générosité des bailleurs de fonds envers les colporteurs de cette nouvelle philosophie du développement qu'ils trouvent intérêt à la promouvoir dans leurs projets.

En réalité, aucun développement économique, rural ou autre, ne peut être à la fois équitable, efficace et durable que lorsqu'il s'inscrit dans une démarche participative. C'est pourquoi, après avoir imposé aux États du Tiers-Monde au cours des années 1970-1980 la restructuration de leurs économies, qui les condamnent à libéralisation, la Banque mondiale et le Fonds Monétaire International (FMI), connus pour leur sympathie envers le modèle participatif en matière de développement, font tout ce qui est en leurs immenses moyens et pouvoirs pour promouvoir la participation des populations de ces pays dans les projets de développement les concernant directement. Les chances de succès des projets de développement rural semblent être en grande partie conditionnées par l'implication réelle des populations bénéficiaires dans leur mise en œuvre et leur exécution. Sous ce rapport, vouloir impulser le développement rural au mépris des dynamiques et des modes de production paysans s'avère être une utopie, pis encore, une grossièreté d'autant plus dommageable que le concept de participation contient des éléments de pragmatisme et de programme (Rahmato, 1991 : 9). L'initiative populaire est un élément essentiel de la production durable. Le développement agricole est l'affaire des paysans d'abord, qui en sont les principaux bénéficiaires, et non celle des partenaires extérieurs au monde rural. Cette réalité incline à prendre en compte les dimensions socioculturelles dans les projets de développement (Cernéa, 1998 : 11), qui ne sont pas moins importantes que la dimension économique.

Cependant, pour que les populations puissent participer pleinement aux actions de développement rural, il faudrait qu'il y ait un cadre organisationnel et juridique propice à cette participation. C'est pour dire qu'il est nécessaire qu'elles se regroupent en organisations paysannes (OP) dynamiques capables de porter leurs initiatives et leurs stratégies d'autodétermination. Les OP sont les véritables artisans de la transformation des campagnes rurales africaines (Dévèze, 1992). Le sociologue camerounais Jean-Marc Éla, défenseur dévoué de la cause paysanne africaine, croit fermement en l'idée que le problème du développement africain ne sera résolu que s'il arpente « le chemin des villages » (Éla, 1982 : 222), où il sera entièrement pris en charge par les paysans à travers leurs associations. Les États néolibéraux, les porteurs de projets, les ONG en quête de crédibilité auprès des bailleurs de fonds internationaux, les chercheurs font désormais les yeux doux aux associations paysannes, cherchant à les impliquer davantage dans leurs politiques et programmes de planification rurale. Les associations paysannes participent à la démocratisation de la vie publique, à la décentralisation et au développement d'actions collectives organisées, orientées surtout vers la résolution des problèmes de la communauté. Comme le considère le sociologue Abdoulaye Niang, elles constituent une composante essentielle du tissu associatif et connaissent un grand développement au Sénégal, tant en milieu urbain, qu'en milieu rural. Ce développement s'est fait à la faveur de la massification de la pauvreté et du développement d'actions collectives organisées, orientées surtout vers la résolution des problèmes de la communauté ou des groupes sociaux particuliers au sein de celle-ci (Niang, 2001 : 47-48).

L'impact de la participation des paysans dans la réussite des projets de développement rural par le moyen de leurs organisations accrédite la thèse de la nécessité de développer la recherche participative. Celle-ci est un moyen de renforcer les capacités des producteurs ruraux et des partenaires techniques qui les appuient. Elle renforce leur aptitude à participer activement aux projets dont elles sont bénéficiaires. La recherche contribue à accroître leur « capabilité », pour reprendre la formule de l'économiste indien Amartya Sen. Au sens de Sen, la notion de « capabilité » réfère aux conditions d'accès des populations aux ressources et surtout aux capacités qu'elles ont à utiliser rationnellement ces ressources pour subvenir à leurs besoins. L'implication des producteurs ruraux dans la conception des programmes de recherche-développement destinés à renforcer leurs capacités est une préoccupation majeure des promoteurs de l'approche participative. Pour Marc P. Lammerink et Ivan Wolfers, l'idée d'impliquer à la fois chercheurs et utilisateurs potentiels dans l'élaboration des programmes de recherche les concernant est une composante essentielle de la recherche participative. Cette dernière se fonde sur un effort commun de coopération volontaire au niveau local entre chercheurs et utilisateurs potentiels, bénéficiaires ou sujets des recherches (Lammerink et Wolfers, 1998 : 6). Les paysans ne sont pas que des bénéficiaires des projets de développement agricole ; ils sont également des visionnaires, de grands planificateurs (Enda Graf Sahel, 1993 : 255), et même des chercheurs au même titre que les experts des organismes de recherche.

La participation des populations locales bénéficiaires de projets de développement grâce à leurs dynamiques associatives que la recherche participative contribue à renforcer, autorise à faire le point sur la notion de développement participatif. Dans le champ de l'aide internationale, la notion de développement participatif désigne un ensemble d'approches et de techniques qui ont en commun de valoriser l'implication des populations et des partenaires aidés dans la définition et/ou la mise en œuvre des interventions, en opposition à des formes d'intervention externes technicistes, autoritaires, « descendantes » (Chauveau et Lavigne Delville, 2013). Le développement participatif promeut un type de développement en rupture avec les pratiques condescendantes propres à certains planificateurs ruraux arrogants qui contribuaient à sous-tendre la non-implication des populations auxquelles les projets sont destinés. Le développement participatif ne peut être pensé qu'en rapport avec les projets d'aide au développement. Il ne peut surtout être pensé correctement qu'en rapport avec la nécessité d'associer les populations bénéficiaires à tous les processus de mise en œuvre des projets. Le principe du partenariat, de l'appui au développement est un principe de base, l'essence même du développement participatif.

2. Quelques expériences de projets participatifs de développement initiés par les partenaires extérieurs à Pont-Gendarme

Les partenaires au développement qui interviennent dans les divers domaines du développement rural au niveau de la zone hydro-agricole du delta du fleuve Sénégal sont multiples. Dans la localité de Pont-Gendarme (bas delta du fleuve), les plus importants parmi eux sont la Société d'Aménagement et d'Exploitation des terres du Delta du fleuve Sénégal, des vallées du fleuve Sénégal et de la Falémé (SAED), le Centre Interprofessionnel pour la Formation aux métiers de l'Agriculture (CIFA), l'Institut Sénégalais de Recherches Agricoles (ISRA), le Centre de Gestion et d'Économie Rurale (CGER), le projet agricole « Bey Dundee », Africa Rice, la Caisse Nationale de Crédit Agricole Sénégalais (CNCAS), l'Agence Nationale de Conseil Agricole et Rural (ANCAR) et la Direction Régionale du Développement Rural (DRDR). Dans le passé, d'autres organismes techniques ont également eu à initier des projets de développement à Pont-Gendarme, en particulier dans le domaine hydro-agricole. C'est notamment le cas de la mission technique agricole taïwanaise et du Pôle des Systèmes Irrigués (PSI). Dans les paragraphes qui suivent, nous présenterons quelques expériences de projets de développement inscrits sous le signe de l'approche participative initiés par quelques-uns de ces partenaires au développement dans la zone deltaïque hydro-agricole de Pont-Gendarme.

2.1. La SAED et le programme d'appui-conseil et de formation des producteurs

La responsabilité de la SAED envers les producteurs suite à la libération de la filière a été réduite au rôle d'*appui-conseil* et de *formation* en faveur des producteurs. La SAED continue aussi de s'activer dans la recherche-développement, en collaboration avec Africa Rice et l'ISRA. Il reste que dans son dispositif d'accompagnement des producteurs, ce rôle est moins important que celui d'appui-conseil et de formation. Ces deux volets impliquent évidemment la participation active des producteurs dans toutes les phases des activités de conseil et de formation. La SAED a mis à la disposition des producteurs de Pont-Gendarme des conseillers agricoles dont un conseiller en promotion féminine qui est la conseillère du GIE féminin agricole Coumba Sarr Diop et un technicien chargé de la gestion de l'eau et de la maintenance des ouvrages hydrauliques. Ces conseillers agricoles suivent de près toutes les activités culturales des producteurs et leur prodiguent des recommandations sur l'organisation du calendrier agricole, les informent sur les nouvelles variétés de semences ainsi que sur les techniques d'utilisation des intrants (semences, engrais et produits phytosanitaires).

Le Centre Interprofessionnel pour la Formation aux Métiers de l'Agriculture (CIFA), organe de la SAED, s'occupe en particulier de la formation des paysans afin de promouvoir leur professionnalisation. Les producteurs de Pont-Gendarme bénéficient en effet de l'appui du CIFA, basé à Ndiaye dans le bas delta, qui les forment collectivement en technique de gestion des aménagements hydro-agricoles, y compris à la connaissance du marché pour faciliter la commercialisation des récoltes. Les responsables des Unions des producteurs sont formés par le CIFA de manière à maitriser l'information agricole, la connaissance théorique mais aussi le savoir-faire et le savoir-être. De même, le CIFA met à la disposition des conseillers agricoles de la SAED des modules de formation visant à renforcer leurs capacités de manière à ce qu'ils puissent mieux transmettre leurs savoirs techniques aux producteurs. Le CIFA préconise une formation sur demande des responsables paysans, c'est-à-dire une formation qui répond à leurs besoins, leurs priorités propres. Une telle option en matière de formation favorise la participation responsable des bénéficiaires pour autant qu'ils ont les prérogatives de décider de ce qu'ils veulent au lieu qu'on leur impose du dehors des programmes de formation ne traduisant pas forcément leurs besoins et leurs priorités.

Dans le cadre de l'animation et du suivi des producteurs, des séminaires de formation sont souvent tenus par la SAED et le CIFA sur des domaines du développement rural très variés allant de la gestion des documents comptables à l'embouche bovine. Bien que l'encadrement agricole soit sa principale responsabilité, la SAED est en effet investie depuis sa création de la mission d'assurer le développement dans toute la zone agro-écologique de la vallée du fleuve Sénégal et de la Falémé. Une telle mission, dans un contexte marqué par son désengagement de la gestion de la filière hydro-agricole depuis 1987, recommande à la SAED de faire office d'interface entre les producteurs et les autres partenaires extérieurs pouvant les assister. C'est à la SAED qu'incombe le rôle de leur chercher d'autres partenaires d'appui disposés à les accompagner dans les divers domaines de la production.

2.2. L'ISRA Saint-Louis et la promotion de la recherche agricole participative au profit des producteurs

L'agriculture en général et l'agriculture irriguée en particulier est fortement dépendante de la recherche, par rapport notamment à la multiplication, l'amélioration, le contrôle des semences, l'entretien des cultures, du sol, entre autres. C'est pour asseoir le développement de l'agriculture, pierre angulaire de l'économie, que l'ISRA fut porté sur les fonts baptismaux par la loi 74-53 du 04 novembre 1974. Il est un établissement public à caractère scientifique composé de neuf centres, de deux laboratoires et de six unités. À travers notamment son programme dénommé « Systèmes de production et gestion des ressources naturelles dans la vallée du fleuve », l'ISRA/Saint-Louis entend contribuer à la réduction de la pauvreté rurale à travers la promotion d'une agriculture techniquement maîtrisée. Il vise essentiellement à intensifier la riziculture et à diversifier les cultures et les systèmes de production dans une dynamique de gestion durable des ressources. Dans cette perspective, une station de recherche et d'expérimentation a été installée à Ndiol dans le bas delta en 1977. Elle couvre toute la zone du delta auquel appartient le village de Pont-Gendarme. C'est dans cette station que le CRA/Saint-Louis mène ses essais de variétés multilocales qui lui permettent de doter les producteurs de semences certifiées, en collaboration avec la SAED et Africa Rice pour ce qui concerne les semences de riz.

À Pont-Gendarme, l'ISRA/Saint-Louis pilote parfois des programmes de tests de variétés multilocales, comme en 2003. Les travaux de recherche obéissent à une démarche participative puisque les producteurs sont associés aux processus de la recherche. Au sujet des tests de variétés multilocales de 2003, ils portaient sur des semences de riz et avaient pour objectif d'améliorer la productivité des variétés utilisées par les riziculteurs. C'est un spécialiste en la matière qui s'en était chargé ; il s'agit de l'agro-physiologiste et phytotechnicien du riz Thiaka Diouf. Celui-ci cherchait à mesurer le degré d'adaptabilité des variétés de semences rizicoles dans la zone agro-écologique de Pont-Gendarme où dominent des sols de types *hollalde* et des faux *hollalde* argileux et très aptes à la culture du riz. De l'avis du chercheur, les cultures s'étaient bien comportées et avaient manifesté une adaptation satisfaisante à ce milieu agro-écologique. Cela s'était d'ailleurs traduit par de bons rendements enregistrés qui tournaient dans les 6 à 7 tonnes à l'hectare.

En plus des tests de variétés multilocales et de la multiplication des semences agricoles, les techniciens de l'ISRA suivent aussi les pratiques culturales des producteurs en y apportant des innovations techniques. Ces activités d'encadrement suivent toujours une démarche participative consistant à impliquer les paysans bénéficiaires dans les différentes phases du processus de production. Les techniciens de l'ISRA font aussi de l'appui-conseil agricole, à l'image de leurs homologues de la SAED. Ils donnent aux agriculteurs des recommandations techniques sur la conduite du calendrier cultural, les techniques d'utilisation des engrais, des semences et des produits phytosanitaires, etc. Mais ils accordent également une importance particulière à leurs propres connaissances et pratiques agricoles, qu'ils cherchent à améliorer par d'autres plus techniques. Les connaissances évoluent beaucoup dans le domaine agricole, notamment par rapport à la recherche, aux pratiques culturales, aux technologies agraires, qu'il est nécessaire de renouveler régulièrement et d'adapter aux contextes nouveaux.

2.3. Le Pôle des Systèmes Irrigués (PSI) : un important programme de recherche participative

Le PSI est un programme de recherche et de coopération agricole qui a été mis en œuvre par la Conférence des Responsables de recherche Agronomique Africains (CORAF) en collaboration avec six organismes sous-régionaux et français de recherche dont l'ISRA, le Centre International de coopération et de Recherche Agronomique pour le Développement (CIRAD) de Montpellier et l'Institut de Recherche Développement (IRD) de Paris. Les activités de recherche et de coopération du PSI portaient sur plusieurs localités de la vallée du fleuve Sénégal dont celles voisines de Pont-Gendarme et de Thilène dans le bas delta et de Boundoum dans le haut delta. Elles étaient initialement programmées pour s'étaler sur une durée de quatre ans, mais elles n'ont finalement pu durer que deux ans puisque s'étant déroulées entre 1996 et 1998. Dans la zone de Pont-Gendarme et de Thilène, les activités du PSI avaient été l'objet d'un diagnostic participatif permettant de déterminer les principales contraintes à la production agricole et para-agricole[10]. Le PSI était structuré en quatre grandes composantes que sont « l'intensification de la riziculture irriguée », la « lutte contre la dégradation des sols irrigués », la « diversification des systèmes de culture irriguée » et la composante « Gestion Technique, Organisationnelle, Sociale et

---

[10]. *Cf.* PSI/CORAF, *Diagnostic participatif dans le bas delta du fleuve Sénégal : Pont-Gendarme/Thilène*, ISRA/PSI, 1997, Saint-Louis, 41 p.

Foncière de l'Irrigation » (GTOSFI). Pont-Gendarme était bénéficiaire des deux dernières composantes.

La composante « diversification des systèmes de culture irriguée » que pilotait l'ISRA Saint-Louis avait porté à Pont-Gendarme sur quatre volets d'activités agronomiques que sont les grandes cultures, les cultures maraîchères, l'arboriculture fruitière et les cultures fourragères. Le PSI avait porté son choix sur l'arachide au niveau du volet consacré aux grandes cultures. Ce fut un coup d'essai pour les producteurs de Pont-Gendarme car ils n'avaient pas l'habitude de cultiver l'arachide. L'expérience fut heureuse puisque les cultures s'étaient bien comportées depuis les semis jusqu'à la maturation. Mieux encore, l'approche participative a été au rendez-vous de ce projet puisque les agriculteurs étaient associés à toutes les étapes de la production expérimentale de l'arachide.

L'oignon et la tomate ont aussi fait l'objet d'un diagnostic approfondi dans le cadre du deuxième volet ayant trait aux cultures maraîchères. En ce qui concerne la culture de la tomate qui a été la plus concernée par le diagnostic de la filière fait par le PSI à Pont-Gendarme, des activités visant à améliorer les techniques culturales étaient menées. Ici également, le travail technique qui a été effectué sur la tomate avait révélé que les rendements pouvaient atteindre 17 tonnes à l'hectare si tous les dispositifs recommandés par la recherche étaient respectés par les producteurs. Malheureusement, beaucoup de contraintes telles que la salinité des terres, les maladies phytosanitaires et l'épineux problème de la commercialisation des produits ont participé à amoindrir les rendements obtenus. Des contraintes au développement de la spéculation s'étaient aussi manifestées au niveau de l'oignon dont les plus notoires ont été les problèmes de conservation et de commercialisation. Le diagnostic des activités de diversification des cultures irriguées réalisées par le PSI à Pont-Gendarme ne s'était pas limité à ces spéculations puisque l'arboriculture fruitière, les cultures pluviales (le niébé et le melon), la foresterie et même les activités para-agricoles comme la pêche et l'élevage étaient concernées.

Enfin, au niveau de la composante GTOSFI, un important travail a été également fait par l'équipe des chercheurs du PSI composée de techniciens de la SAED, de l'ISRA, de l'ADRAO et du Service Régional de l'Hydraulique. Mais c'est essentiellement à cause des contraintes foncières liées à la hauteur de certaines terres et au mauvais aménagement des extensions par les producteurs que la gestion de l'eau s'est complexifiée au niveau du périmètre hydro-agricole de Pont-Gendarme. L'équipe GTOSFI du PSI, dans l'optique d'aider les exploitants à améliorer la gestion de l'irrigation, a déterminé les différents aménagements réalisés par la SAED en 1979 et réhabilités par la suite et les extensions faites par les producteurs eux-mêmes. Par ailleurs, elle a identifié et répertorié tous les problèmes techniques et économiques que les producteurs rencontrent dans la gestion des aménagements afin de leur permettre de les maîtriser mieux, comme le révèle Matar Ndao, agro-hydraulicien à l'ISRA qui avait activement participé à la réalisation du PSI :

> « Dans le cadre du PSI, nous avons fait une étude sur le foncier à Pont-Gendarme, sur le réseau hydraulique et le fonctionnement de l'aménagement. À cet effet, il y a eu des cartes que nous avons établies avec l'équipe de la GTOSFI. (…) Nous avons dessiné les parcelles, caractérisé les zones à problèmes pour améliorer un peu la gestion des aménagements hydro-agricoles. On a localisé et numéroté les parcelles de chaque GIE sur la carte. (...) Ensuite, nous avons organisé des séances de restitution des travaux aux paysans pour leur expliquer un peu ce que nous avons fait. »

L'équipe de la GTOSFI du PSI a aussi élaboré en faveur des producteurs de Pont-Gendarme trois outils d'aide à la décision pour la gestion des aménagements. Il s'agit de l'outil d'Aide à la Gestion de l'Irrigation et l'estimation de la Redevance (AGIR), l'outil de prévision des calendriers culturaux (Cal Cul) et l'outil d'Information et de Représentation du Fonctionnement des Aménagements (IRFA). Les résultats de ce travail technique ont été l'objet d'une restitution aux producteurs sous forme de renseignements très précis et utiles pour la gestion des aménagements. C'est donc une démarche résolument participative qui a été mise en avant par les prometteurs du PSI.

2.4. Le Centre de Gestion et d'Économie Rurale de la Vallée et la formation en gestion économique et financière des organisations paysannes

Le Centre de Gestion et d'Économie Rurale de la Vallée est un organisme d'aide à la gestion financière des OP. Il s'est établi dans la vallée en 2005. La direction régionale du CGER est basée à Richard-Toll mais des succursales de la structure sont basées à Ndiaye dans le bas delta, non loin de Pont-Gendarme. Son principal objectif est de mettre en place l'information économique sur l'agriculture dans la vallée du fleuve. À partir du recueil des données comptables et financières sur ses partenaires que sont les organisations paysannes, le CGER cherche à accompagner ces dernières en les aidant à établir les indicateurs économiques de leurs activités. Au-delà des OP, l'information économique sur ces dernières est destinée aux pouvoirs publics pour le pilotage sectoriel, aux bailleurs de fonds pour les stratégies d'intervention et aux acteurs du développement rural de la région de Saint-Louis tels que la SAED, l'ISRA, la CNCAS, la DRDR, etc. Le CGER de Ndiaye est devenu un partenaire privilégié des GIE de Pont-Gendarme pour la gestion économique et financière de leurs activités.

Dans le cadre de son programme de formation des producteurs ruraux, le CGER a mis en place sept modules de formation destinés aux Responsables d'Organisations Paysannes (ROP) et quatre modules à l'intention des Personnels d'Organisations Paysannes (POP). La formation des ROP porte respectivement sur l'organisation et le fonctionnement d'une OP, les systèmes de gestion d'une OP, la planification, la programmation, les états financiers, la compréhension du crédit, la rentabilité, l'investissement et le budget. La formation dure un à trois jours au plus, selon le domaine considéré. La méthode de formation utilisée est participative. Elle part des expériences des responsables paysans formés pour bâtir avec eux des connaissances techniques plus appropriées à leurs nouveaux besoins.

En ce qui concerne la formation des POP, elle est spécialement programmée pour les secrétaires comptables, les secrétaires administratifs, les trésoriers et les contrôleurs. La formation des POP en système de gestion financière vise à mettre en place une comptabilité adaptée aux besoins de leurs OP, à les former à l'utilisation optimale des documents de gestion des OP. En plus de cela, le CGER met à la disposition des responsables paysans et des personnels d'OP une session spéciale de formation pour la mise en place des outils de gestion comptable d'une durée de trois jours. Les objectifs essentiellement techniques de cette formation consistent à faire en sorte qu'ils puissent identifier les différents outils de gestion de campagne, connaître leur rôle et leur utilité, maîtriser les techniques d'enregistrement et d'archivage et enfin connaître les outils de gestion.

2.5. « *Bey Dunde* » : un partenaire qui promeut un développement participatif axé sur le financement et la formation

« *Bey Dunde* » qui signifie littéralement, en langue wolof, « cultiver pour se nourrir », est le nom d'un projet d'appui à la filière rizicole qui œuvre pour la sécurité alimentaire des ménages ruraux dans le delta du fleuve Sénégal. Il est financé par l'Agence Canadienne de Développement International (ACDI) et mis en œuvre par l'Alliance Agricole Internationale (AAI) qui est une plate-forme de mobilisation et d'action pour l'agriculture lancée le 26 août 2004 à Québec au Canada. Le projet entend améliorer les conditions socio-économiques des producteurs de riz des périmètres autogérés. D'ailleurs la Fédération des Périmètres Autogérés (FPA) du delta est le partenaire et bénéficiaire du projet agricole « *Bey Dunde* ». Ce dernier a démarré ses activités dans le delta du fleuve Sénégal le 18 juillet 2010. Après être intervenu à Boundoum dans le haut delta lors de la contre saison de la campagne de 2010, puis à Dagana et à Kassack nord pendant la campagne d'hivernage de 2011, « *Bey Dunde* » a jeté son dévolu sur Pont-Gendarme en 2012 où il a d'abord commencé par appuyer le GIE féminin Coumba Sarr avant d'élargir par la suite ses services aux GIE masculins du village.

Ce qui est particulièrement important dans le mode d'intervention du projet agricole « *Bey Dunde* », c'est la démarche participative qu'il préconise en cherchant à impliquer le mieux possible, à responsabiliser les bénéficiaires de ses projets. Cette stratégie de responsabilisation se fait à deux niveaux : le financement et la formation des paysans. « *Bey Dunde* » a compris que l'une des principales causes d'insuccès des projets d'appui au développement en milieu rural africain résidait dans le défaut de préparation, de formation des bénéficiaires à leurs différentes tâches. Les préparer à ces tâches, ce qui nécessite une formation appropriée, est un moyen de les aider à la maîtrise du projet, à l'amoindrissement des difficultés surtout de gestion technique et financière. Arame Mbaye, présidente du GIE féminin Coumba Sarr que nous avons interrogée sur la question nous confie ceci :

> « Bey Dunde » intervient ici depuis trois ans. Il a choisi de commencer par travailler avec les femmes. « Bey Dunde » réaménage des terres, donne des financements, construit des magasins. Avant de donner des financements aux groupements, les agents de « Bey Dunde » les forment d'abord. Ils nous ont formées pendant un an. Durant la formation, ils venaient deux fois par semaine. Ensuite, ils nous ont offert des financements individuels. Ils ont choisi 25 femmes de notre GIE à qui ils ont donné 400 000 FCFA chacune.

On fait de l'embouche bovine et de la riziculture avec cette importante somme d'argent. Pour le remboursement, nous paierons chacune 135 000 FCFA seulement par an pendant trois ans. C'est un crédit sans intérêt ».

Ces précisions de la présidente du GIE Coumba Sarr sont éclairantes. Mais elles attestent davantage la préoccupation de « Bey Dunde » pour l'implication des femmes bénéficiaires dans tous les processus de l'exécution du projet. Le plus important dans l'approche privilégiée par « *Bey Dunde* » par rapport à l'appui financier qu'il apporte aux GIE, c'est qu'il ne leur donne aucun financement avant de former au préalable leurs membres à la gestion organisationnelle, économique et financière d'un projet. Comme nous l'avons précédemment indiqué, le volet gestion économique et financière est tellement important pour les organisations paysannes en contexte d'autogestion que le CGER a pris le parti de n'intervenir que dans ce domaine stratégique. À notre sens, il s'agit là d'une approche projet méthodique et efficace dont les autres projets de développement implantés dans la zone ou ailleurs en milieu paysan gagneraient beaucoup à prendre de la graine afin d'être plus profitables aux populations bénéficiaires.

Dans le cadre de sa stratégie d'appui aux femmes rurales souvent dépourvues de ressources foncières et financières suffisantes, le projet « *Bey Dunde* » a par ailleurs mis en œuvre un important programme dénommé Le Savoir des Gens de la Terre (LSGT). Ce programme s'occupe de former les bénéficiaires des projets, de leur inculquer des savoirs et des savoir-faire nécessaires à la pratique du métier d'agriculteur et à la gestion optimale des projets de développement. L'objectif du programme de formation LSGT est assez identique à celui du CGER car il vise à renforcer les capacités des producteurs à utiliser l'information financière à des fins de planification, de suivi et de prise de décision. La gestion financière est en effet un talon d'Achille de beaucoup de groupements paysans qui sont de plus en plus appelés à évoluer dans un environnement marqué par l'omniprésence de la question financière. Il est donc nécessaire voire indispensable que ces groupements et les associations rurales de manière générale puissent être en mesure de comprendre et d'intérioriser les sept principes de base déclinés par le programme LSGT de « *Bey Dunde* » ainsi que leur importance pour la mise en place de bonnes pratiques de gestion financière. Pour ne pas s'étendre sur les détails, ces principes sont : la transparence, la cohérence, la connaissance et le respect des normes comptables, la garde des ressources, l'imputabilité, l'intégrité et le financement non déficitaire.

C'est à la maîtrise de ces principes préalables à une bonne pratique de gestion financière que LSGT forme les membres du GIE Coumba Sarr. La finalité de cette démarche d'appui participative est d'en faire un groupement paysan dynamique, capable de porter un développement maîtrisable et durable bénéfique à toute la communauté. Les potentialités qui conditionnent un tel développement existent chez les femmes. Celles-ci ne demandent qu'à être appuyées davantage dans leurs activités productives par « *Bey Dunde* » et par les autres partenaires extérieurs. Au-delà de Pont-Gendarme et du delta du fleuve Sénégal, des projets du genre de « *Bey Dunde* » peuvent participer à éradiquer la pauvreté en milieu rural et poser les jalons d'un développement socio-économique dans les autres territoires du pays.

Conclusion

Ce qu'il y à retenir de cette étude, c'est d'abord l'importance des approches participatives dans les projets de développement agricole et rural de manière générale. L'expérience de Pont-Gendarme à laquelle nous nous sommes intéressés nous a permis de mesurer l'impact de l'implication des populations bénéficiaires dans la réussite des projets de développement rural en contexte hydro-agricole. Les approches participatives prônées par la majorité des partenaires extérieurs qui interviennent à Pont-Gendarme et dans les autres localités du delta du fleuve ont aidé les populations à avoir une meilleure maîtrise technique de la production. Cela atteste bien évidemment l'importance du partenariat dans la construction du développement hydro-agricole et du développement tout court, quel que soit l'épithète que l'on collera à ce dernier. Le partenariat, c'est la coopération entre les populations locales et les intervenants extérieurs qui leur apportent les appuis minimaux dont elles ont besoin pour mieux affronter les contraintes et renforcer leurs capacités. C'est ce que nous avons appelé le « co-développement ». Dans notre conception, le développement pour apparaître et pour se consolider, a besoin de partenariat et de participation responsable de toutes les parties prenantes en particulier en milieu rural.

Références bibliographiques

Assogba, Y., Kekeh, K., 1994. *Animation, participation et hydraulique villageoise en Afrique : étude d'un exemple au Togo,* Québec, Centre Sahel, 128 p.

Belloncle, G., 1985. *Participation paysanne et aménagements hydro-agricoles*, Paris, Karthala, 340 p..

Cernea, M. (dir.), 1998. *Les dimensions humaines du développement. Les variables sociologiques et culturelles*, Paris, Karthala, 586 p.

Chambers, R., 1990. *Développement rural. La pauvreté cachée*, Paris, Karthala/CTA, 374p.

Chauveau, J-P., Lavigne Delville, P. 2013. « Développement participatif », in *Dictionnaire critique et interdisciplinaire de la participation,* Paris, GIS Démocratie et participation.

CIRAD, 1994. *Cultures irriguées dans la vallée du fleuve Sénégal*, Paris, CIRAD-CA, 417 p..

Contin, J-F., 1994. *Étude de la capacité des OP des casiers transférés à prendre en charge la gestion, l'entretien et la police des casiers*, SAED, Projet irrigué IV, BM et Fonds d'aide et de coopération, 68 p.

Crousse, B., Mathieu, P., Seck, S. M. 1991. *La vallée du fleuve Sénégal. Évaluations d'une décennie d'aménagements*, Paris : Karthala, 380.

CTA (1994), *Promotion des systèmes agricoles durables dans les pays d'Afrique soudano-sahéliens*. Séminaire de Dakar du 10 au 14 janvier 1994, Rome, FAO, 304 p.

Derclaye, J., 1987. *Appui aux petits paysans : une approche participative et concertée au Honduras,* Paris, OCDE, 65 p.

Diemer, G., Van Der Laan, E. 1987. *L'irrigation au Sahel*, Dakar, Karthala, 226 p.

Dufumier, M. 2004. *Agricultures et paysanneries des Tiers-Mondes*, Paris, Karthala, 598 p.

Diop, P. M. R. 1998. « Des difficultés de gestion et d'entretien d'un périmètre irrigué en autogestion villageoise. Le cas du périmètre de Pont-Gendarme dans le delta du fleuve Sénégal », in IMMI, *Les conditions d'une gestion paysanne des aménagements hydro-agricoles en Afrique de l'Ouest.* Sélection des textes du séminaire de Niamey du 24 au 28 septembre 1996, Dakar, CORAF, pp 63-64.

Éla, J-M. 1982. *L'Afrique des villages*, Paris, Karthala, 228 p.

ENDA GRAF SAHEL, 1993. *La ressource humaine, avenir des terroirs. Recherches paysannes au Sénégal*, Paris, Enda Graf Sahel/Karthala, 320 p.

Engelhard, P., Ben Abdallah, T. 1986. *Les enjeux de l'après-barrage. Vallée du fleuve Sénégal*, Paris, Enda Tiers-Monde/Ministère de la Coopération, 632 p.

Gado, A. B., 1997. « Développement à la base, stratégie d'intervention et participation paysanne au Sahel », in TERSIGEL, Philippe ; BECKER, Charles. (dir), *Développement durable au Sahel*, Paris, Karthala-Sociétés, Espaces, Temps : 219-232.

Lammerink, M.P., Wolfers, I. (éds), 1998. *Approches participatives pour le développement durable*, Karthala et IPD, 209 p.

Lavigne Delville, P. 1996. *Pour des systèmes irrigués autogérés et durables : façonner les institutions*, Paris, GRET/Inter-Réseaux, 111 p.

Lavigne Delville, P., Sellama, N-E., Mathieu, M., (dir.), 2000. *Les enquêtes participatives en débat. Ambition, pratiques et enjeux*, Paris, GRET-Karthala-ICRA, 543 p.

Le Groupe de travail coopération française, 1989. *Les interventions en milieu rural. Principes et approche méthodologique*, Paris, Ministère de la coopération et du développement, 198 p.

Le Réseau GAO, 1995. *Les organisations paysannes et rurales. Des acteurs au développement en Afrique sub-saharienne*, Paris, Ministère de la coopération, 85 p.

Mercoiret, M-R., (dir.), 1994. *L'appui aux producteurs ruraux. Guide à l'usage des agents de développement et des responsables de groupements*, Paris, Karthala/Ministère de la Coopération, 463 p.

Ministère de la coopération, Enda Tiers-Monde, 1986. *Les Enjeux de l'après barrage. Vallée du fleuve Sénégal*, Paris, Éditions Enda Tiers-Monde & Min. de la coopération, 632 p.

Ministère de l'environnement et de la protection de la nature, 1999. *Approche participative. Concepts et préalables*, Paris, MEPN, Février, 22 p.

Monnet, É., 2007. « La théorie des « capabilités » d'Amartya Sen face ay problème du relativisme », in *Tracés. Revue des sciences humaines*, n° 12, 2007.

Rahmato, D., 1991. *Organisations paysannes en Afrique. Problèmes et perspectives*, Dakar, CODESRIA, 1991, 44 p.

PSI/CORAF, 1997. *Diagnostic participatif dans le bas delta du fleuve Sénégal : Pont-Gendarme/Thilène*, ISRA/PSI, Saint-Louis, 41 p.

PSI/CORAF, 1998. *Bilan et synthèse des activités*, Saint-Louis, PSI/CORAF, 168 p.

SAED, 1993. *Note sur l'entretien et la gestion du périmètre de Pont-Gendarme*, Saint-Louis, SAED, Janvier, 23 pages + Annexes.

SAED, 1996. *Méthodologie à suivre pour établir un bilan d'eau. Exemple : Pont-Gendarme et Aéré Lao*. Bulletin technique n°11, 60 p.

Sequeira de Carvalho, J. A., 1997. *La dynamisation des initiatives locales. Une force synergique du développement*, Paris, L'Harmattan, 135 p.

Sène, E.H., 1991. *La vulgarisation agricole dans le delta du fleuve Sénégal (cas de la zone de Lamsar)*, Mémoire pour l'obtention du diplôme d'ingénieur des travaux agricoles, ENCR de Bambey, 122 p.

Sène, D., 2014. *Le co-développement comme alternative au libéralisme agricole : les expériences de Cascas dans l'île à Morphil et de Pont-Gendarme dans le delta du fleuve Sénégal*, thèse de doctorat unique de sociologie, Université Gaston Berger de Saint-Louis, 507 p. + Annexes.

SAINT-LOUIS À L'ASSAUT DES ZONES HUMIDES. LA RÉSILIENCE DE LA VILLE À L'ÉPREUVE DE LA GOUVERNANCE ENVIRONNEMENTALE.

Fatimatou Sall[11],
Adrien Coly[1]

Résumé

La ville de Saint-Louis est localisée sur un site d'écosystèmes humides qui constituent une "ceinture verte" donnant à la ville l'aspect d'un archipel d'îlots bâtis. Malgré sa position à la lisière du Sahel, l'agglomération possède les caractéristiques d'une ville maritime et fluviale émergée au milieu de l'estuaire du fleuve Sénégal.

L'approche « ville résiliente » centrée sur l'intégration des écosystèmes humides dans la planification semble être une vision partagée dans le cadre du développement. Si le cadre réglementaire et juridique offre tout un arsenal pour la valorisation des écosystèmes, il est à noter que la gouvernance des milieux humides apparait comme un véritable dilemme. Les actions d'urbanisation n'intègrent pas toujours la dimension écologique du site. Les politiques d'environnement priorisent la gestion et la réduction des catastrophes et l'urbanisation de correction (gestion des déchets, assainissement liquide, végétalisation,...) laissant le plus souvent en rade l'intégration des systèmes écologiques dans le paysage urbain. L'instauration de mécanismes de gouvernance dans la gestion des zones humides apparaitrait comme un palliatif en perspective d'une résilience territoriale à travers les approches systémique, patrimoniale et participative. La gouvernance environnementale constitue un moyen d'harmonisation des interventions dans le cadre du déroulement du projet de développement urbain. Elle permet d'assurer une optimisation des flux par un encadrement des processus décisionnels qui répondent aux priorités du développement urbain. Ce mécanisme permet de répondre aux distorsions dans le schéma institutionnel et la considération encore faible de la biodiversité par les différents acteurs, handicaps majeurs au renforcement des facultés résilientes des écosystèmes et de la ville.

Mots clés : Ville de Saint-Louis - Zones humides - Planification urbaine - Gouvernance environnementale - Résilience

---

11 Laboratoire LEIDI, Université Gaston Berger, Saint-Louis.

Introduction

Dans le contexte de la promotion des villes durables, les services écosystémiques apparaissent comme l'enjeu de durabilité faisant de la nature un élément de résilience. La préservation des écosystèmes en ville permet de concilier mixité et diversité à long terme tout en répondant aux fonctions urbaines (économiques, sociales, écologiques...) à travers la diversité de services écosystémiques qu'ils sont susceptibles de fournir (approvisionnement, culturels, de régulation, de support). Ils offrent des alternatives quant aux politiques d'adaptation dans le contexte des changements globaux et de la vulnérabilité des villes.

La ville de Saint-Louis est une entité urbaine structurée autour de l'eau. Ses caractéristiques géographiques révèlent des écosystèmes humides dans son tissu urbain. Les caractéristiques physiques du site (dislocation du territoire, relief bas, nappe affleurant, structure pédologique à forte présence argileuse et hydromorphe...) ont conduit à une urbanisation désarticulée avec une série d'extensions des quartiers dans l'agglomération. Il en a résulté une interférence des paysages au niveau de l'aire d'agglomération urbaine (Figure 1).

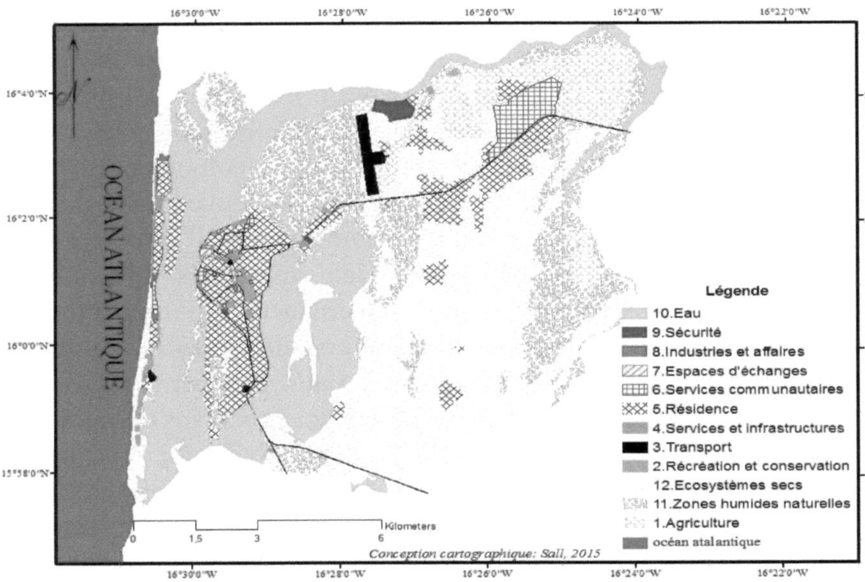

Figure 1: Structure des paysages à Saint-Louis

La dynamique territoriale telle qu'observée à Saint-Louis montre que l'eau est une composante déterminante de la ville et que dans une perspective durable, les Saint-Louisiens doivent apprendre à vivre avec elle. Une conscience nouvelle s'est développée à ce sujet au point que le slogan « vivre avec l'eau », c'est-à-dire avec les zones humides est devenu la vision des autorités dans le cadre de la planification et de l'adaptation.

Les documents cadres de la ville (PDU, PLGIZC, Saint-Louis horizon 2025...) s'inscrivent dans une démarche stratégique qui vise l'intégration de la question de l'eau dans la planification urbaine pour répondre au défi climatique et conforte une vision centrée sur la nécessité de "vivre avec l'eau" dans une perspective d'adaptation.

En dépit de cette vision, les zones humides se distinguent par une vulnérabilité notoire marquée par: une forte sensibilité induite par leur fragilité intrinsèque, l'irrégularité des déterminants de fonctionnement et la pression soutenue qu'elles subissent avec l'urbanisation ; des endommagements non négligeables avec une dégradation et une réduction des habitats combinés à des risques associés ; et une capacité de réponse assez faible due à la quasi-absence d'actions de gestion (Sall, 2013). Il en a résulté une valeur écologique faible de ces milieux par rapport à leur potentiel. Ainsi la contribution des services écosystémiques dans la protection de la cité, donc de la résilience, demeure faible (Lindley *et al.*, 2013).

Une cité d'eau au cadre de vie harmonieux et harmonisé et qui respecte l'intégrité des zones humides doit poser les jalons d'une gestion durable de ces milieux, centrée sur la réduction de la sensibilité des unités, la réhabilitation des habitats dégradés et le renforcement de leur capacité de réponse au niveau de Saint-Louis c'est à dire un anéantissement des incertitudes et pressions qui pèsent sur leur intégrité ainsi qu'une restauration. Autrement dit, une gestion durable de ces milieux doit avoir pour objectifs de : réduire les pressions et les incertitudes en jeu ; réhabiliter les systèmes ; et définir un cadre réglementaire et institutionnel de gestion.

A travers l'analyse du jeu des acteurs, cet article s'intéresse au poids des acteurs à travers leur influence, dépendance stratégique et à la position de ces derniers par rapport aux objectifs d'une planification écologique. Le travail a été effectué sur la base de l'identification des acteurs qui s'activent dans le domaine de la biodiversité, l'analyse de leurs statuts, objectifs, missions, projets, programmes respectifs ainsi que de leurs forces et faiblesses. Les données ont été collectées par le biais de la documentation et d'entretiens réalisés et traitées via l'outil MACTOR (Méthode ACTeurs, Objectifs, Rapport de force, Godet, 1990). Les analyses ont été effectuées en référence au principe de la confrontation des acteurs et du principe de la représentation des territoires dans une perspective de métabolisme urbain favorable à la résilience urbaine. Il en ressort une distorsion dans le schéma institutionnel à Saint-Louis, une considération encore insuffisante de la biodiversité par les acteurs. L'analyse des résultats montre par ailleurs la gouvernance environnementale comme une stratégie d'opérationnalisation de la résilience.

Une distorsion dans le schéma institutionnel

Les questions environnementales et urbaines mobilisent aujourd'hui, une diversité d'acteurs de statuts différents. Les multiples acteurs recensés et non exhaustifs peuvent être regroupés en sept catégories d'acteurs : les organismes d'exécution, les organismes d'appui technique et de conseil, les organismes de gestion et d'exploitation, les organismes de recherche et les organismes non institutionnels, en référence à Kouama *et al.*,(2006). Cette catégorisation peut être doublée par l'échelle de positionnement des différents acteurs selon qu'ils se situent à l'échelle internationale, nationale, départementale, communale ou locale (Coly *et al,* 2013).

22 acteurs qui œuvrent par rapport aux enjeux liés à la durabilité de la ville en référence au principe de subsidiarité dans le cadre de l'aménagement du territoire, sont recensés et qui apparaissent de facto comme des parties prenantes dans le cadre d'une planification écologique de la ville de Saint-Louis et de son agglomération selon leurs missions respectives. Parmi ces derniers, on verra que l'échelle internationale est dominée par les organismes de financement et à défaut on y rencontre les organismes d'accompagnement et l'OMVS qui fédère des pays de la sous-région.

L'échelle nationale est l'apanage des organismes d'exécution en l'occurrence les ministères avec les organismes d'appui conseil représentés par les services techniques d'envergure nationale auxquels il faudra ajouter quelques ONG comme Green Sénégal. Ces organismes d'exécution ont le plus souvent des structures délégataires à l'échelle départementale avec des directions, divisions, inspection ou services régionaux. Cette échelle enregistre aussi la multiplication des organismes d'accompagnement avec la multiplication des ONG et des organismes de gestion et d'exploitation qui se manifestent dans différents secteurs. Quelques organismes d'appui technique et conseil se distinguent aussi à cette échelle qui sont des acteurs subsidiaires en réalité des services techniques à l'échelle nationale.

L'échelle communale est la sphère de la commune (organisme de gestion et d'exploitation), de son bras technique l'ADC (organisme d'appui technique) en l'occurrence et l'ONAS qui est l'acteur subsidiaire du ministère de l'hydraulique et de l'assainissement à l'échelle urbaine sur les questions de l'assainissement. Quant au local, il est l'apanage des organismes non institutionnels qui en dehors des Comités de Quartier (CQ) fédèrent les populations selon des obédiences socioculturelles ou des intérêts économiques.

Le dispositif institutionnel, dans ce contexte présente des distorsions dans son schéma dans la mesure où les acteurs n'ont pas toujours de répondant à l'échelle communale, encore moins à l'échelle locale, support des différents projets de développement (figure 2)

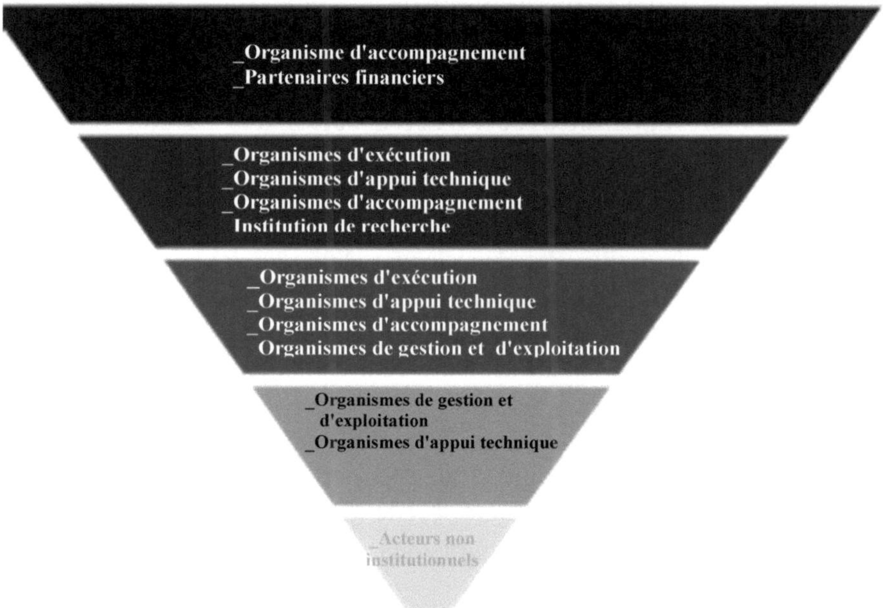

Figure 2: Positionnement des types d'acteurs selon leurs échelles d'intervention

Le positionnement des différents acteurs génèrent des logiques d'intervention sectorielles (Niang, 2007) et confèrent au processus décisionnel un caractère plutôt lent et technique dans les négociations des affaires publiques. Il montre par ailleurs une défaillance à travers les formes de dialogue instituées au niveau local et l'application des décisions. Dans cette lutte de pouvoir, les stratégies de visibilités des organismes et acteurs dominent dans les concertations, les interventions se résument en des compétitions et se soldent par des conflits de légitimité, des discontinuités ou des redondances dans les actions

(Piveteau, 2005). La coordination en prend un coup dans les différentes interventions sur le territoire même si les acteurs ne manquent pas d'inter agir.

Dans leurs interactions respectives, il faudra retenir que le pouvoir municipal (la commune et son service technique (ADC)) apparait comme le noyau principal du jeu des acteurs en position suprême par rapport au plan d'influence, vis-à-vis des autres acteurs. On verra aussi dans ce dispositif que le pouvoir communautaire ou les organismes non institutionnels et les services techniques ou d'appui conseil sont les acteurs qui présentent le plus d'influence. Les organismes d'exécution ou le pouvoir déconcentré sont avec les organismes d'accompagnement les acteurs qui présentent le moins d'influence. On ne relèvera en effet que l'ONAS et l'IREF parmi tous les acteurs d'exécution dans la zone d'influence.

La Préfecture apparait avec l'OLAG, suivis des sapeurs-pompiers comme les acteurs les moins influants dans le dispositif institutionnel de Saint-Louis. Si la position de l'OLAG peut se comprendre du fait que sa zone d'intervention n'est pas directement la ville de Saint-Louis, celle des sapeurs par le fait qu'ils sont des acteurs de secours, la position de la préfecture en tant qu'organisme supra communal ayant dans ses missions le rôle de contrôle et de coordination est problématique. La position de l'UGB aussi en tant qu'institution de recherche en dehors de la zone d'influence est bien dépendante et soulève des questions entre l'articulation entre le monde scientifique et le monde de développement. Dans le sillage en termes de dépendance, les organismes d'accompagnement ou la société civile sont les acteurs les moins dépendants, en sus des organismes d'exécution ou le pouvoir déconcentré (Figure 3).

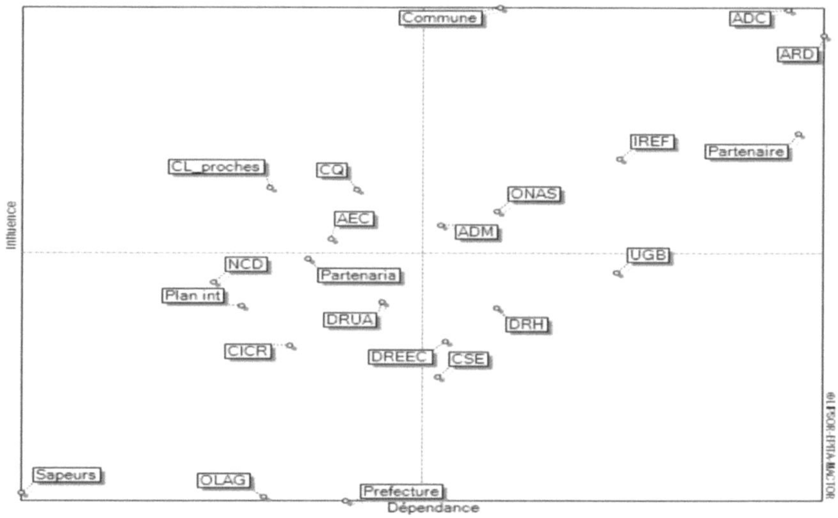

Figure 3 : Plan des influences et dépendances entre acteurs dans le dispositif de gouvernance[12]

On notera une correspondance du niveau de dépendance et du niveau d'influence au niveau des différents acteurs. Les acteurs les plus influants apparaissent comme les acteurs les plus dépendants, c'est dire que dans ce rapport d'influence et de dépendance, les interactions les plus importantes s'effectuent avec la commune, les services techniques locaux (ADC et ARD) et les partenaires financiers.

Le maillage institutionnel est assez compact mais montre toutefois des distorsions d'échelles mettant en exergue les logiques encore sectorielles au niveau des acteurs. Le management de la cité à travers ce cadre institutionnel soulève trois principaux problèmes : l'articulation entre le monde de la recherche et celui du développement découlant de la position des institutions de recherche ; le niveau de participation en jeu dans la politique urbaine avec la position relative du pouvoir communautaire et la question de l'articulation dans le dispositif d'administration territoriale à travers le découpage administratif territorial avec la position des services décentralisés et des organismes d'exécution à l'échelle déconcentrée et qui par ailleurs met à nu les limites de l'acte 3 de la décentralisation. Saint-Louis en allant à l'échelle des quartiers avec les CQ semblait achevait le processus de décentralisation pour garantir la

[12] Le plan des influences et dépendances fournit une représentation graphique du positionnement des acteurs en fonction de leurs influences et dépendances directes et indirectes nettes (Ii et Di). Ce positionnement est automatiquement calculé par le logiciel Mactor.

sécurité des populations et son développement territorial. Mais ce dispositif s'est vite heurté à l'absence d'outils et de procédures efficients dans la concertation, la prise de décision et la prise en charge des affaires de la cité. L'autonomisation semble être finalement inachevée.

L'intégration des zones humides dans la planification urbaine, un véritable défi à Saint Louis

Dans leurs actions respectives aujourd'hui, les acteurs sont plus concentrés dans la réduction des pressions et des incertitudes suivie de la réhabilitation des systèmes. La définition d'un cadre réglementaire et institutionnel pour la gestion des zones humides semble être l'objectif moins mobilisateur (Figure 4).

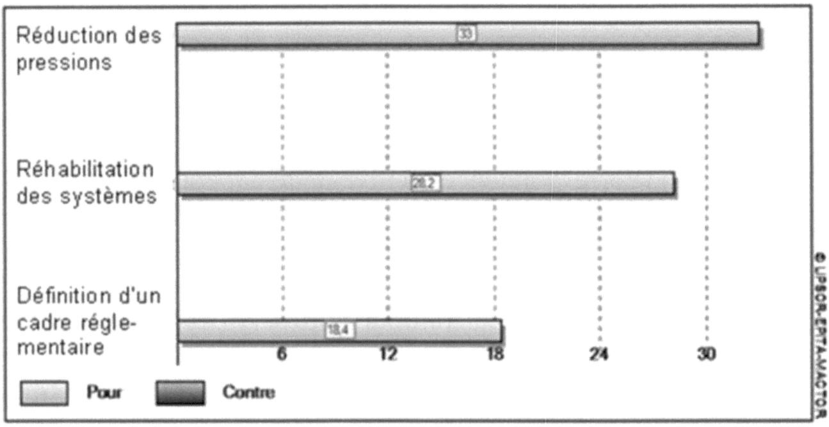

Figure 4: Mobilisation des acteurs autour des objectifs

Cette orientation est à mettre au compteur de quelques secteurs clés mobilisateurs au niveau de la commune : l'assainissement, les changements climatiques, les programmes de recherches et les projets de régénération des écosystèmes. En effet l'assainissement est un centre d'actions partagé par la plupart des acteurs (Municipalité, Services techniques, ONG, partenaires financiers, collectivités proches, l'ONAS et le service d'hygiène…), ce qui contribue à la réduction des pressions. Quant à la réduction des incertitudes, il faudra l'inscrire dans le cadre des projets liés aux Changements Climatiques et à la Gestion des Risques et Catastrophes (GRC) qui incorporent pour la plupart des études visant une compréhension du fonctionnement et des scénarios des milieux écologiques mais aussi des actions de relèvement pour les populations. Ces deux volets sont portés par la commune, les ministères et leurs directions ainsi que les associations comme main d'œuvre sur le terrain mais aussi par Plan International, le CICR, les sapeurs-pompiers en cas de catastrophes, en plus de l'ONAS.

Les organismes d'accompagnement sont aujourd'hui les principaux acteurs de la réhabilitation des systèmes à travers des projets de régénération et de reboisement (Partenariat, OCEANIUM, Wetlands International, Nature-Communauté-Développement…), accompagnés par des projets comme le PREFELAG (Programme de Restauration des Fonctions Ecologiques du Lac de Guiers) de l'Office du Lac de Guiers. Ce projet n'intègre pas tout à fait l'aire d'agglomération de Saint-Louis mais est susceptible d'avoir des impacts sur la dynamique hydrologique qui couvre le réseau en amont de Saint-Louis avec un dispositif de suivi hydroclimatique, physico-chimique et biologique et un programme de réhabilitation des ouvrages et des chenaux hydrologiques. Parmi les organismes d'accompagnement, Le Partenariat se distingue comme étant l'acteur principal qui œuvre sur la réhabilitation de la mangrove, la promotion d'énergie alternative pour l'atténuation des changements climatiques avec des programmes de recherche-actions et des projets d'envergure sous régionale en perspective sur la biodiversité.

Les CQ et la préfecture sont les plus proches du troisième objectif portant la définition d'un cadre réglementaire et institutionnel pour la gestion des zones humides en plus des services déconcentrés en tant qu'organismes de coordination qui ont un rôle particulier dans les processus de décision, de concertation et d'harmonisation. Dans la plupart du temps, ils sont dans le suivi, le contrôle, la validation des projets… Les collectivités locales proches (Gandon et Gandiole) se distinguent aussi dans la conduite du projet territorial de la zone d'agglomération dans la mesure où les écosystèmes transcendent les frontières communales et qu'elles sont ainsi intégrées dans les différents projets sectoriels.

Le manque d'intégration des zones humides dans la planification et la gestion urbaine se comprend aisément dans la mesure où dans les interventions, il n y a pas une vision partagée qui les regroupe autour d'une vision écologique, et l'objectif qui polarise le plus d'acteurs, bien que très important pour l'intégration des écosystèmes dans la planification urbaine, est encore loin d'être centré par rapport aux questions écologiques mais plutôt par rapport à la GRC.

En dépit de cette situation, il faudra noter des divergences nulles entre acteurs cela veut dire que par rapport à leurs missions respectives, tous les acteurs sont en phase avec les objectifs. Les acteurs aux missions et domaines d'intervention partagés présentent moins de distance et les alliances deviennent plus marquées, et permettent davantage de déceler les questions prioritaires pour les acteurs. Les sapeurs se distinguent dans le secourisme, le CICR et Plan International dans le relèvement ; l'ONAS dans l'assainissement et la lutte contre les inondations semble plus déconnecté des autres acteurs.

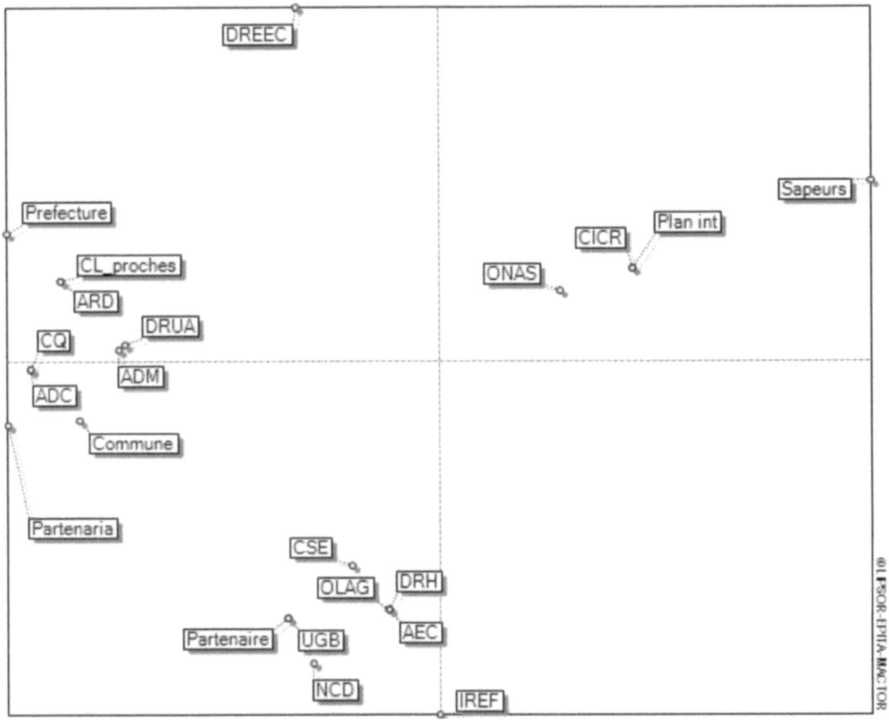

Figure 5: Distance nette entre acteurs

Ainsi, en dépit d'une certaine coopération dans le jeu des acteurs, l'opérationnalisation d'une vision partagée autour d'un projet urbain écologique pour la résilience de Saint-Louis demeure un véritable défi.

La gouvernance environnementale, un levier opérationnel de la résilience

La résilience en tant que maintien d'un système dans son domaine d'attraction ou d'une fonctionnalité optimale du système en question en dépit de mutations, nécessite à travers l'intervention de l'Homme un renforcement des principes d'auto-régulation et d'auto-organisation des processus fonctionnels pour un état d'équilibre. Cela veut dire l'implémentation de processus décisionnels qui ne remettent pas en cause les flux qui assurent la fonctionnalité du système. Une telle optique nécessite pour les écosystèmes une éthique environnementale, une précaution, une prévention, une coopération entre les acteurs à long terme ce qui nous renvoie aux principes de gouvernance et ce qui permet une organisation des interventions pour une meilleure efficacité. Elle offre un mécanisme d'endogénéisation systémique assurant au système le maintien dans son domaine d'attraction. L'implémentation de ce mécanisme fait recours à trois approches qui confirment son essence dans le cadre de politiques résilientes : l'approche systémique, l'approche patrimoniale et l'approche participative. En effet, si l'approche systémique permet de prendre le cadre d'actions et de rétroactions entre les sous-systèmes et le système global, l'approche patrimoniale assure l'intégration des enjeux et l'approche participative d'optimiser les moyens par la fédération des différentes parties prenantes, la fusion des moyens, le partage des responsabilités, le partage et l'acceptation du projet du futur souhaité pour éviter toute divergence ou concurrence entre les acteurs susceptible d'impacter négativement les flux fonctionnels du système (Figure 6).

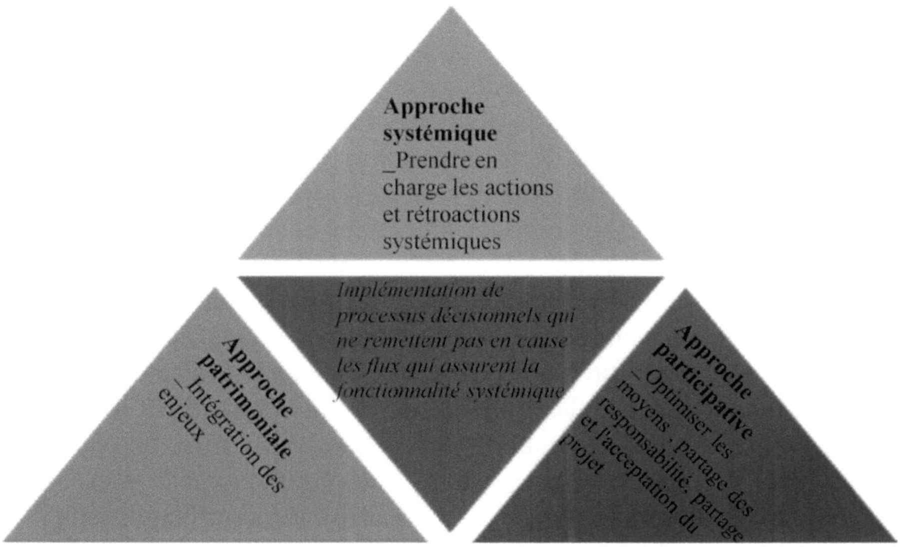

Figure 6: Les approches d'implémentation de la gouvernance pour un métabolisme urbain favorable à la résilience

Ainsi à travers ses principes et ses démarches dans sa promotion, la gouvernance environnementale offre un cadre opérationnel pour l'implémentation de politique résiliente. Dans sa démarche, elle assure par un encadrement des processus décisionnels qui répond aux priorités du développement urbain, un mécanisme indispensable pour prévenir toute divergence, confusion ou concurrence par rapport au renforcement des facultés résilientes du système et qui peuvent être des handicaps majeurs à long terme. Ainsi, elle apparait conciliatrice en perspective d'une efficacité dans le métabolisme urbain pour des réponses coordonnées aux chocs et pour une résilience territoriale.

La charpente d'analyse qu'elle exige permet d'identifier les forces et faiblesses individuels des acteurs par rapport au projet de développement urbain ainsi que les contraintes et atouts du dispositif institutionnel. Un tel travail permet d'identifier les limites du dispositif institutionnel et les leviers sur lesquels il faudra agir pour une meilleure organisation des interventions des acteurs, soit par des réarrangements institutionnels relatifs au positionnement des acteurs ou par des mécanismes de partage des responsabilités, soit par des exercices de capacitation et de renforcement du cadre réglementaire selon les problèmes et contraintes identifiés.

Conclusion

L'urbanisation de Saint-Louis à l'assaut des zones humides pose aujourd'hui un véritable dilemme de gouvernance environnementale de l'agglomération. Si l'intégration de ces écosystèmes dans la planification est une vision partagée pour la résilience de la ville, il faudra souligner qu'elle demeure à l'étape de formulation et d'orientation de politique générale. Le schéma institutionnel pour la gouvernance de la ville, bien que participatif, n'est pas toujours fédérateur et se heurte aux logiques diversifiées des acteurs dans leurs interventions mais aussi à leur démarche sectorielle. Le manque de coordination qui en découle par rapport au projet urbain relègue les problématiques liées à la biodiversité en dehors des priorités premières de la ville mettant en exergue les limites du cadre opérationnel de la résilience de la ville partagé par les acteurs autour de l'eau. L'implémentation des politiques de mise en œuvre de cette vision doit répondre en premier à ces handicaps par une "bonne gouvernance environnementale" qui assure une coordination selon le principe de subsidiarité sous une vision partagée, gage de la résilience. L'implémentation de mécanismes de gouvernance environnementale constitue un moyen d'optimisation du métabolisme urbain à cet effet à travers ses trois approches de mise en œuvre (systémique, patrimoniale et participative) qui permettent de prendre en charge les actions et rétroactions systémiques, les enjeux socio-écologiques et assurent une optimisation des moyens et un partage des rôles et responsabilités.

Références bibliographiques

Coly, A., Ndour, N.M., Sall, F., Gueye, S., 2013. *Recommendations on of climate changes can be better integrated in the planning and government system in Saint Louis (D3.1)*, CLUVA, 34 p.

Consultants associés, 2008. *PDU Saint-Louis* – Rapport de Présentation, 93p.

Godet, M, 1990. *La méthode MACTOR, Stratégique*, n°46, 1990 -2.

Kouam, K.G-R., Hernanie, G. M., Ndonwy, S.A.,Djomoudou Bopda, S.L. et Ekodeck, G.E., 2006, *Gestion intégrée des ressources en eau et objectifs du millénaire pour le développement en Afrique : Cas du Cameroun*. Paru dans *Vertigo* - la revue électronique en sciences de l'environnement, Volume 7 Numéro 2 septembre 2006.

Lindley, S.A, Gill, S.E., Cavan, G., Yeshitela, K., Nebebe, A., Woldegerima, T., Kibassa, D., Shemdoe, R.,Renner, F., Buchta, K., Abo-El-Wafa, H., Printz, A., Sall, F., Coly, A., Ndour, N.M., Feumba, R.A., Zogning, M.O.M., Tonyé, E., Ouédraogo, Y., Samari, S.B., and Sankara, B.T.,2013, D2.10. *Green Infrastructure: An essential foundation for sustainable urban futures in Africa*, CLUVA, 72 p.

Marchesi, N. et Coly, A., 2013. *Etablissement d'un plan de gestion intégrée des zones côtières du Sénégal. Plan local de Gestion intégrée des zones côtières (PLGIZC) : Saint-Louis,* 102 p.

Niang, D., 2007. *Gouvernance locale, maîtrise d'ouvrage communale et stratégies de développement local au Sénégal : l'expérience de la ville de saint-louis,* thèse de Doctorat, Département de Géographie et Aménagement, Université de Toulouse, Le Mirail, 267 p.

Piveteau, A., 2005. Décentralisation et développement local au Sénégal. Chronique d'un couple hypothétique. *Tiers-Monde*. 46 (181 : 71-93.

Sall, F., 2013. *Le profil de vulnérabilité, un outil d'aide à la décision pour la gestion durable des zones humides de Saint-Louis*, mémoire de master Département Environnement, USENG, 53 p.

SESSION 2 :

GOUVERNEMENTALITÉ DES PATRIMOINES ET TERRITORIALITÉ

Conférence introductive :

Gouvernementalité des patrimoines, territorialité et décentralisation au Sénégal.

Pr Mouhamadou Mawloud Diakhaté[13]

Traiter de la gouvernementalité au Sénégal semble être une véritable gageure, dans un contexte politique de décentralisation et de gouvernance "ascendante" des territoires. En effet, l'option politique de décentralisation de compétences de l'Etat central au bénéfice des Collectivités locales a atteint un niveau de maturation, avec l'Acte III en 2013, promulgué par la loi n° 2013-10 du 28 décembre 2013 et qui consacre l'avènement de 607 collectivités territoriales (Diakhaté, 2013, 2014). Cette nouvelle architecture pour l'administration territoriale est une refondation majeure de l'action territoriale de l'Etat qui s'adosse, selon le discours officiel, à "l'option de territorialisation qui, en revisitant la démarche de conception et de mise en œuvre des politiques publiques va permettre de bâtir le développement du Sénégal à partir des opportunités, atouts et potentialités de chaque terroir" (Cf. Extraits du conseil des Ministres du gouvernement du Sénégal des 7 et 27 juin 2012).

Paradoxalement, l'Acte III vient de révéler de nouvelles problématiques d'autorité en rapport avec les liens hiérarchiques ambigus entre l'Etat et les Collectivités territoriales, aux pouvoirs désormais augmentés et renforcés, comme la gestion du foncier rural et urbain, l'administration de zones spécifiques d'importance écologique et/ou économique, l'exploitation des mines et carrières, etc. Si la loi est claire, il reste que ces nouvelles problématiques (*re*)posent, entre autres, le sempiternel débat sur la question de la primauté entre la "légalité" et la "légitimité" en matière de propriété de ressources naturelles, de leur sécurisation et de leur exploitation. Les Communes de Sabodola (Or) et de Mboro (Phosphate) peuvent-elles tourner le dos aux sociétés, implantées sur leurs territoires, qui exploitent ces minerais? Peuvent-

---

[13] LEIDI/ PATEO, UGB Saint Louis.

elles se contenter de ne recevoir que quelques taxes et/ou les produits de la RSE (Responsabilité sociétale de l'entreprise) et prétendre au développement territorial?

D'où, les interrogations sur les dynamiques cognitives, les attitudes mentales et comportementales des autorités locales des collectivités décentralisées face aux lois, règlements, normes et conventions. Certes, les normes ont pour objet de façonner et générer des comportements adaptés au droit mais les pratiques sociétales, ancrées sur les réalités du territoire n'intègrent les temps du droit que temporairement. Par exemple, les revendications actuelles de la "*République Lebu*" concernant la propriété des terres ancestrales du Cap-Vert, qui ont pris de la valeur en raison de la spéculation foncière, surgissent après trois siècles d'ouverture de cette société au "migrant" et à "l'étranger" (en wolof, *Doxa ndëm,* Sylla, 1993).

D'ailleurs les revendications notées, ça et là, depuis que l'Etat du Sénégal a décidé d'attribuer des domaines de plusieurs centaines d'hectares à des exploitants privés pour l'agriculture ou l'exploitation de ressources minières comme l'or ou le zircon, etc., sont assez symptomatiques des dynamiques de contestation de la décision de la puissance publique par les collectivités territoriales et par les populations.

Revenons à la gouvernementalité. Ce concept souligne un changement radical dans les formes d'exercice du pouvoir par une autorité centralisée, processus qui résulte d'une rationalisation et d'une technicisation de l'Etat. Cette nouvelle rationalité politique s'appuie sur deux éléments fondamentaux : une série d'appareils spécifiques de gouvernement, et un ensemble de savoirs, plus précisément de systèmes de connaissance.

L'objectif de ce concept est de déconstruire le concept d'État et de montrer ce qu'il recouvre, comment il s'est construit et sur quels savoirs il repose. Il s'agit d'un certain type de contrôle de l'État sur les populations, un certain mode d'exercice du pouvoir où gouverner c'est "exercer par rapport aux habitants, aux richesses, aux comportements de tous et de chacun, une forme de surveillance, de contrôle tout aussi attentive que celle du père de famille sur la maison et sur les biens" (Foucault, 2012).

La gouvernementalité a donc un objet spécifique qui est de "disposer des hommes et des choses", c'est-à-dire de gérer leurs relations de façon à les conduire à des objectifs acceptables pour tous; il doit, de fait, servir des buts s'articulant autour de la protection et du bien-être social et moral des populations ... Elle implique ainsi des procédés subtils de domination qui passent d'abord par la connaissance des sociétés, pour susciter la confiance des populations, convaincre plutôt que contraindre.

Dès lors que la force de conviction prend le dessus sur la contrainte, la gouvernementalité, s'appliquant à l'émergence d'un Etat moderne, ne s'appuierait-elle pas sur une "analytique du pouvoir" répondant à des objections formulées à l'encontre d'une théorisation du pouvoir, qui, selon ses détracteurs, mène à une analyse relativiste sur le plan normatif, et incomplète s'agissant de l'Etat comme organe de coordination des divers processus de disciplines étudiés sous la loupe d'une "micro-physique" du pouvoir.

Dans son cours donné au Collège de France, en 1978, intitulé "Sécurité, Territoire, Population", Michel Foucault confère au terme de gouvernementalité trois dimensions. Tout d'abord, l'ensemble constitué par les institutions, les procédures, les analyses et les réflexions, les calculs et les tactiques qui permet d'exercer un pouvoir ayant pour cible principale la population, pour forme majeure de savoir l'économie politique (le mercantilisme et aujourd'hui la marchandisation des valeurs de la Nature-services écosystémiques-) et pour instrument technique essentiel les dispositifs de sécurité à savoir la Police (législation sur les territoires d'intérêt naturel, les territoires de l'eau et les zones humides, la mise en défens des écosystèmes exceptionnels, etc.).

Il est certain que l'Etat du Sénégal en simplifiant ses rapports administratifs avec les collectivités locales (Acte I de la décentralisation, en 1972 par la loi n°72-25 du 19 Avril 1972 qui transfère la gestion des Communautés Rurales du Sous-préfet au Président du Conseil Rural) et en les responsabilisant davantage (Acte II de la décentralisation, en 1996 par la loi n° 96-06 du 22 Mars 1996 portant transfert de neuf compétences de l'Etat aux Collectivités locales) renforce, dans le même temps et paradoxalement, ses prérogatives régaliennes comme le prouve le principe du contrôle *a priori* du Préfet de tout acte de gouvernance pris par la collectivité territoriale. De ce même point de vue, le nouveau code de l'environnement (2001) induit plusieurs menaces qui risquent de faire décrédibiliser l'Etat, par exemple :

- par l'expression de sa volonté "démagogique" de simplifier le droit conduit le même Etat à déréguler, voire à "délégiférer" en matière d'environnement compte non tenu du respect de normes juridiques internationales auxquelles il a souscrit. Ce qui se manifeste par le déclassement de forêts classées en plein Ferlo pour le compte de puissants marabouts ou dans le Sénégal-Oriental pour la production de charbon de bois au profit d'hommes d'affaires, souvent des apparatchik des partis politiques au pouvoir et au grand dam des collectivités locales;

- par sa posture dite "pragmatique" face à la crise économique mondiale qui favorise les discours réclamant moins d'obligations juridiques dans le domaine de l'environnement sous le prétexte que ces règles seraient un frein au développement, à l'emploi et à la lutte contre la pauvreté. L'aménagement de la Niaye du Lac Rose (domaine d'intérêt écologique de réputation mondiale), sa parcellisation et son bétonnage en cours par la construction de cités résidentielles en sont une parfaite illustration ;

-par sa propension, sous le prétexte du sous-développement, à réduire les contraintes du droit de l'environnement et à s'exonérer lui-même du respect des normes en matière d'utilisation de produits dangereux comme le Propanil ou le Dieldrine qui, semblerait-il, sont toujours "frauduleusement" utilisés dans certains périmètres hydro-agricoles du delta et de la vallée du fleuve Sénégal.

La gouvernementalité des patrimoines pose, à la fois, implicitement et explicitement, la notion de démocratie participative. La gestion de patrimoines et de territoires comme le Parc National des oiseaux du Djoudj, les zones d'intérêt naturel à administration spécifique comme les zones humides côtières de la Somone à Toubacouta, les mangroves et les zones de réserves communautaires (réserve de biosphère du delta du Saloum) où les jeux et enjeux de pouvoir économique s'exacerbent avec la prise de conscience des populations de la qualité des ressources de ces terroirs.

Il faut dire que la démocratie participative, clé de voûte de la décentralisatio,n pose elle-même une problématique liée à la psychologie des groupes socio-ethniques constitués dans les terroirs où les descendants des grands propriétaires traditionnels (*Lamane*, *Jom Leydi*, etc.) tiennent encore subtilement l'essentiel du pouvoir traditionnel au détriment des *Badoolo* c'est-à-dire des gens simples. La participation dans ce registre, me semble- t-il, est une réalité difficile à cerner du fait que l'égalitarisme foncier est une véritable chimère.

Dès lors cette participation n'est-elle pas une utopie critique ou la conceptualisation d'un modèle alternatif de gouvernement? La population pensée comme une totalité de ressources et de besoins introduit une transformation centrale dans la conception de l'exercice du pouvoir. Il ne s'agit plus de conquérir et de posséder, mais de produire, de susciter, d'organiser la population afin de lui permettre de développer toutes ses propriétés.

Gouvernementalité ou gouvernance

Les dispositifs et outils de gouvernance territoriale développés en géographie témoignent de l'intérêt de la participation de cette science aux débats sur la gouvernance. Il s'agit en particulier de contribuer à préciser la notion de gouvernance territoriale à travers la connaissance des milieux et la reconnaissance des dynamiques qui les animent. Quel rôle joue le territoire sur sa propre gouvernance? Quel rôle jouent les populations dans les processus de développement des territoires ? Comment les acteurs s'approprient-ils ou élaborent-ils des instruments de gestion comme les "cartes-à-dire-d'acteurs" ?

Les contributions, présentée dans la session n°2, voire même dans la session n°3, illustrent la grande diversité des situations et enjeux relatifs aux notions de gouvernabilité et de gouvernance territoriale et montrent l'intérêt de l'approche des disciplines (histoire, économie, géographie, sociologie, anthropologie) qui constituent les sciences sociales pour l'aborder. Cette diversité des disciplines constitue en effet un atout, à un double titre : sur le plan méthodologique, par la pluralité des approches, et sur le plan de la capitalisation des connaissances, par le stock d'expérimentations contrastées tant du point de vue des situations vécues que des problématiques abordées.

La polysémie des concepts de gouvernementalité et de gouvernance exige une manipulation prudente mais rejette toute forme de bricolage sémantique (Pasquier, 2009) car il ne s'agit pas de les appréhender comme une grammaire au sens "d'un ensemble de règles et de styles rendant possible la conduite d'une action publique" dans un contexte de différentiation (et d'autonomisation) de plus en plus poussée de la société (Le Gales, 1995) et de multiplication des parties prenantes. Toutefois, la gouvernementalité semble être la théorie de la gouvernance qui, à son tour, en devient *de facto* la pratique. Gouvernementalité et gouvernance, en continuité des innovations institutionnelles engendrées par le processus de décentralisation, renvoient à l'expérimentation de l'exercice multi niveaux et multiformes du pouvoir qui procure aux acteurs publics les moyens de participer aux décisions qui glissent comme le dit Ost (2004), de la pyramide au réseau, du sommet vers le bas.

Les dispositifs de gouvernance, comme ceux de la gouvernementalité d'ailleurs, viseraient à faciliter la participation de porteurs d'intérêts de plus en plus diversifiés notamment, à travers l'association entre acteurs publics et privés à des processus de décisions qui se révèlent sans cesse plus fragmentés, mais aussi plus incertains. La question fondamentale qui se pose, en filigrane, est comment une collectivité locale anciennement Communauté rurale, qui accède à la dignité de Commune de plein exercice par la grâce d'un décret, peut-elle trouver les moyens financiers nécessaires et suffisants à même de lui faire passer le cap de l'apprentissage de la gouvernance à l'*empowerment*.

Gouvernementalité ou gouvernance, la maîtrise du territoire et des patrimoines engage la résolution de quelques équations clés, qui caractérisent des objets économiques spécifiques ou des problématiques sociologiques particulières avec en toile de fond un dénominateur commun : l'intérêt général (Denis, 2008) et la gouvernance participative (Heurgon et Landrieu, 2000, 2001). Bien évidemment, les thématiques spécifiques les plus nombreuses concernent les questions liées aux sciences de l'information -médiation et concertation- (Barret, 2003 ; Beuret, 2006, 2012 ; Guilhéneuf, 2007), à la connaissance économique des services écosystémiques pour les processus d'apprentissage, avec des prolongements récents sur les outils en appui à la gestion des territoires (Systèmes d'information à référence spatiale, télédétection, etc.), notamment les technologies de l'information et de la communication qui conduisent à revoir la notion de réseau et à s'interroger sur la construction sociale de l'information (au-delà des réalités ethniques? La question doit ête posée.).

Gouvernementalité et décentralisation

Le territoire est la matrice qui reçoit les éléments constitutifs des politiques publiques que déclinent lois (code de l'eau, code foncier, code de l'environnement, etc.) et l'ensemble des documents et plans d'urbanisme et d'urbanisation (Plan local de développement, Plan directeur d'urbanisme, Schéma régional d'aménagement du territoire, Plan d'occupation et d'affectation de sols, Agenda 21, etc.). Depuis l'application de l'Acte III de la décentralisation de compétences dévolues à l'Etat central aux collectivités locales au Sénégal, la "territorialisation des politiques publiques" est le biais par lequel la gouvernance est appréhendée au niveau du quotidien des relations entre Politique et Espace. S'agit-il d'un indicateur d'adhésion, de cohérence ou de performance? Il demeure constant que l'objectif, qui est la territorialisation des politiques publiques, contribue à orienter les projets de l'Etat comme c'est le cas aujourd'hui du "Pôle urbain de Diamniadio" et à inspirer l'action des collectivités territoriales "indépendantes" (en l'occurrence, la Commune de Diamniadio ou bien même la ville de Rufisque) afin d'éviter le syndrome du "mille-feuilles" politique c'est-à-dire la surimposition des plans de développement des divers ordres de collectivités territoriales, de l'Etat et/ou des acteurs privés sur un même territoire rendant compliqué son développement.

Les éléments constitutifs des politiques publiques, qui sont autant de dimensions de gouvernementalité des territoires, représentent l'essence de la gouvernance territoriale. Cette dernière est une alchimie complexe qui impose la prise en compte des contraintes institutionnelles, des relations conflictuelles entre collectivités territoriales de même nature, collectivités territoriales de natures différentes et entre collectivités territoriales et l'Etat car, le développement territorial, qu'elle induit, génère souvent quelques dysfonctionnements spatiaux, voire une discrimination sociale qu'expriment les conflits d'usage et de voisinage. La chronique des conflits interethniques (entre éleveurs peulh et cultivateurs wolof dans le Baol), inter-villageois (entre *Bagaya* et *Diatock* ou *Diégoune* et *Djimande* dans le Bignona) liés à l'usage de l'espace est assez édifiant à cet égard. Il en est de même des révoltes spontanées, dans le Waalo, de populations spoliées de leurs terres en faveur de grandes firmes agricoles et, dans le Kédougou, contre des sociétés minières qui ont obtenu des concessions de plusieurs centaines d'hectares au détriment de l'agriculture.

La compréhension de la politique de décentralisation, qui est à la base des évolutions des systèmes locaux de mise en valeur, suppose la prise en considération des relations conflictuelles car, le processus de gouvernance se nourrit de ces conflits dont les leçons conduisent à la définition de "modèles" inclusifs de développement territorial. En effet, les conflits sont un mode d'expression qui fait finalement partie intégrante du processus de délibération au niveau local, en permettant une expression de la démocratie locale.

Il est à noter que gouvernementalité et décentralisation trouve des convergences lorsque le développement territorial, conçu comme un processus, permet aux acteurs (publics et privés) de se mettre d'accord, au sein d'un territoire donné, sur des objectifs, des actions, et des règles de conduite. Vu sous l'angle de la décentralisation, la gouvernementalité peut être considérée comme une méthode de conduite des organisations, au sens large.

Alors, qu'en est-il de la gouvernementalité avec l'Acte III? Si l'on considère que cet acte qui change la matrice spatiale de gouvernance locale du Sénégal et ouvre la voie à une refonte en profondeur de l'architecture des pouvoirs locaux avec, notamment, la communalisation intégrale et la «collectivisation» du département, s'accompagne d'une quête d'un "optimum territorial" c'est-à-dire un cadre idéal-type pour la mise en œuvre de l'action publique; alors deux interrogations s'imposent, en tenant compte qu'en matière d'aménagement et de développement du territoire, il existe des techniques de calculs d'opportunité, de faisabilité et d'évaluation des impacts environnementaux et sociaux:

- primo, le passage de la Communauté rurale à la Commune de plein exercice garantit-il les équilibres socio-économiques recherchés si l'on sait que, riches ou pauvres, les territoires (terroirs et pays) véhiculent une forte identité et développent un réflexe de repli sur soi?

- secundo, l'obligation de requalification de l'espace, qui est la raison fondamentale du passage de l'Acte II à l'Acte III, peut-elle se faire sans la correction des incohérences territoriales par intégration et/ou scission?

Aujourd'hui, le mode de gouvernance de l'Etat central sénégalais semble privilégier la "coercition" pour imprimer au territoire le changement de statut recherché afin qu'il devienne, à la fois, le moteur et l'objet de la transformation de l'action publique: ainsi, les pôles urbains de Diamniadio et du Lac rose constituent-ils les embryons de ces "pôles-territoires" économiques pour la mise en cohérence de l'action publique, préconisés par l'Acte III? Les arrangements sociaux devraient venir par la suite, lorsque les limites et incertitudes dans la mobilisation des ressources pour le financement local (difficultés et insuffisance de recouvrement des taxes locales) seront réglées à travers la nouvelle mobilisation des acteurs locaux (publics et privés) pour la promotion de coproductions par lesquelles ils participent à la fourniture des services et de main-d'œuvre.

La gouvernementalité s'adosse sur les principes sacro-saints d'équité, de solidarité, de subsidiarité et de péréquation ; la gouvernance par la décentralisation aussi, tant que les processus multi-acteurs garantissent la possibilité du retrait de la responsabilité de l'Etat qui est, en réalité, une chimère.

La gouvernementalité, en dernière analyse, ne conduit-elle pas à une « gouvernance éclairée »? Rien n'est moins sûr.

Références bibliographiques

Barret M., 2003. La facilitation stratégique *www.facilitation-gestionduvivant.com* -Récaputilatif des similitudes trouvées entre le facilitateur stratégique de la gestion du vivant et le médiateur environnemental/territorial de projet. *in* site internet "La facilitation stratégique" par Elise Levinson; rubrique: Communications et publications *www.facilitation-gestionduvivant.com*

Beuret J.E., 2006. La conduite de la concertation. L'Harmattan, Paris 340p.

Beuret J.E., 2012. Comment mobiliser les habitants d'un territoire pour l'action? Eléments de cadrage. In congrès des Parcs Naturels Régionaux, Aups, 10-13 octobre 2012, 8p.

Diakhaté M.M., 2013. Acte III de la décentralisation au sénégal: pistes pour la réussite d'une réforme majeure- Analyse politique- Séminaire Conseil régional de Dakar/ Think-tank indépendant, L'Afrique des idées.

Diakhaté M.M., 2014. Acte III de la décentralisation: quel contenu pour la phase 2? Quotidien national "Le Soleil" du 3 oct. 2014/ seneplus opinions.

Foucault M., 1978. Naissance de la biopolitique. Cours donné au Collège de France 1978-1979 (diffusion, 2004), Paris.

Foucault M. *diffusion*, 2012. Dits et écrits : Se défendre. Considérations sur le Marxisme, la Phénoménologie et le Pouvoir, Ed. Quarto-Gallimard, Paris.

Guilhéneuf, P.Y., 2007. Encourager la participation : quelle formation des animateurs et des acteurs locaux à la concertation et à la médiation environnementale? Communication au colloque "Education à l'environnement pour un développement durable", Montpellier.

Heurgon Ed. et Landrieu J., 2000. "Prospective pour une gouvernance démocratique", coordonné par Edith Heurgon et Josée Landrieu. Editions de l'Aube, Paris.

Heurgon Ed. et Landrieu J., 2001. "Expertise, débat public : vers une intelligence collective" coordonné par Fabienne Goux-Baudiment, Edith Heurgon et Josée Landrieu. Editions de l'Aube, Paris.

Le Gales P., 1995. "Du gouvernement des villes à la gouvernance urbaine", Revue française de science politique, vol 45, n°1 pp 57-95, Paris.

Ost F., 2004. Raconter la loi-aux sources de l'imaginaire juridique, Ed. Odile Jacob, 442 p., Paris.

Pasquier T., 2009. De l'exercice du pouvoir en matière d'inaptitude, RDT, n° 12, p. 710.

Sylla A., 1993. Le peuple Lébou de la presqu'île du Cap-vert (compte rendu de Lilyan Kesteloot). Revue française d'histoire d'outre-mer, vol. 80, n° 301, pp. 637-638.

DIVERSITÉ ET PARTICULARITÉ DES SITES NATURELS SACRÉS EN CASAMANCE AMPHIBIE. QUEL INTÉRÊT POUR LA CONSERVATION ?

Sidia Diaouma Badiane[14],
Adrien Coly[15]

Résumé

La sacralisation des espaces naturels relève généralement d'un processus marqué par une hiérophanie, qui donne lieu à une diversité d'anthroposystèmes. Plusieurs types de sites sacrés à caractère conservatoire se distinguent en Casamance amphibie. Ils se présentent comme des empreintes spatiales résultant d'un processus de patrimonialisation.

Cet article analyse les schémas de représentation propres aux populations locales dans une zone où l'eau, en fonction de son occurrence et sa localisation, détermine l'essence de la relation fonctionnelle entre l'homme et le milieu. Elle révèle que le caractère amphibie explique la variété des sites naturels sacrés (marins, côtiers ou terrestre).

L'approche de patrimonialisation de la nature par le sacré développée par les communautés traditionnelles participe ainsi à la conservation des écosystèmes côtiers et marins.

Mots clé : Sites naturels sacrés, Casamance amphibie, patrimoine, conservation

[14] Département de géographie, Université Cheikh Anta Diop de Dakar (Sénégal).

[15] Section de géographie, Université Gaston Berger (Sénégal).

Introduction

1. L'objet de cette réflexion porte sur les sites naturels sacrés (SNS), éléments assez communs dans les paysages où les sociétés humaines ont tissé des relations symboliques avec la nature

Les systèmes traditionnels de représentation de l'espace distinguent deux entités : l'espace visible, tangible, approprié, transformé par le génie humain et l'espace invisible contrôlé par des forces surnaturelles et dont l'appréhension par l'homme passe par la médiation de gens initiés à un savoir ésotérique.

Les sites naturels sacrés participent de cette seconde catégorie. Ils correspondent à:

- un lieu terrestre ou aquatique perçu par une communauté culturelle comme étant le siège d'êtres surnaturels.
- un lieu « particulièrement révéré par un peuple, une culture ou un groupe culturel comme le centre d'une croyance spirituelle, d'une pratique ou d'un rituel religieux » (Thorly et Gunn 2008).

Les SNS résultent ainsi de processus de patrimonialisation ancienne, dont la survivance impose un regard analytique sur la dimension conservatoire d'éléments vivants ou non, en d'autres termes, matériels ou immatériels.

Le lien permanent entre les communautés traditionnelles et certains espaces ou objets naturels se traduit par des faits sociaux, des croyances. Cela témoigne du caractère polysémique des sites naturels. L'environnement estuarien donne lieu à une diversité d'écosystèmes, qui offre une variété de SNS. Ce qui autorise un questionnement autour des idées suivantes :

- Quel est le soubassement des stratégies traditionnelles favorisant l'existence des SNS?
- Quelles sont les caractéristiques majeures des SNS en Casamance amphibie?
- Les SNS participent-ils réellement à la régulation territoriale dans les interactions société-nature?
- Quelle forme de gouvernance reflètent-ils?

2- Méthode d'étude

2.1. Sites d'étude : La Casamance amphibie

La zone qui fait l'objet de cette étude est la Casamance amphibie se situant au Sud-ouest du Sénégal. Elle s'étire de la frontière avec la République de Gambie au Nord jusqu'au Sud à la frontière avec la République de Guinée Bissau. Elle se prolonge vers l'est en forme de biseau suivant les rives du fleuve jusqu'aux environs de Niaguis. C'est un territoire de forêts et de marigots, où les dynamiques du milieu sont dictées principal par le caractère humide (présence du cours d'eau et régime pluviométrique). Cette zone appartient d'ailleurs au complexe écosystémique ouest-africain décrit par Guilcher (1954) et connu sous l'appellation de « Rivières du sud » (Pélissier, 1966). Cet espace des Rivières du Sud dans lequel le fleuve Casamance dessine ses méandres s'étire sur environ 700 à 800 km depuis le Saloum (centre-ouest du Sénégal) jusqu'en Sierra Léone, couvrant ainsi les littoraux de la Gambie, du Sénégal dans sa partie sud, de la Guinée Bissau et de la République de Guinée (Figure 1).

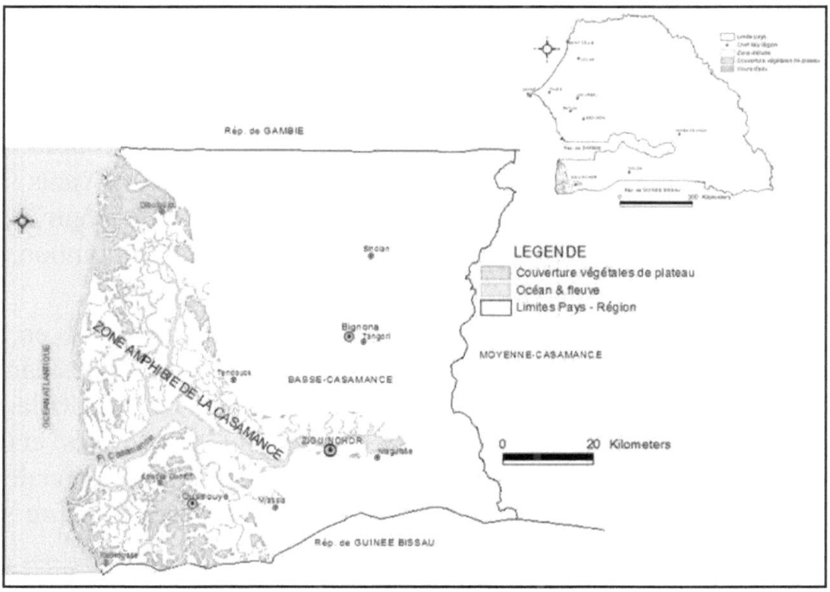

Figure 1 : La Casamance amphibie

La mise en corrélation de la configuration des « districts phytogéographiques » de la région et de l'évolution géomorphologique de l'estuaire du fleuve Casamance donne lieu à une réflexion profonde. Les structures géomorphologiques ont présidé à la mise en place des

« districts phytogéographiques ». L'étonnante superposition entre les limites des districts et la répartition des faciès résultant des phases d'évolution de l'estuaire en est la preuve.

Les travaux de Vanden Berghen (1998) ont permis de recadrer le district sur lequel porte l'étude. Le district doit son existence à la succession des différentes phases de transgression et régression marine qui ont concouru à l'isolement des plateaux du Continental Terminal dans la partie estuarienne de la Casamance. Les plateaux sont finalement colonisés par une forêt, d'où la particularité de l'environnement estuarien casamançais.

Dans cet environnement estuarien, s'est construite une civilisation qui a permis de maintenir les rapports entre les hommes et la nature, relevant du social, du culturel ou du religieux. La population est majoritairement constituée de Diola. Cependant, ce groupe ethnique comporte des disparités internes qui se ressentent par une variation dialectique. La Casamance amphibie présente ainsi des sous-groupes humains dont l'histoire reste liée dans une certaine mesure à la « personnalité physique » de la région. En effet, il y a deux grands sous-groupes ethniques : Fogny et Kassa. Les premiers se localisent sur la rive droite du fleuve Casamance dans sa partie estuarienne, qui concentre également les Karones et les Bliss. Les seconds (les Kassa) occupent la rive gauche. Au sein de ces groupes ethniques, se distinguent sous-groupes. Par exemple, on rencontre chez les Kassa les sous-groupes suivants : les Bayotte, les Bandial, les Her, Huluf, Esulalu, etc. Les Fogny sont constitués des sous-groupes suivants : les Boulouf, les Sikombon, les Narang, etc.

De cette variation ressortent les diverses pratiques culturelles en lien avec les éléments de la nature. Il y a évidemment des similitudes dans le fond constituant l'identité du peuple diola, mais les particularités s'affichent à des échelles restreintes, parfois au niveau des entités villageoises. Cela est également visible dans l'organisation sociale en lien avec les sites sacrés, car chez les Diola, l'homme et la nature sont liés, pas seulement au sens de la coexistence.

2.2 Collecte des données

Plusieurs techniques ont été utilisées pour la collecte des données. Il s'agit d'approches qualitatives concernant les données relatives à la connaissance des SNS, leur typologie, leur rôle (du point de vue social, culture et écologique ou biologique), leur gouvernance, leur intérêt pour la conservation de la biodiversité en général.

- **Recherche documentaire**

La littérature grise a été exploitée. En effet, l'objet d'étude a intéressé plusieurs auteurs de diverses disciplines. La revue documentaire s'est focalisée sur les travaux relevant de la géographie mais aussi de la sociologie et de l'anthropologie notamment. La plupart des écrits ont permis de noter l'existence des SNS chez des peuples dans différentes régions du monde (en Asie, en Europe, en Afrique, en Amérique, etc.) (UICN, 2006; UNESCO, 2006). Quelques études de cas ont démontré la valeur associée aux SNS (Sasaki et al, 2010 ; Berkes, 1999).

- **Observation directe**

L'étude requiert un aspect important d'observation directe des faits et phénomènes sur le terrain. Les dimensions physique et humaine de la réflexion l'imposent. L'observation directe a l'avantage ici d'être en contact avec le milieu et de collecter des informations brutes sans l'entremise d'une cible. Plusieurs séjours ont permis de rendre consistante cette approche, qui s'intéresse en particulier à la description du paysage au niveau des SNS, à l'enregistrement des faits sociaux (évènements culturels, pratiques, rites, etc.).

- **Les entrevues**

Elles ont été faites grâce à l'utilisation d'un guide d'entretien semi-structuré, des fiches, des rencontres et causeries avec des personnes ressources au niveau de quelques villages. Elles avaient également pour objectif, d'étudier les formes d'organisation sociale en lien avec la gestion des ressources naturelle. L'essentiel des informations tirées à partir des entrevues concerne les éléments des traditions orales (les contes, les légendes, etc.) contribuant à la conservation de la biodiversité, les pouvoirs et fonctions dans la communauté en lien avec la conservation de la biodiversité (exemple : existence de personnes chargées de veiller au respect des règles d'exploitation des différentes ressources), les pratiques sociales et culturelles liées à la conservation de la biodiversité (rites, interdits, tabous, totems, etc.).

- **Identification des SNS**

Les entrevues ont été un préalable permettant d'établir le répertoire des SNS dans les villages visités. C'est donc au travers des personnes ressources (chefs de village, chefs coutumiers, dépositaires, personnes âgées, initiés, etc.) que les informations relatives à l'existence de sites sacrés marins ou terrestres ont été collectées. Ainsi pour chaque village visité, la liste des SNS a été dressée, ainsi que leur localisation au niveau du terroir.

- **Evaluation de la biodiversité dans les SNS**

La connaissance de la biodiversité a été faite par l'entremise des personnes ressources. En effet, le recueil de témoignage et l'enquête ethnobotanique sont à la base de la constitution des éléments d'analyse de la biodiversité que renferment les SNS. Cela a été complété par l'observation directe sur certain site.

2.3 Analyse des données

Le cadre d'analyse des données est fondé sur un processus de dépouillement des informations brutes (qualitatives et quantitatives). L'utilisation de plusieurs outils de traitement de données (logiciels) a facilité l'interprétation et/ou l'explication des résultats.

3. Résultats

Les principaux résultats de cette recherche intéressent particulièrement la typologie des SNS, la diversité des éléments patrimoniaux, révélant une singularité de certains sites en raison leur rôle socio-culturel, mais aussi écologique. Il ressort également un aspect de taille sur la gouvernance des SNS qui met en lien les systèmes écologique et social (Figures 2 et 3).

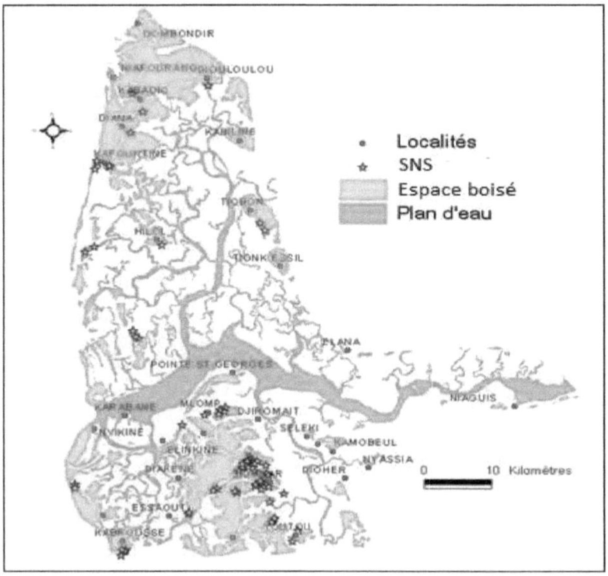

Figure 2: Répartition de quelques SNS en Casamance amphibie

3.1 Typologie des SNS

On peut considérer qu'un site naturel sacré[16] se caractérise par une dimension spirituelle (croyance) et spatiale (territoriale). De ce point de vue, il existe en effet une typologie fondée sur l'origine de la sacralité du site, la nature du site et sur le mode d'organisation communautaire.

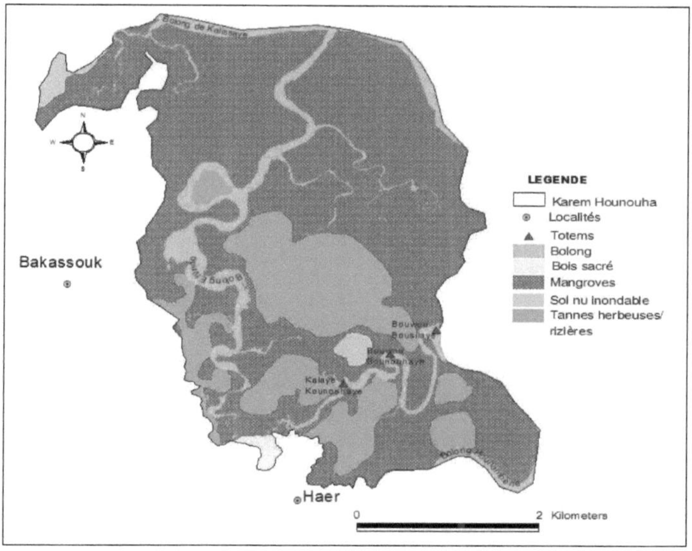

Figure 3 : Synthèse d'un SNS (Petit Kassa, Casamance)

3.1.1 Typologie basée sur les raisons de la sacralité des sites

Les résultats d'enquête révèlent que la sacralité des sites est généralement justifiée par trois raisons. Un lieu est considéré comme sacré dès lors qu'il est perçu comme étant le siège de génies ou un endroit dédié à la célébration d'évènements culturels (Figure 4).

[16] Par définition, les SNS sont des « espaces terrestres ou marins qui ont une importance spirituelle spéciale pour des peuples ou des communautés ».

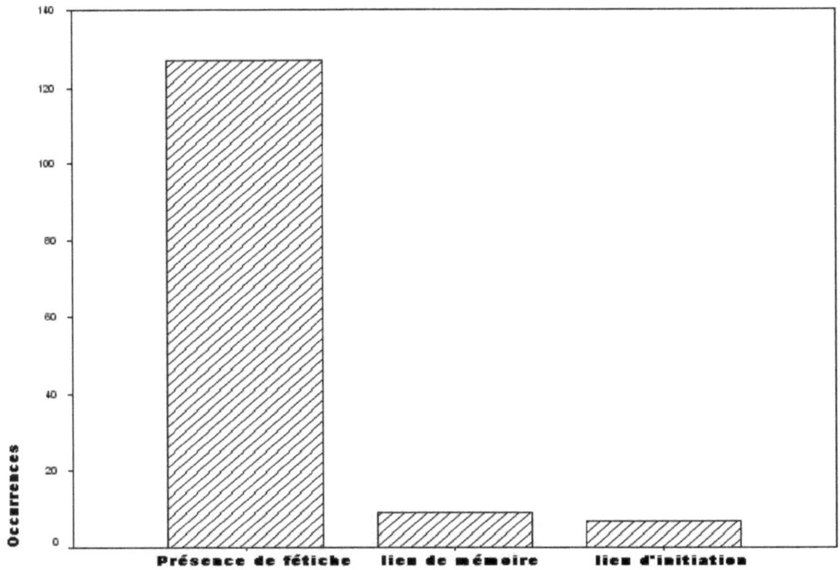

Figure 4 : Raison de sacralisation de sites naturels (Source Badiane, 2006)

- **Sites fétiche (autel) :** Ils proviennent de l'incarnation de puissances surnaturelles (génies, ancêtres) sur des éléments naturels. Les sites d'implantation des fétiches font office de lieu de culte vénéré par la population. Ils sont de dimension très variable.

- **Sites résidence de totems :** Les totems peuvent être à l'origine de la sacralité d'un endroit. En effet, dans le système traditionnel de représentation, certains êtres vivants (animal ou végétal) ou des éléments naturels sont considérés comme l'ancêtre éponyme d'un groupe social et sont vénérés. Les sites de résidence des totems figurent parmi les lieux sacrés les plus respectés dans les communautés.

- **Sites d'initiation :** Sans être le siège de génie ou de fétiche, certains sites revêtent le caractère sacré du fait qu'ils constituent des endroits de célébration de manifestions traditionnelles ou de lieux d'initiation.

3.1.2 Typologie relative à la nature du site

En raison du caractère amphibie de la zone d'étude, on distingue deux catégories de SNS. Il s'agit de sites terrestres et marins avec quelques variations puisque du point de vu spatial certains sites sont constitués d'une partie terrestre et d'une partie aquatique.

- **SNS terrestres**

Dans l'apparence sur la terre ferme, les sites naturels sacrés peuvent être associés à un élément naturel vivant ou non, isolé (arbre, animal, pierre), ou en groupement (bois, forêt). Dans cette catégorie, on peut parler de l'arbre ou l'animal sacré. Ils sont très présents dans la région puisqu'on les rencontre dans chaque village.

Bois sacrés à Oussouye **Bois sacrés** Arbre sacré à Abéné

- **SNS marin**

En milieu marin, les sites sacrés représentent généralement des endroits de résidence de totems. Ils peuvent concerner des zones fréquentées par des espèces animales utilisées dans la célébration de certaines cérémonies ou rites traditionnels. C'est ainsi, qu'on peut avoir des bolongs sacrés, des mares.

Mare sacrée à Saloulou **Mare bolong** Marigot sacré dans le petit *Kassa*

3.2. Diversité des éléments naturels patrimonialisés par le biais du sacré

Le sacré touche pratiquement tous les éléments naturels du monde vivant et du monde non vivant. Il traduit la reproduction socioreligieuse des communautés locales dans la nature. Les SNS jouent donc ce rôle de lieu de connexion entre les hommes et les êtres suprêmes par le truchement des ressources naturelles considérées de façon isolée ou non.

3.2.1 Les ressources vivantes (animales et végétales)

Dans le monde du vivant les deux principales composantes restent les espèces animales et végétales. Elles sont soit terrestres, soit aquatiques. Le cortège végétal situé dans un site sacré est souvent interdit d'exploitation. L'interdiction dépend des motifs d'utilisation et des circonstances (pendant les cérémonies rituelles). Il en est de même de la communauté de faune sauvage.

3.2.2 Les ressources non vivantes (terre et eau)

Les terres sur lesquelles sont installés les fétiches restent sacrées. Elles ne peuvent être utilisées qu'à des fins de célébration de manifestations culturelles ou religieuses. Par exemple chaque village possède des lieux publics fréquentés uniquement pendant les évènements de circoncision, de danses traditionnelles.

Il existe une relation sacrée entre les ressources en eau et les populations. Par exemple les mares, les marigots utilisés pendant les périodes d'initiation. Il s'agit également des zones de résidence des totems marins ou aquatiques. Certaines sources d'eau douce sont sacralisées en raison du service rendu à la communauté, qui l'utilise à des fins alimentaires (eau consommée lors des rites d'initiation).

3.3 La particularité des SNS, entre gouvernance sociale et conservation du patrimoine naturel

Les SNS, en plus de leur rôle de reproduction socio-culturelle, participent à la conservation des écosystèmes et de leurs ressources. Ils contribuent à la préservation d'habitats, d'espèces parfois spécifiques.

3.3.1 Les SNS, comme instrument de gouvernance traditionnelle et de régulation sociale

L'organisation des SNS transparaît à travers les structures sociales. Il ressort en effet une sorte de symétrie entre le schéma d'organisation sociale et l'appropriation des sites naturels sacrés de telle manière qu'il existe des sphères d'implication variées au niveau communautaire ou individuel (figure 5).

- **Site familial :** Il existe des sites qui dépendent des familles. Ce sont généralement les sites abritant les totems familiaux.

• **Site clanique :** Ce sont des SNS dont les propriétaires sont les membres d'un clan (*hank*) ou d'un quartier (*hukin*) qui constitue le cercle de responsabilité. Ce sont les membres d'un même lignage souvent patrilinéaire ou matrilinéaire, qui vénèrent cet endroit.

• **Site villageois :** Ils sont souvent localisés dans le territoire du village même qui en dépend. Ces sites relèvent de la responsabilité absolue des habitants de ce village. Leur protection est assurée par la communauté locale qui établit elle-même les règles d'accès (figure 6).

• **Inter-villageois :** Les SNS inter-communautaires peuvent être localisés dans un territoire bien défini appartenant à un village, mais d'un point de vue fonctionnel, ils englobent un ensemble de villages, par exemple *Hunil, Adiamo*. Les cérémonies traditionnelles liées à ces SNS concernent tous les villages qui sont sous la tutelle d'un chef coutumier (exemple de la zone de *boubadioum oey*).

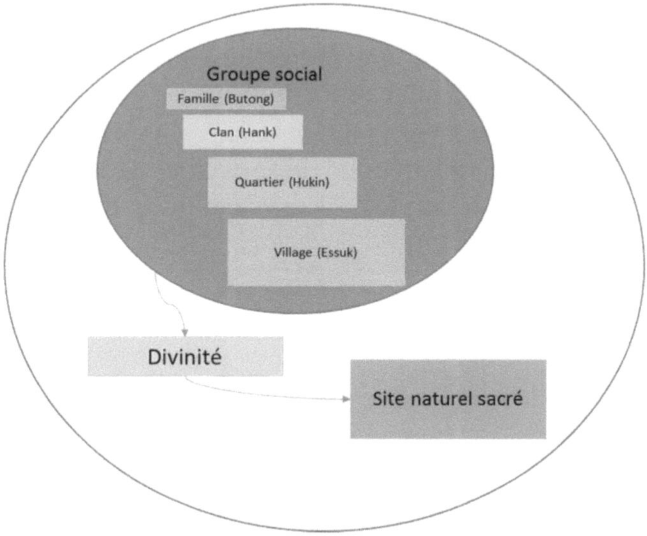

Figure 5 : Reflet du social dans la typologie des sites naturels sacrés

Les institutions traditionnelles dédiées à la gestion et la conservation des SNS

Les communautés locales assurent la gestion des sites naturels sacrés à travers des structures traditionnelles. Ces structures veillent au respect des lois et règles d'accès des SNS et d'utilisation des ressources naturelles associées.

Même si elles ne sont pas transcrites, les règles traditionnelles font l'objet d'une grande observance du fait que les sanctions relatives aux transgressions sont infligées par des divinités et non des individus. De ce fait, la communauté est tenue de respecter les normes établies.

Le cadre réglementaire

Il s'agit d'un mécanisme s'appuyant sur des tabous et des interdits liés à la sacralisation d'un site. La violation des règles conduit à des sanctions ou des amendes consistant à faire des offrandes aux divinités, des libations de purification. Certaines sanctions impliquent la peine de mort souvent exécutée par des esprits surnaturels qui ne sont pas contrôlés par la communauté.

3.3.2 La contribution des SNS à la conservation du patrimoine naturel

Les sites naturels sacrés présentent une grande valeur écologique et paysagère. En effet, les interdits visent à protéger les zones considérées comme sacrées. Ils s'appliquent à toutes les ressources naturelles liées aux sites sacrés. Il s'agit d'une protection intégrale, qui permet de maintenir des niches écologiques spécifiques.

Au niveau local, les sites naturels sacrés apparaissent sans doute comme des aires participant à la préservation de la biodiversité, à l'approvisionnement des services écosystémiques importants pour le bien être des communautés.

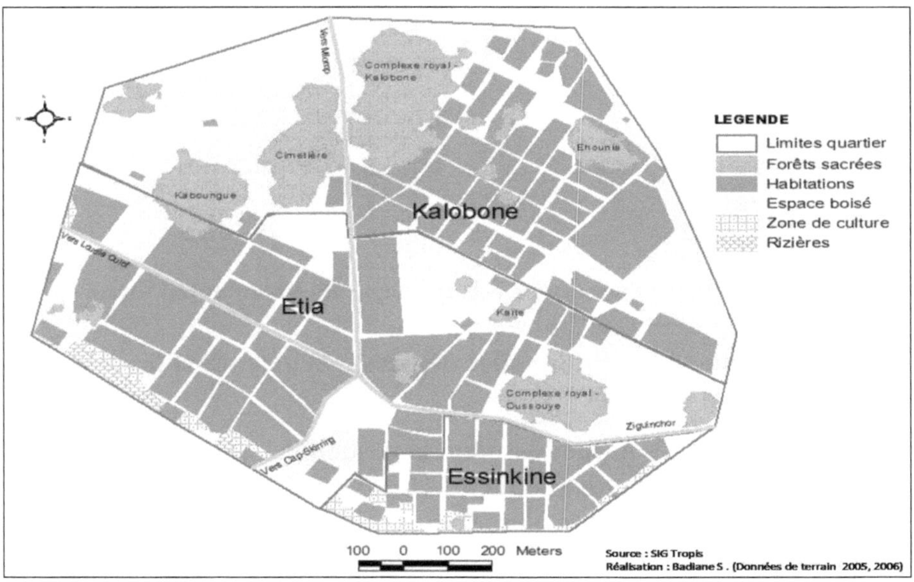

Figure 1: Bois sacrés dans la commune d'Oussouye (Casamance)

4. Discussion

4.1 SNS, repères territoriaux garants des équilibres naturels et sociaux

Il ressort que les sites naturels sacrés sont des éléments structurants de la vie des communautés, car ils sont considérés comme des lieux où un pacte est établi avec les êtres suprêmes pour pouvoir vivre en paix et avoir accès à l'espace et aux ressources qui s'y trouvent. Ce sont des lieux où plusieurs cérémonies sont organisées tout au long de la vie des individus appartenant à une communauté. Ainsi, ces éléments du territoire communautaire déterminent les modes d'utilisation de certains espaces terrestres et aquatiques. Ils favorisent dans ce sens les équilibres entre les systèmes sociaux et naturels.

4.2 Dimension sociétale intrinsèque aux SNS

En tant qu'élément central de la constitution du territoire auquel s'identifie les communautés, les sites naturels sacrés font que les pratiques qui leur sont liées consolident et renforcent les formes de gouvernance traditionnelle. Les mécanismes spécifiques d'utilisation et de gestion des espaces et des ressources fondés sur les réalités mystiques rendent possible la survivance des sites naturels sacrés, élément incontournable de la reproduction des aspects matériels et immatériel de la société, son héritage historique, socio-culturel et religieux.

4.3 Opportunités et défis pour la conservation

Les sites naturels sacrés présentent à la fois des opportunités et d'importants défis. Les opportunités restent évidemment leur apport considérable dans la conservation de la biodiversité et des équilibres entre les communautés et le milieu naturel. Les défis sont relatifs au maintien des fonctions socio-religieuses, culturelles et écologiques dans le contexte actuel des mutations globales.

5. Conclusion

L'étude des sites naturels sacrés en Casamance amphibie comporte un intérêt certain pour la raison simple qu'elle permet de saisir le lien symbolique entre les communautés et le milieu naturel par le truchement du sacré. Le rôle, que jouent les sites naturels sacrés, reste perceptible à travers la reproduction sociale et le maintien du patrimoine naturel. La diversité des sites naturels sacrés est liée à la fois à leur nature et aux raisons de leur sacralité. La particularité est par ailleurs notée dans la forme de gouvernance assez hiérarchisée, mais qui répond à une interliaison dans l'espace et le temps entre deux mondes, le monde présent et celui des ancêtres symbolisés par les divinités. La relation entre les communautés et les sites naturels sacrés reflète des modèles sociaux et culturels adaptés à la conservation et à la gestion des ressources naturelles. Le respect des règles d'accès constituerait une garantie de maintien durable de ces sites et des ressources naturelles associées.

Références bibliographiques

Aubreville, A. 1948. La Casamance, *Agronomie tropicale* : 25-52.

Badiane, S. D. 2006. Pratiques culturelles et gestion des ressources forestières en Basse Casamance: l'exemple des Diola d'Oussouye. Mémoire de DEA /Chaire Unesco – UCAD, 83 p.

Badiane, S. D., 2012. Espaces forestiers de la Casamance amphibie. Déterminisme territorial, biodiversité et stratégies de conservation. Thèse de doctorat unique. EDEQUE, UCAD, Dakar, 320 p.

Badiane, S. D., Ndiaye, P., Kane, A. 2008. Rôle des structures traditionnelles dans la gestion des forêts urbaines d'Oussouye. Actes du colloque international gouvernance locale et gestion décentralisée des ressources naturelles CSE-CRDI : 265-275.

Berkes, F., 1999. Sacred Ecology: Traditional ecological knowledge and resource management. Philadelphia, USA: Taylor & Francis. Bhagwat, S. and Rutte, C. 2006. "Sacred Groves: potential for biodiversity management". *Frontiers of Ecology and the Environment* 4(10): 519–524.

Olloy, A., Mbengue, A., 2003. Prise en compte des liens entre diversité biologique et diversité culturelle comme condition de base du développement durable. Unesco, 50p.

Sasaki, K., Sasaki, Y.i et Fox, S.F., 2010. Endangered traditional beliefs in Japan: influences on snake conservation. *Herpetological Conservation and Biology* 5(3):474–485.

Trincaz, J., 1980. L'arbre garant de la pérennité culturelle d'une société d'émigrés menacée. *Cah. ORSTOM, série Sc. Hum.* 27(3-4): 285-287.

UICN, 2006. Sites naturels sacrés. Lignes directrices pour les gestionnaires d'aires protégées. 131 p.

UNESCO, 2006. Conserving Cultural and Biological Diversity: The Role of Sacred Natural Sites and Cultural Landscapes. 340 p.

Vanden Berghen, C., 1998. Irradiation de la flore sahélienne en Basse Casamance (Sénégal). In Atelier sur *Flore, Végétation et Biodiversité au Sahel* : 151-161.

FAIRE PARTICIPER LES COMMUNAUTÉS LOCALES À LA GESTION DE L'AIRE MARINE PROTÉGÉE DU BAMBOUNG (AMP) AU SÉNÉGAL : ENTRE EXCLUSION, FABRIQUE D'UNE ÉLITE CONSERVATIONNISTE ET DE LA RENTE VERTE.

Mariama Diallo[17]

Résumé

La promotion de nouvelles formes de gestion (gestion participative, communautaire, cogestion, gestion partagée etc.) au sein des Aires Marines Protégées (AMP) ainsi que le processus de mise en patrimoine de la nature (Cormier-Salem et Roussel, 2005) s'accompagnent d'un engouement sans précédent pour la démarche participative. L'implication des communautés locales, à qui on reconnait désormais leurs savoirs et savoir-faire en matière de conservation de la nature, est plébiscitée répondant alors à l'impératif partage juste et équitable des ressources décrit dans la convention de Rio 1992.

L'Aire Marine Protégée du Bamboung dans le delta du Saloum, à l'instar des nouvelles catégories d'aires protégées en Afrique ne déroge pas à cette tendance « *participationniste* ». De fait, son classement et sa gestion reposent sur la mobilisation des communautés locales des quatorze villages qui ceinturent l'AMP. Mais qu'il s'agisse d'une « *participation imposée* » ou d'une « *autopromotion* » (Chauveau et Lavigne Delville, 2013), il apparait que dans le cas du Bamboung, les effets réels de la participation, en termes d'équité et de partage des ressources, sont encore incertains. Bien au contraire, la démarche participative se révèle « *exclusive* » (Cormier-Salem, 2014) notamment pour les femmes et les pêcheurs qualifiés d' « *allochtones* ». Au-delà de cette exclusion, la promotion de l'approche participative dans le Bamboung pose des enjeux de fabrique d'une nouvelle catégorie d'acteurs locaux, qui, au nom de l'autochtonie et de l'approche participative, s' « *auto-légitimiste* » comme la plus compétente à s'impliquer dans la gestion du Bamboung.

L'objet de cet article est d'analyser comment les acteurs locaux, à travers le recours à l'impératif participatif, se saisissent et s'approprient

[17] Doctorante CNE/EHESS, LMI PATEO/PALOC (IRD/MNHN), Marseille, Dakar.

des politiques de conservation de la biodiversité. Je montrerai, dans un premier temps, comment la création et la gestion de l'AMP ont favorisé l'émergence d'une nouvelle élite « *conversationniste* » excellant dans ce que Chauveau et Lavigne-Delville (2013) appellent « *la participation cachée* », et qui en se réappropriant le discours sur la conservation et l' « *empowerment* » arrivent à s'emparer de la gestion et à capter la rente de l'AMP. Dans un second temps, il s'agira d'analyser, comment l'émergence de cette nouvelle élite, au-delà des aspects économiques, pose au niveau local des enjeux sociopolitiques engendrant des phénomènes de recompositions sociopolitiques faisant ressurgir des conflictualités latentes entre villages et réactualisant la question de l'autochtonie et du peuplement des quatorze villages.

Introduction

La promotion de nouvelles formes de gestion (gestion participative, communautaire, cogestion, gestion partagée, etc.) au sein des Aires Marines Protégées (AMP) ainsi que le processus de mise en patrimoine de la nature (Cormier-Salem et Roussel, 2005) s'accompagnent d'un engouement sans précédent pour la démarche participative. L'implication des communautés locales, à qui on reconnait désormais leurs savoirs et savoir-faire en matière de conservation de la nature, est plébiscitée, répondant à l'impératif partage juste et équitable des ressources décrit dans la convention de Rio 1992.

L'Aire Marine Protégée du Bamboung dans le delta du Saloum, à l'instar des nouvelles catégories d'aires protégées en Afrique, ne déroge pas à cette tendance « *participationniste* ». De fait, son classement et sa gestion reposent sur la mobilisation des communautés locales des quatorze villages riverains de l'AMP. Mais qu'il s'agisse d'une « *participation imposée* » ou d'une « *autopromotion* » (Chauveau et Lavigne Delville, 2013), il apparait dans beaucoup de travaux que les effets réels de la participation, en termes d'équité et de partage des ressources, sont encore incertains. Bien au contraire, la démarche participative peut se révéler souvent « *exclusive* » (Cormier-Salem, 2015). Au-delà de cette exclusion, la promotion de l'approche participative pose des enjeux de fabrique d'une nouvelle catégorie d'acteurs locaux, qui au nom de l'autochtonie et de l'approche participative, s'« *auto-légitimisme* » comme la plus compétente pour gérer les ressources naturelles en question, c'est ce qu'examine ce présent texte.

L'objet de cet article est d'analyser comment les acteurs locaux, à travers le recours à l'impératif participatif, se saisissent et s'approprient des politiques de conservation de la biodiversité. Je montrerai comment la création et la gestion de l'AMP ont favorisé l'émergence d'une nouvelle élite « *conversationniste* » excellant dans ce que Chauveau et Lavigne-Delville (2013) appellent « *la participation cachée* », et qui, en se réappropriant le discours sur la conservation et l'« *empowerment* » arrivent à s'emparer de la gestion et à capter la rente de l'AMP.

Les données, qui sont utilisées dans ce texte, sont issues d'une série d'enquêtes de terrain, dans le delta du Saloum, menée entre octobre 2013 et juin 2015, dans le cadre d'une thèse EHESS partiellement financée par une allocation ARTS IRD et le LMI PATEO.

I. Une gouvernance participative toujours aussi controversée

Les discours hégémoniques sur les approches participatives trouvent leur légitimité dans les contextes où elles ont émergé. D'une part, le contexte sénégalais, dans les années 1990s, a été marqué par le désengagement de l'Etat avec la promotion des politiques d'ajustement structurel. De ce fait, la participation des populations à la gestion des aires protégées était encouragée dans un contexte où le gouvernement sénégalais n'avait plus les moyens de gérer un réseau d'aires protégées qui s'amplifiait avec un effectif d'agents des parcs nationaux assez réduit. L'acte II de la décentralisation en 1996, avec le transfert de la compétence « Environnement » aux collectivités locales, viendra renforcer cette vision et s'accompagnera ainsi d'une multiplication d'initiatives locales comme les conventions locales, les réserves naturelles communautaires ou encore les aires du patrimoine autochtone communautaire.

D'autre part, au niveau international, nous assistons à une reconnaissance des savoirs locaux particulièrement en Inde (Agrawal, 2005) et en Amérique du Sud, qui va être renforcée par l'évolution des conventions internationales. La convention sur la biodiversité de Rio 1992 promeut une plus grande implication des communautés autochtones ainsi qu'un partage juste et équitable des bénéfices issus de la conservation.

Mais les discours hégémoniques et normatifs produits dans les années 1980-1990s sur les démarches participatives, seront vite démantelés par les analyses empiriques sur la participation. Même si dans les années 1990s, un « *important accent a été mis sur la co-production des diagnostics et des décisions* » (Lavigne-Delville, 2013), il demeure que la mise en œuvre des démarches participatives pose toujours des enjeux d'équité, de partage de pouvoir et de « *représentativité* » comme cela se révèle avec le cas d'étude qui est présenté dans ce de texte.

Créée sur délibération de la CR de Toubacouta en 2002, puis officiellement par décret présidentiel en 2004, l'AMP de Bamboung a été initiée dans le cadre du projet « *Naruu Helëk*[18] » et mise en œuvre par l'Océanium sur financement du Fonds Français pour l'Environnement Mondial (FFEM). Elle a été souvent plébiscitée en Afrique de l'Ouest comme un modèle exemplaire de gestion « *communautaire* » d'une aire protégée. Il faut préciser dans ce sens que le classement en AMP de ce bolong fut l'aboutissement d'un long travail de sensibilisation et de la volonté d'un certain nombre de leaders communautaires de préserver l'environnement. Les premières mesures devaient aboutir à la fermeture provisoire du bolong pour une période de six mois. Si certains étaient réticents à cette idée de fermeture, d'autres en revanche semblaient adhérer aux principes de conservation, conscients des « *dégâts de la surpêche* ». L'acceptation de cette décision par les pêcheurs des quatorze villages concernés, en plus d'être liée à une prise de conscience environnementale des pêcheurs devenant ainsi des « *environmental subjects* » (Agrawal, 2005), peut également être mise en relation avec le contexte local. En effet, ce repos biologique était considéré comme une solution face à l'envahissement des pêcheurs étrangers engendrant ainsi des conflits entre « *pêcheurs autochtones et allochtones*» (Dahou, 2010), comme le note FS, pêcheur à Sourou, l'un des quatorze villages qui ceinturent l'AMP : *« L'idée de fermeture nous avait beaucoup intéressés en tant que pêcheurs. Et même cela, nous, on avait commencé à y penser, car on était contre les gens qui venaient hors de cette zone et qui raflaient tout notre poisson. Mais on n'avait pas les moyens de fermer le bolong. C'est pour ça que l'on était contents de l'arrivée de l'Océanium qui nous a aidés à le faire », (Entretien avec FS à Sourou le 10/11/2013).*

Le bolong du Bamboung était traditionnellement exploité par des étrangers notamment par les Serères (*Sereer*)Niominka issus des Iles du Gandoul (Cormier-Salem, 2015) et quelques fois par les Lébous (*Lebu*), dont les techniques de pêche (les filets fixes et les filets mobiles) (Dahou, 2009) étaient jugés nuisibles par les riverains de l'AMP. Si dès le départ, le projet se voulait « *participatif* » et « *inclusif* », il n'en demeure pas

---

18 « *Naruu Helëk*» signifie la part de demain en wolof.

moins qu'il sera très vite confronté à des injonctions contradictoires qui remettront en cause la nature participative de celui-ci.

Une participation inclusive ?

Si un grand nombre des pêcheurs riverains de l'AMP s'accordait sur la nécessité de réguler l'accès au bolong du Bamboung, face à ce qu'ils considéraient comme étant une « *invasion* » des pêcheurs étrangers, leurs attentes par rapport au projet de fermeture du bolong de Bamboung resteront dans l'illusion. En effet, au départ du processus, l'association Océanium, dirigée par l'écologiste Haidar El Ali, avait convenu avec les pêcheurs des quatorze villages d'un repos biologique de six mois, qui par la suite sera prolongé de deux ans. Mais quand en 2004, l'AMP est institutionnalisée par décret présidentiel et officiellement inaugurée par le ministre de l'environnement, à l'époque Modou Diagne Fada, toute idée de réouverture du bolong s'éloigne. Cette décision de fermeture définitive du bolong, portée par l'Océanium, enjeux et ambitions politiques[19] plutôt qu'écologiques.

Cette fermeture définitive du bolong allait susciter de vives tensions. Certains pêcheurs, notamment ceux du village de Sourou, s'étaient révoltés et ont fini par aller pêcher dans le bolong en question après les six mois couvrant la période de repos biologique convenue. Considérant leur acte comme une infraction, ils ont été arrêtés par des écogardes et amenés à Soukouta chez le président du comité de gestion, avant d'être déférés par les agents des parcs nationaux à la gendarmerie de Sokone. Cette situation déclenchera des hostilités ; des pétitions en vue d'une reconsidération de la fermeture définitive du bolong seront lancées par quelques habitants de Sourou, dont FS au niveau des quatorze villages. FS était considéré comme l'un des plus grands pêcheurs de Sourou et il était très actif au moment des négociations pour le repos biologique et faisait même partie du premier Comité de Gestion (CG). Mais à l'annonce de la fermeture définitive, il décida de mener une offensive à travers une pétition. Il sera rejoint par son ami BA qui, de retour de la Russie, est revenu s'installer dans son village natal Dassilamé. Ensemble, ils sillonnèrent l'ensemble des villages de l'AMP, mais la pétition ne récoltera que 200 signatures, car, suite à l'arrestation des gens de Sourou, les personnes, qui s'étaient opposées à la fermeture définitive, s'étaient abstenues, de peur de représailles à leur encontre. Néanmoins, ils la

[19] L'Etat sénégalais venait de s'engager dans un processus de création d'AMP pour honorer ses engagements pris à Durban et à Johannesburg. PRECISER nature de ces réunions

déposeront au niveau des autorités concernées c'est-à-dire à la sous-préfecture, à la Communauté Rurale (CR) et au service des pêches.

Cet épisode dans l'historique de l'AMP du Bamboung contribuera à créer et à renforcer des réticences entre les communautés riveraines et les organes de gestion notamment le CG. Il montre par ailleurs l'importance du consensus sur le projet, son contenu et ses modalités dans toute démarche participative. L'absence de transparence dans la conception et l'application de ces différents éléments, dans le cas du Bamboung, dénote un manque de consensus sur les stratégies et mécanismes de conservation des ressources naturelles. Le projet en question ne faisait pas sens pour tous. Cela remet à jour la problématique du décalage entre participation, demande sociale et construction des problèmes publics. Il témoigne aussi d'une volonté des gestionnaires du projet à faire participer les riverains à un projet, sans qu'il ait un accord sur ce « *à quoi on participe* » et cela pose des enjeux de légitimité du projet.

Une des caractéristiques de l'AMP du Bamboung pourrait être l'hétérogénéité des communautés rurales et la « *diversité des stratégies et pratiques de gestion des ressources* » (Cormier-Salem, 2015). Même si cette diversité a été prise en compte, la démarche participative dans le cadre du Bamboung a été bâtie sur une dichotomie entre « *autochtones* » et « *allochtones* ». Elle s'est structurée géographiquement et non en fonction des pratiques et des activités de gestion. Ainsi la participation à la gestion de l'AMP du Bamboung est réservée exclusivement aux quatorze villages définis comme limitrophes du bolong et les exploitants historiques considérés comme des « *étrangers* » se voient exclus du processus. La participation à l'AMP du Bamboung repose alors sur le principe de l' « *autochtonie* » (Dahou, 2010) dont les contours sont pourtant difficiles à cerner. Les statuts de « *fils du village* » et d' « *étranger* » sont alors les éléments structurants de la participation.

Ainsi, dans le cas du Bamboung, parle-t-on souvent de « *gestion participative mais exclusive* » (Cormier-Salem, 2015). D'ailleurs, cette exclusion ne se limite pas seulement aux étrangers, mais s'applique également au genre. Les femmes qui, traditionnellement, exploitaient les coquillages des mangroves, ont été très peu associées au projet. Si, avec la fermeture du bolong, les pêcheurs ont encore la possibilité de migrer vers d'autres bolongs, les femmes ont très peu la possibilité d'accéder à d'autres bolongs du fait de la distance de leur lieu d'habitation et de leur manque de pirogue.

Un faible partage de pouvoir et de bénéfices

L'avènement de l'approche participative dans l'environnement, s'est accompagné d'un développement de projets, qui incite à la mise en place d'une gestion intégrée ou communautaire des ressources naturelles. Une telle approche suppose également un partage de pouvoir et de ressources (Borreni-Fayerabend, 2009). Elle se traduit souvent par la mise en place de structures qui servent d'interfaces entre la population et la coordination du projet ; souvent ce sont des comités de gestion.

Le premier CG de l'AMP a été formé en 2004 ; il n'y a pas eu véritablement d'élection ou du moins pour ce qui concerne la présidence. Notable dans le Niombato qui s'était très investi dans les campagnes de sensibilisation, Baye Ibou apparaissait comme la personnalité la plus apte à gérer le CG selon les responsables d'Océanium. Employé de la SODEVA, il était très impliqué dans les projets de développement, d'ailleurs c'est pour cela qu'on dit souvent à propos de lui : « *ku meuna andi dara*[20] ». Il avait « *communautairement* » beaucoup d'influence, une forte capacité de mobilisation et surtout était conscient des enjeux de la conservation. Les autres membres du bureau ont été élus par les délégués des quatorze villages.

Mais très vite la gouvernance interne du CG révèle une absence de partage de pouvoir et de responsabilité entre le président et les autres membres élus et de redevabilité envers les communautés locales. La gestion de l'AMP se fait en famille et le président était au centre de tout : « *il payait les employés, on n'a jamais su qui était le trésorier et on ne connaissait personne d'autre du bureau. Il faisait tout seul et sans associer personne, de ce fait les populations des quatorze villages ne savaient rien de ce qui se faisait au Bamboung* » (Entretien avec BA à Dassilamé sérère, le 03/09/2014). D'autre part, malgré l'existence d'un organigramme, la répartition des tâches et des rôles était loin d'être respectée. D'ailleurs, une bonne partie des membres du bureau avait cessé, depuis longtemps, de prendre part aux activités du Bamboung. Dans la même continuité, la gestion du campement, créé pour financer la surveillance et les activités de gestion, tournait autour d'une seule personne le président, qui récupérait les recettes du campement. Il rémunérait les éco-gardes, s'occupait aussi d'effectuer les transactions

---

[20] Une métaphore pour dire que c'était une personne qui était très active dans les projets de développement et savait capter des opportunités économiques.

avec la CR, sans pour autant rendre des comptes aux autres membres du comité ou aux populations riveraines de l'AMP.

Le cas du Bamboung dénote que les démarches de gestion participative des ressources naturelles posent souvent des enjeux d'équité, de partage et qui s'articulent autour des constats suivants : ceux qui participent ne sont pas forcément les principales victimes de la fermeture du bolong ; de même que les instances de gestion ne sont pas représentatifs des communautés locales et ne favorisent pas un partage effectif du pouvoir.

II. Participation cachée et capture de rente : les dessous d'une fabrique de l'élite conversationniste

L'analyse des démarches participatives en sciences sociales doit pouvoir appréhender la problématique de l'injonction participative au-delà des instances et cadres formels définis. Elle doit nous inciter à aller au-delà, à découvrir le sens « *caché* » de la participation (Chauveau et Lavigne-Delville, 2013). Les nombreux appels à la participation et la valorisation des savoirs locaux, qu'ils soient naturels ou culturels, sont ainsi souvent bien reçus par une certaine catégorie d'acteurs locaux conscients des enjeux environnementaux et des opportunités qu'offre la « *manne verte* » (Cormier-Salem, 2015). Ces acteurs locaux se saisissent alors et s'approprient des politiques de conservation de la biodiversité à leur guise.

L'AMP du Bamboung se situe dans une zone où se superpose une multiplicité d' « *espaces protégés aux statuts divers* » (Cormier-Salem, 2015) contribuant ainsi à une ruée de bailleurs de toute nature, des ONG internationales aux associations locales en passant par les organismes internationaux et les coopérations bilatérales. Alors les projets et programmes se multiplient et la démarche participative devient alors une stratégie de captation de ressources matérielles et symboliques comme l'illustrent les deux cas de figure suivants.

L'association inter-villageoise de Dassilamé

L'Association Inter villageoise de Dassilamé (AIVD) fait partie de l'une des nombreuses associations créées en marge du classement du delta du Saloum en patrimoine mondial de l'Unesco. Son histoire est très liée à l'AMP du Bamboung. En effet, son président et fondateur BA était l'un des premiers opposants au classement du bolong en AMP. Il dénonçait souvent une gestion opaque de l'AMP et considérait que les communautés ne profitaient pas suffisamment des retombées économiques de ce classement. Quand en 2009, il est élu conseiller rural à la CR de Toubacouta et se voit attribuer la présidence de la commission environnementale, BA devient aussi le vice président du CG de l'AMP de Bamboung. Mais ce renouvellement de bureau est jugé caduc par l'Océanium et beaucoup des délégués des quatorze villages. S'il n'était pas bien impliqué directement dans la gestion du Bamboung, BA a su développer un projet dit « *participatif* » très en lien avec le Bamboung. Les activités de l'association sont entre autres la gestion de périmètres maraîchers, l'exploitation durable des huîtres à travers les guirlandes et l'apiculture. Cette association bénéficie très rapidement du soutien financier de bailleurs comme Wetlands international, la coopération belge, et est techniquement soutenue par la direction des parcs nationaux et les Eaux et Forêts.

Mais la création de cette association, dont le siège est installé chez BA, va servir de prétexte à ce dernier pour développer sa propre affaire en lien avec l'AMP de Bamboung. Suite au renouvellement du bureau de Bamboung en fin 2013 et le transfert du ponton de départ vers l'Ile de Sippo de Soukouta à Dassilamé, la maison de Ba qui se trouvait à côté de l'embarcadère de départ a totalement été transformée. Elle abrite désormais un campement de trois chambres et accueille souvent des touristes, au départ et en provenance du Bamboung. A côté du campement, se trouve également une boutique, qui propose divers produits dont ont souvent besoin les touristes tel que de l'eau. Une affaire se développe, alors en marge du Bamboung et qui tire profit de la gestion du Bamboung.

Le resto-écotouristique de Sippo

Le deuxième cas de figure concerne l'installation d'un restaurant écotouristique à Sippo. La propriétaire et gérante Fatou est originaire de Saint Louis et s'était installée dans le delta du Saloum suite à son mariage. Avec l'appui de la CR, elle parvient à ouvrir son restaurant qu'elle qualifie « *éc-touristique* ». En arrivant chez Fatou, on[21] est très vite attirées par la gamme de ses produits locaux, allant des confitures aux jus concentrés. Elle a été formée par l'Océanium dont les étiquettes figurent sur les produits proposés par la vendeuse. Ces derniers sont souvent vendus à des touristes ou exposés lors des foires à Dakar. La proximité de sa boutique d'avec le campement écotouristique du Bamboung est l'une des clés de la réussite de son affaire.

---

[21] Mission de terrain de moi-même et de Marie-Christine Cormier-Salem. Mars 2015

Fatou a le discours parfait d'un acteur local, conscient des enjeux de la conservation et de la nécessité pour les communautés locales de valoriser les ressources locales et d'entreprendre un auto-développement. Ce discours attire les clients et séduit les bailleurs. Elle a su se réapproprier le discours sur la conservation et le développement endogène.

Si l'objectif des politiques participatives de gestion des aires protégées est de contribuer à un partage « *juste et équitable* » des retombées économiques issues de la conservation, les cas de BA et de Fatou dénotent l'émergence d'enclaves de microprojets au nom de la participation, en marge du Bamboung. Mais l'absence de redistribution de ressources matérielles et financières générées par ces microprojets vient entacher leur légitimité. Cette utilisation de biens publics à des fins privées (Cormier-Salem, 2015 ; Olivier de Sardan, 1995) a été rendue possible par leurs recours à l'idéologie participationniste et conservationniste. Ces deux cas témoignent également de la formation d'une « *nouvelle élite conservationniste* » (Blaskewitz, 2014), car ce sont des acteurs locaux, ayant un certain « *capital environnemental*» ; c'est-à-dire conscients des enjeux de la conservation tant sur le plan politique qu'économique et ayant souvent des contacts réguliers avec les autorités gestionnaires et les bailleurs de fonds. On pourrait bien y voir une nouvelle forme de courtage (Bierschenk et Olivier de Sardan) à la seule différence que dans ce cas précis, il induit un détournement des réalisations communautaires par ces élites en position de domination temporaire (Balskewitz, 2014).

Conclusion

Les démarches participatives dans le domaine environnemental, si elles ont eu le mérite d'avoir élargi la gestion des aires protégées aux communautés locales, posent également des interrogations nombreuses tant leur mise en œuvre est problématique et influencée par des dynamiques locales imprévisibles. Les études de cas présentées dans cette communication révèlent une multiplicité de formes d'appropriation des démarches participatives que seule une analyse empirique peut dévoiler. Elles témoignent également de la capacité dévoilée ou cachée des acteurs locaux à s'approprier et à ajuster la dynamique de la gestion de l'AMP. Mais, ce ne sont pas tous les acteurs qui sont dotés de cette capacité ou de ce pouvoir : certains, de par leur statut ou leur réseau social, ont plus de capacité que d'autres à agir sur la dynamique de la gestion.

En ce sens, dans le cas du Bamboung, l'idéologie participative contribue à la fabrique d'une élite locale consciente des enjeux de conservation et capable de capter la rente verte. On serait même tenté de parler de « *leadership environnemental*», tant ces individus ont une grande capacité d'infléchir et d'influer sur la gouvernance de ressources. Mais leur statut de leader semble être ambivalent. Il est clair que ces individus, de par leurs stratégies et leurs actions, arrivent à se créer un réseau social assez important, les impulsant davantage à pouvoir ajuster la gestion des ressources naturelles. Mais, en même temps, ces acteurs ne sont pas très bien acceptés et peu légitimes aux yeux des communautés locales. Cela pose également la question de qui participe et qui est légitime à participer ? Dans notre cas, il semble que la participation ne soit pas tributaire du lien que les acteurs entretenaient avec le bolong, mais dans une certaine mesure dépend du « *capital environnement* » des acteurs locaux. Cela constitue ainsi une des principales limites des projets de gestion « participative » des AMP dont l'un des objectifs les plus importants est le partage juste et équitable des ressources issues de la conservation.

Références bibliographiques

Ba, E.D. 2006. « Pour une gestion décentralisée et démocratique des ressources forestières au Sénégal ; la réglementation de la filière du charbon de bois à l'épreuve de la décentralisation: entre discours, lois et pratiques », CODESRIA, Dakar.

Blaszkiewicz, H., 2014. *L'État, c'est personne. » Politiques de conservation, gestion de l'incertitude et crise structurelle de l'État béninois. Le cas du parc du W.* Mémoire de master, Université Paris 1 Panthéon-Sorbonne.

Chauveau, J-P. et Lavigne-Delville, P., 2013. « Développement participatif », *in* Casillo I. avec Barbier R., Blondiaux L., Chateauraynaud F., Fourniau J-M., Lefebvre R., Neveu C. et Salles D. (dir.), *Dictionnaire critique et interdisciplinaire de la participation*, Paris, GIS

Cormier-Salem, M-C., 2015. De la conservation à la concertation. Quelles AMP pour quelle gouvernance territoriale ?" *In* : M. Bonnin, R. Laë et M. Behnassi, eds, Les aires marines protégées ouest-africaines : défis scientifiques et enjeux sociétaux. Marseille : IRD, coll. Synthèses: 97-116.

Cormier-Salem, M-C. et Roussel B., 2005. « De la reconnaissance de patrimoines naturels à la valorisation des savoirs locaux. Premier bilan et perspectives de recherches dans les pays du Sud ». *In* : M.C. Cormier-Salem *et al*, ed, *Patrimoines naturels au Sud. Territoires, identités et stratégies locales* Paris, IRD-MALD-MNHN, coll. Colloques et séminaires : 515-528.

Dahou, T., 2009. « « Gérer l'espace sans gouverner les hommes : le dilemme des Aires marines protégées (Saloum, Sénégal) » Anthropologie et Sociétés, vol. 34, n° 1, 2010, p. 75-93.

Dahou, T. et Ould Cheikh, A.W. 2007. « L'autochtonie dans les Aires marines protégées » Terrain de conflit en Mauritanie et au Sénégal, *Politique africaine*, 2007/4 (108) : 173-190.

Fall, M. ,2001. « Perceptions et gestion de l'espace dans les îles Gandoul et Betenti du Saloum ». Mémoire de DEA

Fall, M ; 2004. « Dynamiques des acteurs et négociations environnementales en réserve de biosphère : le cas du delta du Saloum », *Actes du colloque « Développement Durable : leçons et perspectives » de Ouagadougou.* Eds AUF-OIF, UO, Ouagadougou ; http://www.francophonie-durable.org/documents/colloque-ouaga-a3-fall.pdf

Lavigne Delville, P., 2011. « Du nouveau dans la « participation » ? Populisme bureaucratique, participation cachée, et impératif délibératif » in Jul-Larsen, E., Laurent, P.-J., Le Meur, P.-Y., Léonard, E. (Eds.), *Une anthropologie entre pouvoirs et histoire. Conversations autour de l'œuvre de Jean-Pierre Chauveau,* Paris/Marseille/Uppsala, Karthala-IRD-APAD : 160-187.

Olivier de Sardan, J-P., 1995. *Anthropologie et développement. Essai en socio-anthropologie du changement social*, Paris, APAD – Karthala.

EAU COMME PATRIMOINE. GOUVERNANCE ET PROJETS URBAINS ET DU PAYSAGE DANS LA GESTION DES TRANSFORMATIONS DES TERRITOIRES DES DELTAS

Romeo Farinella[22]

Les problématiques abordées dans cette contribution concernent la réhabilitation urbaine et paysagère des villes fluviales dans des contextes naturels sensibles et délicats comme les deltas. Il s'agit d'une réflexion autour des deux sujets : l'eau comme occasion pour la régénération des zones désaffectées des villes et l'eau comme couloir écologique et culturel reliant ville et territoire. Les réflexions présentées tournent autour de deux cas d'études approfondis ces dernières années dans deux projets de recherche financés par l'UE, qui ont impliqué sept pays européens et concernant la thématique de l'eau dans les stratégies de réhabilitation urbaine. Il s'agit des projets : « Les fleuves comme infrastructures culturelles » et « Eau comme Patrimoine » (Farinella 2005 ; 2013).

Les cas approfondis seront ceux des villes de Comacchio, dans le delta du fleuve Po et de Saint Louis du Sénégal. Il s'agit des situations environnementales et des problématiques urbaines comparables entre elles. En effet, les deux villes sont inscrites dans la liste Unesco du patrimoine mondial de l'humanité et présentent différentes situations de fragilité liée : aux dynamiques des changements climatiques des deltas ; aux pressions liées à les activités touristiques ; à la nécessite de conservation, valorisation, utilisation d'un extraordinaire et très délicat patrimoine urbain et naturel ; aux poussées et pressions de l'urbanisation diffuse sur le littoral et dans le territoire autour des villes. Il s'agit bien sûr de deux contextes historiques, géographiques et socio-économiques très différents mais les conditions locales sont confrontées à des dynamiques désormais globales ce qui rend intéressante leur comparaison.

Le sujet principal de cette réflexion comparative a été ciblé sur le rôle culturel de l'aménagement fluvial dans les stratégies urbaines. Plus précisément, le rôle des composants en même temps naturels et artificiels

[22] Laboratoire CITER, DEPARTEMENT D'ARCHITECTURE, UNVERSITE' DE FERRARA

d’un cours d’eau, dans la réhabilitation et la réorganisation des zones urbaines. Dans le monde, la plupart des habitats humains sont situés, et se sont développés, le long des bassins d'eau comme les fleuves ou les rivières, les estuaires ou deltas, les canaux ou les lacs et lagunes. Il existe donc une grande variété de situations urbaines et géomorphologiques et, en tout cas, dans chaque ville, la présence d'eau a joué un rôle crucial pour:

• sa fondation et détermination de sa structure physique ;

• renforcer son rôle économique et stratégique par rapport à d'autres villes qui a permis le développement d’activités industrielles ou d'infrastructurelles, comme dans le cas des villes portuaires;

• le développement des cultures urbaines fortement influencées par la présence d'eau.

Le débat concernant l'avenir des villes en Europe (mais on pourrait dire du monde entier), tourne autour de quelques thèmes généraux. Tout d'abord, l'idée du développement durable appliqué aux politiques urbaines et du paysage ; deuxièmement, les réflexions autour de la dimension et les limites des villes contemporaines. Il s’agit d’une question complexe car nous sommes en train d’assister aujourd’hui au passage de la dimension de la ville compacte à l'étalement urbain et suburbain ; en troisième lieu, nous pouvons signaler l'importance stratégique prise par les grands projets de réhabilitation urbaine de ces dernières décennies et visant à la relance des villes. Avec la redécouverte et l'extension du concept d'espace public en tant qu’opportunité pour la réappropriation collective des lieux urbains.

Enfin, il faut souligner l’actualité des problématiques concernant les relations entre les villes et la nature. Plus généralement, nous pouvons parler de l'importance des espaces vides dans la reconfiguration de la forme urbaine. L'importance de ce sujet est liée à l'idée de la ville comme phénomène autant écologique que paysager. La réflexion théorique et pratique, concernant les relations entre ville et nature, avec tous les implications sur les problématiques de l'organisation et de la forme urbaine est également conséquente à l’approbation des traités et accords internationaux comme le protocole de Kyoto sur le changement climatique, ou encore la Convention européenne du paysage, ou la Charte de Leipzig sur la ville européenne durable qui nous pousse à travailler dans la perspective de la durabilité et de la sauvegarde et la valorisation des paysages urbains et du patrimoine assumé comme composantes de la ville du futur.

Directement ou indirectement, fleuves et rivières sont une composante majeure de la longue saison de la régénération urbaine. Dans certains cas, les cours d'eau ont fourni un appui à la réorganisation des aires métropolitaines en créant des réseaux de lieux naturels conçus comme des couloirs écologiques et des systèmes d'espaces publics, parfois naturels, parfois artificiels. Dans d'autres situations, les stratégies et les projets se sont concentrés sur des zones urbaines limitées comme peuvent l'être une friche, un quai ou une berge. Pour cette raison, l'analyse des expériences de réhabilitation urbaine, concernant la relation entre les cours d'eau et les villes, nous montre une variété extrêmement articulée d'interventions et d'actions.

Donc, comme nous l'avons déjà dit, quand on parle de réhabilitation urbaine et paysagère des villes d'eau, nous devons nous confronter à deux dimensions urbaines : la première concerne la ville et certains secteurs urbains tandis que la seconde concerne la région métropolitaine, parce que les cours d'eau peuvent être, en même temps, lieux urbains délimités ou couloirs paysagers. Il n'est pas facile de classer les différents projets et propositions en raison de leur complexité historique et naturelle qui est due aux différentes situations qu'ont générées les occasions de la réhabilitation.

Cependant, en regardant les expériences européennes, il est possible de trouver quelques similitudes, si nous analysons les stratégies qu'on peut trouver derrière les différents projets. Un premier groupe est celui des villes où le fleuve a été considéré comme un espace public avec une valeur patrimoniale et historique. Paris, Lyon et Bordeaux sont des exemples emblématiques. D'autres villes, comme Varsovie, Munich et Leicester, ont fait face à des problèmes de réaménagement de zones urbaines à travers des projets et des stratégies fondées sur l'idée du fleuve comme un couloir naturel ou comme un espace à re-naturaliser. Une troisième expérience est celle de Wasserstadt, dans la région métropolitaine de Berlin ou de Hammerby Sjostad à Stockholm, qui nous montrent, au contraire, la capacité des bassins d'eau à accueillir des expansions urbaines de haute qualité environnementale. En tout cas, la stratégie la plus fréquente est la récupération des friches industrielles ou portuaires. Cela est évident en raison de l'intensité des processus d'industrialisation et de construction d'infrastructures qui ont concerné les zones urbaines européennes depuis de nombreuses années. Toutes les grandes villes fluviales européennes appartiennent à ce groupe, dont Londres, Paris, Hambourg, Birmingham, Bilbao et Nantes. Enfin, il existe de nombreux exemples où les cours d'eux ou la présence des canaux historiques peut devenir un facteur d'identité d'un grand territoire et, à ce propos, on peut citer deux cas différents. Premièrement, le cas d'un fleuve qui devient, en même temps, symbole et synthèse de l'histoire d'un territoire, donc paysage culturel. L'expérience de la Loire, en France, est emblématique. Il s'agit d'un paysage en bonne partie classé patrimoine par l'Unesco en raison de sa valeur patrimoniale, urbaine et rurale, en même temps, symbolisé par la présence du fleuve qui a fait connaître le territoire de la Loire, avec ses châteaux et ses vignobles, au niveau local et au niveau mondial. Une situation complètement différente concerne la réhabilitation du bassin industriel et minier de la Ruhr. Le bassin est le résultat d'un processus historique d'industrialisation lourde, fondée sur un système de canaux qui a constitué un réseau infrastructurel et portuaire d'importance primaire. Aujourd'hui, avec une intelligente stratégie de réhabilitation urbaine et paysagère, la Ruhr est devenue un paysage culturel très dynamique comme nous le montre l'expérience de l'Emscher Park. Toutes ces expériences nous montrent que la réhabilitation des villes et des paysages nécessite une vision intégrée des problèmes et des relations entre urbain, nature et paysage. L'écologie urbaine nous vient en aide, la notion d'écosystème est étroitement associée à celle d'interdépendance, en particulier pour les relations entre le fleuve et la ville, que nous intéresse. Un écosystème est un système ouvert, dont la dynamique dépend de ses caractéristiques structurelles et spécifiques, liées à un principe supérieur d'organisation, comme nous l'a enseigné Edgar Morin (1987). Dans un écosystème urbain, la ville est un phénomène hétérotrophe, car il est dépendant des autres, et son métabolisme est extrêmement compliqué. Cette réflexion nous rappelle que la rivière est un écosystème où les espaces urbanisés et naturels sont - où devraient être - interdépendants.

Cette complexité nécessite une évolution des méthodes de gestion, un ajustement des cadres législatifs et un progrès des techniques hydrauliques et d'aménagement. Les actions possibles et nécessaires doivent être compatibles avec la philosophie de la durabilité et avec une approche multidisciplinaire. En 2000, la Conférence URBAN 21 organisée par l'ONU à Berlin a établi les principes suivants de durabilité pour la requalification des villes d'eau :

- *qualité de l'eau :* elle est une condition préalable fondamentale quand on doit récupérer des lieux qui doivent être transformés en espaces publics ;

- *relations et continuité avec la ville existante :* Dans la récupération des friches ou de zones délaissées, il faut avoir conscience qu'elles font partie (ou qu'elles peuvent faire partie) d'un contexte de relations morphologiques et fonctionnelles qu'ils peuvent contribuer à améliorer.

- *l'identité historique :* en raison de processus de construction des villes, les espaces urbains aquatiques sont souvent liés aux processus d'industrialisation et de construction d'infrastructures et donc ils font partie du patrimoine historique architectural et urbain. Pour cette raison, la condition préalable de tout projet de requalification doit être celle de la préservation de ce patrimoine ;

- *projets de mixité :* à travers la réhabilitation on doit créer des lieux urbains avec différentes fonctions publiques et culturelles, résidentielles, commerciales ou artisanales ;

- *les espaces accessibles :* une autre condition essentielle concerne l'accessibilité par le public. Un grand nombre d'activités peuvent être établies dans les quartiers réhabilités et donc l'accessibilité est essentielle pour leur intégration dans le réseau urbain des espaces publics ;

- *partenariats public-privé :* pour atteindre une bonne qualité dans les processus de régénération le partenariat public-privé est essentiel. Les autorités locales doivent fournir aux entrepreneurs des projets guide et des temps clairs, et les entrepreneurs doivent garantir une qualité urbaine et environnementale ;

- *participation :* l'implication des communautés locales et des citoyens dans la transformation et la requalification urbaine sont une condition essentielle pour la durabilité ;

- *des projets stratégiques de long terme :* la requalification des zones urbaines délaissées devraient faire partie d'une stratégie à long terme dans laquelle recadrer toutes les interventions possibles. Sur une longue période de temps, il est possible d'effectuer des interventions de valeurs architecturales et artistiques ainsi que des actions visant à la récupération sociale et environnementale ;

- *les échanges internationaux :* la requalification des espaces urbains nécessite un travail des professionnels de différents domaines avec des échanges constants d'idées et d'opinions. Le partage des connaissances au niveau européen et international est aujourd'hui une pratique courante. Faire partie d'un réseau qui partage une problématique, une spécificité, ou une condition, est une opportunité importante pour les villes de toutes tailles car ils peuvent trouver des solutions adaptées à leurs propres besoins spécifiques.

Les parcours suivi dans l'élaboration des projets européens ont permis de réfléchir à la problématique de l' « eau comme patrimoine », avec les objectifs généraux suivants :

• contribuer à la redécouverte de l'importance des fleuves et des paysages d'eau dans les stratégies de relance et de réhabilitation urbaine et paysagère des villes ainsi que dans la conception et la démarche des projets urbains concernés. Une attention particulière a été portée sur la capacité des fleuves, rivières, et paysages d'eau à contribuer à la création de nouveaux espaces publics, dans les villes en devenant aussi des corridors écologiques, en particulier dans les aires urbaines périphériques. Pour cette raison, dans le projet, la ville et les paysages fluviaux ont été considérés comme « espaces publics » et comme « bien collectif » ;

• diffuser et valoriser les aspects et les composantes patrimoniales, culturelles et naturelles concernant les lieux d'eau ;

• encourager la confrontation entre différentes traditions, *savoir-faire* et méthodes dans les politiques de valorisation des paysages fluviaux, et dans les projets de réhabilitation urbaine et paysagère, au travers d'une comparaison d'expériences (ex : lectures des villes et des paysages, évaluation des politiques de valorisation) et une expérimentation sous forme de projet concernant différents cas d'étude. La démarche « projectuelle », donc, peut être considérée dans les aspects méthodologiques mais aussi comme processus de connaissance de l'histoire des villes et des paysages ;

• offrir des instruments de connaissance et une formation professionnelle aux aménageurs et aux autres professionnels du territoire, en diffusant une "approche complexe et globale" ;

• consolider une culture du paysage à travers différentes activités dédiées aux communautés locales et favorisant les processus d'identification des dites communautés avec leur propre territoire. Et ce en tenant compte des recommandations de la Convention Européenne du Paysage.

Au niveau européen, les projets ont été élaborés selon une démarche fondée sur l'activation d'Ateliers locaux de Projet, en collaboration avec les collectivités territoriales et avec différentes activités exploitées, concernant la réhabilitation et la mise en valeur des paysages fluviaux urbains. Les actions ont été les suivantes :

1. Systématisation de la connaissance existante ;
2. diffusion des connaissances déjà acquises et des résultats des activités des Ateliers ;
3. participation des collectivités locales aux activités du projet et des Ateliers, à travers des procédures participatives.

L'équipe italienne a travaillé sur la réhabilitation du système urbain - aquatique de Comacchio, entre patrimoine, nature et tourisme. Comacchio est une ville lagunaire de 20000 hab. qui passe à 200.000 hab. pendant la saison touristique estivale. La ville a grandi dans les lagunes de Comacchio et, aujourd'hui, elle est le chef-lieu du territoire du Parc régional du delta du Po, dans un territoire classé par l'Unesco comme patrimoine mondial de l'humanité. Il s'agit d'un territoire aquatique avec une complexité composée de canaux, de la mer et de ce qui reste des lagunes. Comacchio est un centre historique très intéressant, avec une morphologie urbaine développée autour de ruelles et canaux, mais en même temps, elle est un des plus importants bassins touristiques et de pêcherie de l'Émilie-Romagne, avec de gros problèmes de requalification urbaine côtière. La complexité, en même temps environnemental, historique et économique, constitue l'atout stratégique du territoire mais aussi le point de faiblesse pour la difficulté d'activer des politiques de développement cohérentes et partageables, capables de relier tous ces aspects. Les stratégies de réhabilitation urbaine et paysagère proposées ont été centrées sur l'importance structurelle des paysages d'eau pour le tourisme et la conservation et valorisation du patrimoine urbain et naturel, en particulier dans la perspective ouverte par les changements climatiques qui toucheront en première ligne les territoires côtiers. Plus en détail, dans le cadre du système urbain-fluvial-côtier de Comacchio- Portogaribalidi-Lido degli Estensi, le projet s'est concentré sur les modalités d'usage du centre historique à travers les canaux et sur la requalification de l'espace vide entre les différentes urbanisations historiques et côtières. Les activités, prévues par le projet européen, ont été développées selon des procédures participatives qui ont permis à tous les acteurs culturels, sociaux et techniques intéressés de contribuer, de manière plus ou moins directe et plus ou moins formelle, au processus de décision. L'objectif poursuivi a été celui de déclencher une dynamique collective d'analyse, de débat, de négociation et de compromis finalisée vers des solutions de projets qui soient satisfaisantes aussi bien en termes culturels, économiques, que sociaux et écologiques. Les procédures participatives changent en raison du type de problème abordé. Pour cette raison, de nombreuses formes de procédures participatives ont été développées. En raison du but culturel, plus que technique, des projets développés nous avons fait appel aux procédures suivantes :

- ateliers multi-acteurs (dans les activités du projet) ;
- audiences publiques ;
- conférences de consensus ;
- « focus group » et forums de réflexion ;
- groupes consultatifs ;
- interfaces experts/décideurs.

L'activité de projet et de création élaborée a été conduite par l'intermédiaire d'une activité interdisciplinaire visant à la confrontation entre les problématiques de la conservation et de la valorisation du patrimoine architectural, urbain et paysager et celle du projet contemporain des nouveaux paysages et espaces urbains publics. L'objectif prioritaire vise à mettre en exergue les facteurs structurants, ingrédients de base d'un projet local orienté vers la connaissance du territoire, de ses cultures et de ses identités. Le premier bénéfice espéré a été de transmettre à tous les acteurs intéressés par la dimension culturelle, sociale, « projectuelle » de la réhabilitation des villes d'eau et des paysages fluviaux : des réflexions, des principes, et des directives, au travers du compendium et des autres actions prévues, afin qu'ils puissent conduire des opérations de transformation urbaine, de valorisation patrimoniale, paysagère et touristique. Le second bénéfice a été de contribuer à la consolidation d'une culture du paysage en favorisant les processus d'identification des communautés locales avec leur propre territoire, en tenant compte des recommandations de la *Convention Européenne du Paysage.*

Comacchio

Comacchio est une petite ville de la région de l'Emilie Romagne qui a grandi, comme on l'a vu, dans un contexte très particulier de marais et lagune. La région est un véritable réseau des villes historiques. L'urbanisation s'est développée sur l'axe de la « via Emilia » : une ancienne route romaine qui joint la ville de Rimini, au sud-est, à

Plaisance au nord-ouest. Toutes les plus importantes villes de la région sont nées sur cette route, à l'exclusion de Ferrare, Ravenne et Comacchio qui ont grandi dans les territoires du delta du Pô. Le territoire de Ferrare est une des parties les plus complexes de la vallée du Pô. Cette complexité a été déterminée par les modifications naturelles de la géomorphologie et pour les transformations humaines qui ont changé radicalement la conformation du territoire. Les transformations du paysage ont été déterminées par les modifications de la géomorphologie fluviale nécessaires pour l'installation humaine sur le territoire. L'assainissement des lagunes commence avec les moines à partir des XIème et XIIème siècles. Un autre période d'assainissement fut mis en place après le XVIème siècle par les Etats ducaux italiens et par la République de Venise. En 1580, à Ferrare, les ducs d'Este commencent à transformer le territoire compris entre le Pô et le Pô de Volano et une grande partie du territoire deviendra agricole. Le drainage des marais sera effectué à travers un réseau de canaux qui est utilisé encore aujourd'hui pour transporter l'eau vers la mer Adriatique. Ces énormes et couteux travaux d'assainissement seront rendus vains après le passage du territoire aux Etats de l'Eglise et l'eau reprendra la suprématie sur la terre. À la fin du XIXème siècle, avec l'invention de la machine à vapeur, l'assainissement des marais deviendra mécanique. Pendant une période de 100 ans dans le territoire de Ferrare, 100.000 hectares des lagunes et marais seront transformés en terrains agricoles et un paysage séculaire des terres et eaux sera effacé.

Dans ce cadre des mutations radicales, la ville de Comacchio a une origine incertaine que commence avant la domination romaine. La ville a grandi sur des îles et canaux dans un milieu lagunaire et a développé des activités liées à la pêche et au commerce du sel. Pour cette raison la ville fut détruite deux fois par Venise, que n'a jamais toléré la formation des grandes villes dans la mer Adriatique. Jusqu'au début du XIX° siècle, il était possible d'arriver à Comacchio seulement en bateau à travers la lagune, et les canaux des marais. Cet isolement prit fin en 1821 quand a été construite la première route par la terre ferme. Maintenant, après les grands travaux d'assainissement du XX siècle, Comacchio est délimitée par la lagune seulement sur sa cote sud. Le centre historique présente encore aujourd'hui une morphologie urbaine d'îles, de rues et de canaux ; mais aujourd'hui cette morphologie « à la vénitienne » est fermée entre des canaux de ceinture et des berges surélevées qui ont découpé les relations entre la ville historique et la lagune résiduelle.

L'expérimentation « projectuelle » réalisée dans la recherche a été synthétisée dans une unique élaboration (map) pour permettre un coup d'œil immédiat sur l'ensemble du territoire intéressé par le projet. Nous n'avons pas la place d'entrer dans le détail du projet et de la démarche de conception et développement qui a été focalisée sur la centralité de l'eau dans les processus d'aménagement et de régénération de la ville et du territoire ; et donc l'eau comme : espace publique ; infrastructure de transport ; facteur clef pour le développement économique ; composante structurelle de la gestion hydraulique du territoire ; composante du paysage ; élément de l'environnement naturel et nœud écologique. Donc une utilisation savante et complexe de la ressource « eau » dans les stratégies d'aménagement et dans les opportunités de régénération urbaine.

Saint Louis du Sénégal

L'Afrique a été considérée longtemps comme un continent essentiellement rural mais aujourd'hui il est en train de s'urbaniser à un rythme très rapide. Un des sujets qui apparaît relevant pour beaucoup de villes africaines est surement celui du patrimoine urbain et architectural. L'histoire riche et complexe des villes africaines préfigure différentes problématiques concernant les relations entre la culture du patrimoine et le problématique de la régénération urbaine comme nous le montre clairement le cas de Saint Louis du Sénégal. Depuis 1950 la population africaine a été plus que quadruplée ; aujourd'hui elle dépasse le milliard et en 2050 elle aura franchi le cap des deux milliards. Dans ce cadre, aujourd'hui la moitié de la population du Maghreb et 1/3 de la population de l'Afrique Subsaharienne vivent en ville. Ce processus d'urbanisation tumultueuse a déterminé une accélération des changements sociaux et une difficulté ou incapacité, de contrôler le développement de la ville et les transformations des espaces urbains. Les villes soumises à une croissance démographique aussi forte ont perdu le contrôle de leur espace et elles n'ont pas réussi à élaborer des plans d'aménagement apte à rationaliser l'organisation et l'espace urbain, en travaillant sur les infrastructures, les services, l'organisation des tissus urbains, la sauvegarde du patrimoine urbain historique. Souvent les villes se sont agrandies à travers des quartiers informels qui rarement ont été assainis. Donc l'Afrique est en train de devenir un continent urbain en grande mutation, où les inquiétudes dérivant de dynamiques urbaines impétueuses et gestions chaotiques sont aujourd'hui entrelacées avec les mutations des milieux naturels où les aires urbanisées sont localisées. Les perspectives des changements climatiques, avec la remontée du niveau des océans, constituent un scenario problématique pour toutes les villes grandies sur la mer ou dans les lagunes intérieures.

Saint Louis du Sénégal a été reconnue patrimoine de l'Humanité en 2000. Fondée par les colons français, la ville a grandi sur des îles dans la section terminale du delta du fleuve Sénégal. Comme beaucoup d'habitats urbains dans le monde, la ville est un lieu de transition entre terre, fleuve et mer, construite dans un site difficile qui lui confère son charme et sa faiblesse (Dozon, 2012 ; Sinou 1993). Dans sa partie terminale, le fleuve est séparé de l'océan par la *Langue de barbarie* : une étroite bande de sable d'environ trente kilomètres de long avec un parc national et le quartier de pécheurs de Guet Ndar. Le parc de la Langue de Barbarie avec le parc du Djoudj, localisé au nord de la ville, à la frontière avec la Mauritanie, constituent un système naturel d'intérêt international, avec une extraordinaire présence d'avifaune. Aujourd'hui la ville est confrontée à trois problèmes extrêmement complexes. Le premier concerne les urgences liées aux changements climatiques, aux risques hydrauliques et à la nécessite de sauvegarder l'équilibre entre côte, dynamiques fluviales et défense des établissements urbains du littoral ; pour ceux-ci il s'agit aussi valoriser et sauvegarder l'extraordinaire patrimoine architectural et urbain de la dégradation, ce qui constitue le deuxième problème. Enfin le troisième problème concerne les dynamiques économique, sociale, environnementale liées aux processus d'urbanisation du continent africain, souvent impétueux. Au niveau local, il s'agit de sauvegarder un milieu naturel et culturel qui constitue une ressource primaire pour le pays entier. L'équilibre entre les différentes composantes du système urbain/naturel constitue un atout de première importance pour un aménagement urbain et territorial durable capable de valoriser stratégies et actions, point de force et faiblesse et centré sur les relations entre nature et histoire, qui constitue le caractère distinctif de ce territoire. Aujourd'hui le paysage et l'environnement du fleuve Sénégal ont été affectés par les effets de la pollution causée per les activités productives, domestiques et agricoles. Le fleuve est une ressource extraordinaire en termes de pêche, irrigation, eau potable, tourisme mais il doit escompter une pollution forte dérivant de l'utilisation massive des pesticides en agriculture, des décharges de l'industrie agro-alimentaire et de la dispersion des ordures solides et du plastique. Les changements climatiques avec l'érosion des territoires côtiers et la remontée de l'eau de l'océan rendent très vulnérables les territoires côtiers en favorisant les phénomènes érosifs, les inondations, l'intrusion saline, la disparition des mangroves. Saint Louis du Sénégal, ancienne capitale de l'Afrique Occidentale Française, est aujourd'hui une ville d'environ 220.000 habitants, mais les prévisions démographiques nous parlent d'un dépassement prochain du seuil des 500.000 habitants. Sa densité urbaine considérable est une de plus hautes du monde en particulier dans le quartier des pécheurs de Guet Ndar où 35.000 habitants vivent sur 2 kilomètres carrés, avec plusieurs générations qui partagent la même maison et qui tournent pendant la journée pour dormir. La famille sénégalaise présente souvent une organisation polynucléaire qui, ajoutée à la pratique diffuse et permise de la polygamie, renforce la propension au regroupement familial et donc au partage des habitations.

Le géographe Mouhamadou M. Diakhaté (2007; 2013) nous a fourni une description efficace de ces conditions extrêmes. Si Saint-Louis est devenue une ville d'eau par excellence, cela s'est produit par force du fait du contexte géomorphologique que nous avons décrit. L'île est caractérisée par un relief faible conditionné, comme nous l'avons vu, par les dynamiques fluviales. La construction des digues a permis de régler le cours du fleuve mais le souvenir des inondations est encore bien présent entre la population. De toutes façons, comme le relève Diakhaté, malgré toutes ces difficultés, une ville historique a prospéré, en réussissant pendant le temps à contrôler les dynamiques fluviales. La ville est articulée autour de trois polarités : la vieille ville de Saint Louis, qui correspond à la ville coloniale développée sur l'île de Ndar ; le quartier des pécheurs Guet Ndar et enfin celui de Sor, grandi dans une île intérieure du delta et connectée à la ville colonial par un pont métallique, avec plusieurs arcs et qui constitue la seule voie qui met en communication les trois parties urbaines. Il ne faut pas oublier, par contre, la consolidation d'une zone urbaine linéaire toujours plus visible et dense entre Sor et le campus universitaire. Aujourd'hui, les défis qui engagent la ville apparaissent fascinants et difficiles en même temps. L'ancienne capitale a vécu une longue période de déclin après le déplacement des principales activités directionnelles vers Dakar, mais elle peut encore jouer un rôle important, dans la géographie urbaine du Sénégal et dans les relations avec des pays comme la Mauritanie et le Mali. Il s'agit de renforcer et valoriser ses activités économiques et touristiques ainsi que l'Université. Du reste, la ville peut vanter un patrimoine urbain et des paysages d'eau qui la rendent unique dans le panorama de l'Afrique occidentale. Les défis environnementaux, économiques et culturels qu'elle doit affronter demandent la construction d'une vision capable de relier stratégies générales et projets urbains spécifiques. Autour de quels points peut-on construire une telle vision ? Ils sont multiples et ont déjà émergé dans les réflexions précédentes. Il s'agit du caractère exceptionnel du site naturel ; de la valeur ajoutée liée à l'histoire de la ville et sanctionnée par la reconnaissance de l'Unesco ; du rôle potentiel d'une ville africaine historique, culturelle et multipolaire ; et enfin des potentialités économiques liées à la pêche, à la production agro-alimentaire et au tourisme.

Les hypothèses projectuelles menées dans la recherche « Eau comme patrimoine » et concernant Saint Louis, sont au nombre de deux. La première se concentre sur la non-utilisation du plan d'eau du fleuve comme réseau[23], afin de favoriser les déplacements entre les différents quartiers de la ville, aujourd'hui connectés par un seul pont. L'utilisation la plus directe que nous pouvons attribuer au fleuve est le développement du transport public urbain en utilisant l'eau pour relier et non plus pour diviser. Saint Louis est une ville archipel mais qui a perdu, au-delà de la pêche, son rapport avec l'eau. Le manque d'usage du fleuve dans la pratique quotidienne représente une limite forte pour la ville mais, en même temps, une potentialité à structurer et renforcer dans l'avenir. La mise en relation directe des différents pôles urbains en utilisant le plan d'eau, représente aussi une opportunité pour relancer des opérations de réhabilitation des secteurs urbains abandonnés ou défavorisés comme la friche portuaire présente dans la partie nord de la vieille ville. Avec des bateaux hybrides ou électro-solaires et de petits quais modulaires en plastique recyclé, le respect de l'écosystème fluvial est garanti en favorisant le déplacement des gens, des marchandises et des ordures. Les actions-clés qui peuvent être réalisées, avec cette intervention, sont les suivantes :

1. mettre en relation directe les différentes polarités urbaines et favoriser des projets de réhabilitation urbaine dans des zones d'importance structurelle pour la ville, comme l'ancien port et les quais abandonnés, en favorisant aussi les déplacements touristiques ;

2. nettoyer des ordures les berges fluviales, et donc la ville entière, en les transportant à travers la voie d'eau vers les zones de décharges ;

---

[23] Le developement de ce propostion est contenu dans la Memoire de fin d'etude de Clementi Alice et Dorato E., *RésEAU. Saint Louis du Sénégal: una rigenerazione che parte dal fiume*, tutor: Prof. Romeo Farinella, Departement d'Architecture, Université de Ferrare. Le memoire est consultable dans le site: https://issuu.com/alice. clementi/docs/reseau.

3. décongestionner l'intense trafic existant en rendant la ville plus libre des véhicules en contribuant à la diminution de la pollution ;

4. redécouvrir la beauté du fleuve, de son histoire et importance, en retrouvant un rapport visuel et physique avec cet élément naturel et identitaire du paysage saint-louisien, nécessaire aussi pour développer un tourisme durable.

La deuxième hypothèse projectuelle[24] a concerné la réactivation des relations entre la vieille île et le quartier des pécheurs à travers la valorisation du petit-bras du fleuve. Il s'agissait d'un processus de régénération urbaine centré sur la réorganisation des activités productives sur les deux berges. L'idée, discutée avec les autorités locales et les associations, a été celle de transformer le bras en un « boulevard fluvial » : une sorte de promenade aussi bien pour les activités que pour le loisir. La proposition est structurée sur une série de séquences nécessaires pour réaménager les activités de la pêche, les petites activités de l'agriculture le long du fleuve, en permettant de se promener.

En concluant cette réflexion, on peut dire que malgré les risques, la ville et son territoire présentent un potentiel de développement extraordinaire. Il faut transformer la ville en un laboratoire grandeur nature pour expérimenter, dans le cadre des politiques du Sénégal, des solutions au niveau de la rénovation, la réhabilitation, l'innovation capable d'anticiper les problématiques posées par les changements climatiques, avec la conscience d'avoir entre les mains une ville-patrimoine exceptionnelle. Mais comme nous l'a enseigné André Chastel (2012), l'histoire nous oblige à un peu de complexité et celle-ci est la base de la durabilité.

---

[24] Le developement de cette proposition est contenu dans le Memoire de fin d'etude de Marcelleti M., Torrisi R., Zappalà C, Au fil du fleuve. L'argine del fiume Senegal da limite urbano ad arteria produttiva della città; tutors: Proff. Romeo Farinella; Daniele Pini, Departement d'Architecture, Université de Ferrare. La memoire est consultable dans le site:
https://issuu.com/marcomarcelletti/docs/au_fil_du_fleuve_-_parte_1 -
https://issuu.com/marcomarcelletti/docs/au_fil_du_fleuve___parte_2

Références bibliographiques

Chastel A., 2012. *Architecture & Patrimoine,* Paris, Editions du Patrimoine

Diakhaté, M. M., 2007. « Des limites intra-urbaines aux frontières de la ville de Saint-Louis. Contribution à la cartographie diachronique des évolutions spatiales de l'implantation coloniale française à nos jours », in *; La ville sénégalaise. Une invention aux frontières du monde,* Piermay J-L. ; Sar C., (Eds) 2007, Paris Karthala, Paris 2007.

Diakhate M. M, 2013. « Prospective urbaine et changement climatique : la ville de Saint Louis du Sénégal face au défi de la durabilité », in *Acqua come patrimonio. Esperienze et savoir-faire nella riqualificazione delle città d'acqua e dei paesaggi fluviali,* Farinella R., (Eds) 2013, Roma, Aracne editrice

Dozon J-P., 2012. *Saint-Louis du Sénégal,* Paris Karthala

Farinella R., (ed) 2005, *I fiumi come infrastrutture culturali-Rivers as cultural infrastructures,* Bologna, Ed. Compositori ;

Farinella R., (ed) 2013, Acqua come patrimonio. Esperienze et savoir-faire nella riqualificazione delle città d'acqua e dei paesaggi fluviali, Roma, Aracne editrice

Morin E., 1987/ Le défi de la compléxité*,* in *Lettre Internationale*, 12, printemps, p4-7

Sinou A., 1993. *Comptoir et villes coloniales du Sénégal. Saint Louis, Gorée, Dakar,* Paris, Karthala - Orstom

LA GOUVERNANCE PAR LA RÉGULATION DANS LES STRUCTURES INFRA-ÉTATIQUES : QUELLES PERSPECTIVES DANS LA GESTION DES COLLECTIVITÉS LOCALES DU DELTA DU FLEUVE SÉNÉGAL

Elisabeth Ndew Diouf[25]

Résumé

La gouvernance est *«un régime politique basé sur un modèle libéral démocratique qui protège les droits de l'homme et les droits civiques combinés avec une administration compétente non corrompue et responsable*[26] *»*. Elle est également décrite comme *« l'ensemble des moyens par lesquels une communauté se donne une direction face à l'avenir »*[27] en y incluant *« la reconnaissance de la multitude des acteurs – individus, organismes et agences qui prennent part aux décisions pour lui donner une direction »* [28] Le terme de gouvernance est donc polysémique (gouvernance locale, rurale, participative, de bonne gouvernance[29], etc.). Chacun de ces termes renvoie à des réalités variées. Mais à l'évidence, l'expression « gouvernance par la régulation » est récente, évolutive et soulève un certain nombre d'enjeux qui, en ce qui touche les collectivités locales, peuvent être appréhendés à trois niveaux.

---

[25] Doctorante à l'UFR Sciences Juridiques et Politiques de l'Université Gaston Berger de Saint Louis du Sénégal, Laboratoire d'Etudes et de Recherches en Décentralisation et Développement Locale.

[26] A LEFTWICH, 1993, *« Governance, démocracy and developpement in the Third World »,* Third World Quaterly, Vol.14, N° 3, PP 605-624.

[27] A. Caroline, « la gouvernance locale », in Relations, 2000, PP. 75-77

[28] OP. cit note 4

[29] La notion de bonne gouvernance est souvent assimilée à celle de bonne gestion des affaires publiques. Il renvoie à « la gestion transparente et responsable des ressources humaines, naturelles et financières en vue du développement équitable et durable. Elle implique des procédures de prise de décisions claires au niveau des pouvoirs publics, des institutions transparentes et soumises à l'obligation de rendre compte, la primauté du droit dans la gestion et la répartition des ressources. La bonne gestion des affaires publiques nécessite également la mise en œuvre de mesures visant en particulier la prévention et la lutte contre la corruption ». Article 9 paragraphe 3 de l'Accord de Cotonou du 23 Juin 2000.

Le premier est relatif à la gouvernance institutionnelle et politique ; il concerne la gestion des services publics de secteurs d'infrastructures (l'eau, l'électricité, les télécommunications...). Le second niveau a trait à la gouvernance économique et, plus particulièrement, celle du marché. Et, généralement, les secteurs soumis à la régulation sont ceux qui sont essentiels et fondamentaux pour le bien-être des populations entre autres (le foncier, l'environnement). Quant au troisième niveau, il concerne la gouvernance participative, qui inclut l'association des populations à la gestion des affaires locales et à la prise de décision. Elle implique une sorte de régulation inclusive qui donne aux maillons faibles les garanties d'exister et de s'affirmer avec ; comme objectif ; la recherche de l'efficacité dans la gestion publique.

Au demeurant, malgré son importance, cette problématique récente est très insuffisamment comprise et appliquée dans les collectivités locales du delta du fleuve Sénégal. Bien qu'elles soient des entités pilotes surtout concernant les politiques foncières, ce que l'on remarque souvent, ce sont des documents sectoriels, ou des études de cas sur la bonne gouvernance, mais qui n'intègre pas la régulation. Ces derniers traitent dans la majorité des cas de la régulation économique de manière globale ou de la bonne gouvernance, mais généralement du point de vue de leur mise en œuvre au niveau étatique. Ils contiennent souvent des informations sur les collectivités locales, mais il s'agit plus de données fragmentaires dont l'approfondissement tarde à se réaliser. La nécessité systématique d'une synthèse et d'un approfondissement de ces études donne donc toute sa pertinence et sa raison d'être à l'étude du thème dans le cadre infra étatique ainsi choisi. Dans cette perspective, il se pose la question d'une mise en œuvre de la gouvernance par la régulation dans les collectivités du delta en termes de perspectives d'amélioration et de restructuration des instruments de gestion locale. Autrement dit, la théorie de la gouvernance par la régulation, récemment développée dans le cadre international et étatique pour l'examen de l'usage des pouvoirs, l'utilisation des prérogatives gouvernementales et l'évaluation des rapports entre les organes de gouvernement, apporte-t-elle un éclairage utile et instructif sur la gestion des structures infra-étatiques ? En réponse, cette étude permet de prendre en compte les nouveaux paradigmes liés à la bonne gouvernance, à la démocratie locale et participative, à la décentralisation, mais surtout d'intégrer plus efficacement les questions de transparence dans les politiques de développement local en cours dans les collectivités concernées. Nous insisterons sur notre expérience à partir d'indicateurs collectés sur 4 collectivités du delta à savoir Ronkh, Ross-Béthio, Gandon et Diama.

Introduction

« Les Africains seraient-ils réfractaires à toute idée de gouvernance ? Nous ne croyons pas, cependant, il est important de noter que tel qu'il est exporté et reçu actuellement, le concept de gouvernance est une étrangeté véhiculée par les institutions internationales et les partenaires extérieurs : il s'agit d'une approche financière et comptable qui réduit la gouvernance à une dimension technique et à une recherche d'efficacité (...) La gouvernance envisagée sous l'unique forme, écrite et rationalisée, en somme occidentalisée, n'intègre pas les logiques locales, la raison juridique de ces peuples. (...) D'essence technolibérale (...), cette gouvernance utilitariste est-elle capable de se développer positivement en Afrique » (Eseng'Ekeli, 2005 : 198-199) Ces propos sont l'affirmation que la transparence, la gestion prévisionnelle, et la recherche de l'efficacité sont des vertus de la bonne gouvernance et de la régulation[30]. En même temps, elle montre que l'effectivité de ces réalités n'est pas encore acquise dans le contexte africain et en particulier dans la gestion et le contrôle des collectivités locales africaines. En effet, la prise de conscience résultant de l'intégration de la notion de bonne gouvernance dans le nouvel élan pour le développement de l'Afrique, destinée à garantir la transparence et la sécurité dans la gestion des administrations publiques, reste très timide dans l'administration décentralisée en raison des problèmes liés à la mise en œuvre de la décentralisation elle-même. S'il apparait ainsi que le concept de gouvernance est incontournable dans la sphère locale et investit plusieurs domaines, l'absence de compétences en la matière et d'une bonne connaissance des concepts est souvent source de difficultés nécessitant une réadaptation constante de la législation aux nouveaux modes de gestion.

Clarification conceptuelle :

La gouvernance par la régulation dans les collectivités locales est une variante de la régulation développée au niveau international mais applicable au plus petit échelon. Transcendant les frontières, elle est le vecteur de la bonne gouvernance économique, institutionnelle et

[30] Préambule de la Charte Africaine de la Démocratie des Elections et de la Gouvernance adoptée en 2007.

politique en Afrique en étant au cœur des échanges et de l'aide au développement. Aujourd'hui, elle peut permettre l'affirmation des gouvernances africaines par rapport au reste du monde en assurant leur restructuration « par le haut » notamment au niveau des espaces communautaires et « par le bas », par le biais d'une approche professionnelle de la décentralisation.

Par définition, la gouvernance est *«un régime politique basé sur un modèle libéral démocratique qui protège les droits de l'homme et les droits civiques combinés avec une administration compétente non corrompue et responsable* [31] *»*. Elle est également décrite comme *« L'ensemble des moyens par lesquels une communauté se donne une direction face à l'avenir »* [32]en y incluant *« la reconnaissance de la multitude des acteurs – individus, organismes et agences qui prennent part aux décisions pour lui donner une direction »*[33]

Le terme de gouvernance est donc polysémique. On parle de gouvernance locale, rurale, participative, de bonne gouvernance[34], etc. Chacun de ces termes en lui-même renvoie à des réalités variées. Mais à l'évidence, l'expression gouvernance par la régulation est récente, évolutive et soulève un certain nombre d'enjeux qui, en ce qui touche les collectivités locales, peuvent être appréhendés à trois niveaux. Le premier est relatif à la gouvernance institutionnelle et politique, il concerne la gestion des services publics de secteurs d'infrastructures (l'eau, l'électricité, les télécommunications...). Le second niveau a trait à la gouvernance économique et plus particulièrement, celle du marché. Et, généralement, les secteurs soumis à la régulation sont ceux qui sont essentiels et fondamentaux pour le bien-être des populations entre autres. Quant au troisième niveau, il concerne la gouvernance participative, qui inclut l'association des populations à la gestion des affaires locales et à

---

[31] A. LEFTWICH, (1993), « Governance, democracy and development in the Third World »*, Third World Quarterly*, Vol.14, N° 3, PP 605-624.

[32] A. Caroline, « la gouvernance locale », in *Relations*, 2000, PP. 75-77

[33] Op. cit. note 4

[34] La notion de bonne gouvernance est souvent assimilée à celle de bonne gestion des affaires publiques. Elle renvoie à « la gestion transparente et responsable des ressources humaines, naturelles et financières en vue du développement équitable et durable. Elle implique des procédures de prise de décisions claires au niveau des pouvoirs publics, des institutions transparentes et soumises à l'obligation de rendre compte, la primauté du droit dans la gestion et la répartition des ressources. La bonne gestion des affaires publiques nécessite également la mise en œuvre de mesures visant en particulier la prévention et la lutte contre la corruption ». Article 9 paragraphe 3 de l'Accord de Cotonou du 23 Juin 2000.

la prise de décision. Elle implique une sorte de régulation inclusive qui donne aux maillons faibles les garanties d'exister et de s'affirmer avec comme objectif la recherche de l'efficacité dans la gestion publique.

Dans ce sillage, les réactions de la doctrine dans le domaine de la gouvernance au sein des collectivités locales sénégalaises semblent nombreuses et diverses[35]. Cependant, ce que l'on remarque souvent, ce sont des documents sectoriels, ou des études de cas sur la bonne gouvernance, mais qui n'intègre pas la problématique de la régulation notamment dans les collectivités locales. Toutefois, même s'il s'agit plus de données fragmentaires dont l'approfondissement tarde à se réaliser, l'intérêt pour cette nouvelle thématique existe. La nécessité systématique d'une synthèse et d'un approfondissement de ces études donne donc toute sa pertinence et sa raison d'être à l'étude du thème dans le cadre infra-étatique ainsi choisi. Cette étude s'inscrit donc dans une dynamique de prise en compte des nouveaux paradigmes liés à la bonne gouvernance, à la démocratie locale et participative, à la décentralisation, mais surtout à l'intégration plus efficace des questions de transparence dans les politiques de développement local en cours. Selon Anne Marie Frison Roche, *« Si l'on resserre un peu plus le sens donné à la régulation, on découvre l'idée qu'elle met en distance la personne titulaire du pouvoir et l'exercice que celle-ci en fait : la régulation contraint le détenteur d'un pouvoir à suivre des règles dans l'usage qu'il en fait »*[36]. Ce faisant, la gouvernance par la régulation est le nouvel outil dont

---

[35] Voir à ce propos RIBOT J. C., 2002. La décentralisation démocratique des ressources naturelles. Institutionnaliser la participation populaire. Institut des Ressources mondiales World Resources Institute (WRI), Washington
TOURE I., A. BAH, P. D'AQUINO, I. DIA, (2004). Savoirs experts et savoirs locaux pour la collaboration d'outils cartographiques d'aide à la décision. Cahiers Agricultures 13 : 546-53 ; TRAORE S., 1997. « Un cas de prise en compte réussie du droit foncier coutumier par la politique étatique : l'affectation concertée des périmètres villageois dans la Haute vallée », in Actes du Colloque Saint-Denis Ile de la Réunion, pp. 301- 305. ; TRAORE Samba, « Quelles contributions de la décentralisation à la résolution des conflits liés à la gestion du pouvoir et des ressources naturelles », in *relance du développement local au Sénégal*, Harmattan, 2011, 269p. ; WANE M., 1983. « Les enjeux fonciers dans la vallée du Sénégal », in B. Crousse, E. Le Bris, E. le Roy (éds.) Enjeux fonciers en Afrique noire, Paris, ORSTOMKarthala, 427 p. Espaces disputés en Afrique noire.

[36] Définition du droit de la régulation économique, Marie-Anne Frison-Roche, professeur des Universités à Sciences Po, directeur de la chaire Régulation voir également M.-A. Frison-Roche, La régulation, objet d'une branche du droit, in « Droit de la régulation : questions d'actualité », n° spécial des *Petites Affiches*, 3 juin 2002, p. 3-7

disposent les collectivités locales pour s'assurer d'une meilleure prise en charge de l'intérêt local. Ainsi, au-delà de ces positions doctrinales qui ont leur pertinence, il convient d'examiner de près, au niveau national et décentralisé, les structures et les services, leur capacité à répondre aux attentes des populations en éclairant les compétences et les connaissances disponibles pour une intégration réussie de la régulation dans toute activité des collectivités locales et une amélioration de la démocratie participative. Aussi vise-t-elle à trouver aux collectivités locales maillons faibles de l'organisation, une garantie de leur viabilité qui est souvent entamée par des entités internationales à la fois monopolistique et tentaculaire (les Cartels, les puissances mondiales, etc.).

Puisque de nos jours, selon Mescheriakof, *« le monde social est dominé par la loi du but, qui elle-même détermine la notion de valeur, un acte humain ne peut valoir que par le but qui le détermine.*[37] *»* Il apparait donc que la gouvernance par la régulation revêt un regain d'intérêts. Pour autant, l'on se doit de garder une certaine circonspection à l'égard des apparences et des termes employés pour rechercher une certaine nature objective des institutions et entités infra-étatiques que l'on étudie. Ainsi, au-delà des mots, il conviendra de s'interroger. Pour qu'il y ait gouvernance par la régulation au niveau local, les instruments et stratégies traditionnels seront réadaptés et cela passera par une restructuration des rapports entre acteurs et une nécessaire réévaluation du dispositif juridique, politique et institutionnel. Plus précisément, nous prenons ici en exemple quatre Collectivités locales qui, après cinq années de préparation et de déroulement d'un projet de mise en œuvre de la sécurisation foncière, tentent aujourd'hui de capitaliser les acquis d'un modèle de gouvernance par la régulation foncière.

Contexte d'émergence de la gouvernance par la régulation dans le delta du fleuve Sénégal : collectivités de Gandon, Diama, Ross-Béthio et Ronkh

Ces collectivités locales, que sont Gandon, Diama, Ross-Bethio et Ronkh, appartiennent à la zone deltaïque du fleuve Sénégal, plus précisément à la partie occidentale de la région de Saint-Louis entre Richard-Toll et Saint-Louis. Ces communes, traversées d'est en ouest par le fleuve Sénégal, connaissent d'importantes dynamiques démographiques, agricoles et foncières.

---

[37] Alain Serge Mescheriakoff, le service public selon Léon Duguit, colloque Galatasarai, p 49

Cet espace regroupait une population totale de près de 110 000 habitants en 2013 avec 51 % d'hommes et 49 % de femmes, selon le RGPHAE[38] de la même année. Cette démographie a connu une grande dynamique dans la mesure où elle était d'environ 81 730 en 2002 alors qu'aujourd'hui, en 2016, elle est estimée à 120 000 habitants (selon RGPHAE de 2002 et projections 2016 de l'ANSD[39]) (Tableau 1)

Tableau 1 : Situation démographique des quatre communes en 2013

COMMUNES	HOMMES		FEMMES		ENSEMBLE
	Effectif	%	Effectif	%	
Gandon	20 892	51	19 871	49	**40 763**
Diama	17 459	50	17 370	50	**34 828**
Ross-Béthio	6 137	53	5 451	47	**11 588**
Ronkh	11 076	51	10 517	49	**21 593**
ENSEMBLE	**55 564**	**51**	**53 209**	**49**	**108 772**

Source : RGPHAE, 2013

La population est composée en majorité de l'ethnie wolof, ce qui est le résultat de l'ancienneté de son implantation dans le cadre du royaume du Walo dont les limites épousent celles du delta. On y rencontre également divers groupes linguistiques dont les plus représentatifs sont les pasteurs Peulh et les Maures occupant l'interface sénégalo-mauritanien.

Ces populations composites sont attirées et ont profité des opportunités agro-écologiques locales offertes par la présence du cours d'eau. De régime pluvial (alimenté par les pluies), le fleuve Sénégal alterne entre crues et décrues, et ce processus a participé à mettre en place un environnement naturel riche propice au développement d'une économie agro-halio-pastorale diversifiée : l'agriculture irriguée (riziculture et maraichage), de décrue et sous pluie (mil, sorgho, maïs) autour du fleuve, en même temps que l'élevage et la pêche fluviale (Camara, 2013 ; Magrin et Seck, 2009). Ainsi, le delta du Sénégal, abritant les quatre communes de l'étude, se caractérise par un fort potentiel foncier dont celui irrigable est estimé à plus de 115 000 hectares de terres par la Société d'Aménagement des Terres du delta (SAED) en 2013, soit plus de 50 % des potentialités agricoles de la Vallée.

[38] Recensement Général de la Population, de l'Habitat, de l'Agriculture et de l'Elevage.

[39] Agence Nationale de la Statistique et de la Démographie.

Reconnu dès le 19e siècle par l'administration coloniale d'antan (TOURTE, 2005), ce potentiel foncier fait l'objet de beaucoup d'enjeux aussi bien pour son exploitation que pour sa gestion. La situation s'est surtout accélérée à partir des années 1970 et la récurrence des sécheresses climatiques entre 1968 et 1983 (CROUSSE et al, 1991). En effet, la baisse des pluviométries ayant affecté les stocks vivriers et les économies locales au niveau national, le delta, tout comme le reste de l'ensemble de la vallée du Sénégal, est paru comme un espace susceptible de porter le développement agricole du pays. C'est dans ce contexte que l'Etat a accéléré la dynamique de la riziculture irriguée dans la zone et que l'OMVS a construit en 1986 le barrage anti-sel de Diama. L'augmentation des périmètres irrigués qui s'en suivit, bouleversa durablement les systèmes productifs autrefois intégrés, par l'obstruction que font les casiers rizicoles aux couloirs de passage du bétail et par la perturbation de l'écologie fluviale (Ba, 2007).

Dans le même temps, la politique nationale de désengagement de l'Etat de certaines fonctions de l'économie (transfert des aménagements, privatisation de services agricoles, etc.) et le reversement des zones pionnières dans les terroirs en 1987, ouvrent le delta à de nouveaux acteurs privés en plus de la CSS à côté de la SAED. Par conséquent, les GIE écloses en grand nombre autour des années 1990, en reprenant l'exploitation des rizières de la SAED et parallèlement des opérateurs privés, font leur entrée dans les différents secteurs du développement agricole local (D'Aquino *et al.*, 2000 ; Bélières *et al.,* 2002). Dans le domaine de la gestion des ressources locales également, on assiste à un rôle de plus en plus important des collectivités locales qui, en 1996[40] déjà, sont dépositaires de la gestion des ressources foncières même si l'Etat garde toujours la prérogative du contrôle *a posteriori*. Mais aussi dans l'exploitation tout autant que dans la gestion du foncier, des acteurs non étatiques sont intervenus pour appuyer les acteurs locaux à travers différents projets et programmes de développement : le programme d'appui aux communes Rurales de la vallée du Fleuve Sénégal (PACR), le Millenium Account Sénégal, Naatal Mbay, Bey Dundé, le Projet pour le Développement Inclusif et Durable de l'Agrobusiness au Sénégal (PDIDAS),…

Cette pléthore d'acteurs publics et privés fait naître des conflictualités autour de l'exploitation des ressources du delta du Sénégal, mais aussi

---

[40] Lois 96-07 du 22 Mars 96 portant transfert des compétences aux collectivités locales.

des difficultés d'harmoniser les interventions des différents protagonistes de la gestion foncière. D'une part, les usages sont en grande compétition pour les espaces de leur déploiement, mettant en opposition les usagers. Par exemple, l'agriculture et l'élevage se disputent pour l'accès au fleuve et à ses ressources en confrontant durement agriculteurs et éleveurs. A l'intérieur des villages, l'accroissement de la population et la reconnaissance progressive des droits d'accès des jeunes et des femmes aux ressources haussent encore plus que jamais les demandes de terres et les enjeux autour du foncier.

D'autre part, les difficultés se lisent dans la dualité des formes juridiques de la gestion des terres avec la cohabitation encore réelle de la gestion coutumière et du droit positif matérialisé par la Loi sur le Domaine National. La promulgation de cette dernière, confortée en 1996 par le transfert des compétences de gestion foncière aux collectivités locales qui est en train d'être réévaluée avec l'avènement de la loi 2013-10 du 28 Décembre 2013 portant Code Général des Collectivités Locales, n'a pas mis un terme aux pratiques coutumières en la matière qui s'accrochent à l'ancienneté des occupations et des appartenances princières de leurs pratiquants. Cette superposition des droits sur la terre des communes oppose gestionnaires (Etat, communes) et usagers (exploitants ou simples détenteurs traditionnels) et pose la question de la régulation foncière avec acuité.

De ce panorama, il résulte l'impératif d'une mise en œuvre de la gouvernance par la régulation dans les collectivités locales en termes de perspectives d'amélioration et de restructuration des instruments de gestion locale. Autrement dit, la théorie de la gouvernance par la régulation, récemment développée dans le cadre international et étatique pour l'examen de l'usage des pouvoirs, l'utilisation des prérogatives gouvernementales et l'évaluation des rapports entre les organes de gouvernement, apporte-t-elle un éclairage utile et instructif sur la gestion des structures infra-étatiques ? Présente-t-elle une spécificité dans les territoires du delta du Sénégal ?

Il s'infère de ces interrogations que l'effectivité de la gouvernance par la régulation fait apparaitre la restructuration des moyens de gestion des Collectivités Locales (I) et se pose également en vecteur de rationalisation de leurs stratégies de gestion (II)

1- La gouvernance par la régulation : expression d'une gestion rénovée des Collectivités locales du delta

La gouvernance par la régulation inspire une logique de rupture qui ne saurait s'organiser sans au préalable faire un état des lieux. A l'heure actuelle, il est remarqué à cet effet une décentralisation qui reste encadrée (A) et qui cherche plus de cohérence dans son principe (B).

1.1. Une décentralisation encadrée

S'affirmant comme un moyen de développement des Etats modernes et un débat de société de premier plan, la politique de décentralisation, longtemps développée au Sénégal, retrouve aujourd'hui une extraordinaire densité polémique ; d'où son utilisation incantatoire par des acteurs dont les propos sont parfois édulcorés par plus d'invocations que de connaissances. Pourtant, depuis quelques années tous les observateurs s'accordent à dire que la politique de décentralisation, bien que « surveillée » par le pouvoir central[41], est réelle et remarquablement approfondie tant du point de vue normatif que fonctionnel. Théoriquement, le principe de la libre administration des collectivités locales revêt depuis longtemps une valeur constitutionnelle. Ce qui nous fait dire que l'autonomie des collectivités locales reste consistante car placée sous la protection du juge constitutionnel. Dans le cadre de la mise en œuvre de ce principe fondamental, le législateur a consacré des mécanismes et formules tendant à rendre plus viables les collectivités décentralisées. Il en est ainsi de la clause générale de compétence à travers laquelle le législateur proclame que les collectivités locales gèrent par leurs délibérations les affaires locales. Celle-ci est par la suite corrigée et/ou complétée par la clause attributive octroyant neuf domaines de compétences aux entités décentralisées. Pour faciliter l'exercice de ces compétences, l'article 320 du Code Général des Collectivités Locales prévoit que les charges financières résultant pour chaque département ou commune des transferts de compétences définies par le présent code font l'objet d'une attribution par l'Etat de ressources d'un montant au moins équivalent auxdites charges. D'autres efforts de nature financière sont également consentis par les pouvoirs publics. Il est ainsi alloué aux collectivités locales des dotations et subventions

[41] Il faut juste rappeler que la structuration normale de l'Etat Unitaire, l'autonomie n'est pas synonyme d'indépendance, elle s'analyse en une simple autonomie administrative qui malgré la suppression de la tutelle donne à l'Etat un droit de regard sur les Collectivités Locales à travers le contrôle de légalité.

notamment les fonds de dotation de la décentralisation et le fonds d'équipement des collectivités locales sous le respect de certaines conditions. Du point de vue fonctionnel, la nature des collectivités locales a varié selon les circonstances et les orientations politico-administratives. Les collectivités locales ont été, ainsi, des communes, des régions, des communautés rurales[42] et sont aujourd'hui des départements et des communes[43]. Elles sont gérées par des élus locaux après l'organisation d'élections locales. L'on note ainsi au Sénégal deux catégories d'organes, d'une part les organes délibérants et, d'autre part les organes exécutifs. D'autres organismes sont institués et chargés d'assister les Collectivités Locales dans l'exercice de leurs compétences. Il en est ainsi des Agences Régionales de Développement, de l'Agence de Développement Local. De tels efforts sont d'ailleurs reconnus par le législateur de 2013 lorsqu'il déclare que la réforme de 1996 a été *« marquée par l'institution de nouveaux dispositifs destinés au renforcement des moyens financiers, humains et matériels des collectivités locales afin qu'elles puissent assurer une bonne gestion de leurs compétences »* [44] . Sur la base de ces considérations, la décentralisation reste donc une réalité encadrée au Sénégal. Bien des techniques juridiques sont aménagées à cet effet. Au profit du représentant de l'Etat est institué un contrôle exercé via la transmission des actes et l'approbation préalable de certains actes des Collectivités Locales. A propos de la transmission, la doctrine sénégalaise considère que cette obligation de transmission *« constitue une procédure d'information et de détection des actes suspectés d'illégalité et à cet effet, non seulement elle contribue au maintien du lien existant entre les collectivités locales et le représentant de l'Etat mais encore elle permet à ce dernier d'apprécier si les actes des autorités locales sont conformes à la légalité en vigueur »*[45] . Avec le mécanisme de l'approbation, c'est plutôt le droit de regard de l'Etat sur toutes les opérations importantes et financières des Collectivités Locales. A propos, d'aucuns estiment qu'il s'agit d' *« un véritable droit de véto* [46]*»* offert au représentant de l'Etat. A certaines époques, cet encadrement du moins cette limitation de l'autonomie locale s'est exercée sous la surveillance du juge

---

42 Loi 96-06 du 22 Mars 1996 portant Code des Collectivités Locales

43 Loi 2013-10 du 28 Décembre 2013 Portant Code Général des Collectivités Locales

44 Idem, Voir l'exposé des motifs de la loi de 2013

45 - Voir, DIALLO (I.), Le droit des collectivités locales au Sénégal, Harmattan, 2007, p.166.

46 - BOCKEL (A.), Droit administratif, N.E.A, 1978, p.308.

constitutionnel[47]. Pour d'autres également, cette liberté locale à travers la clause générale reste une véritable fausse solution car donnant aux Collectivités Locales l'impression d'exister alors qu'au fond elle ne fait que leur dénier toute existence réelle. Et le Professeur Alain Bockel d'affirmer que c'est la rançon de ces clauses générales de compétence, libérales en apparence mais très fuyantes en réalité, et n'octroyant aucune garantie à l'autonomie locale[48]. En attendant, l'acte III vient se poser comme l'effectivation d'une décentralisation plus cohérente dans son principe.

1.2. Une décentralisation plus cohérente dans son principe :

Suffisamment proclamée et remarquablement programmée, la nouvelle gouvernance locale posée par l'acte III de la décentralisation pourrait se résumer en une approche professionnelle de la décentralisation. En effet, l'exposé des motifs du nouveau Code Général des Collectivités Territoriales dispose qu'au travers de cette réforme, « l'option est prise de construire, dans le cadre d'un dialogue consensuel et prospectif, le renouveau de la modernisation de l'Etat, à travers une décentralisation cohérente dans ses principes, et performante dans sa mise en œuvre". Il y est également envisagé « la refondation majeure de l'action territoriale de l'Etat, à travers le projet de réforme de la décentralisation", le tout autour de quatre objectifs fondamentaux:

- *Un ancrage de la cohérence territoriale pour une architecture administrative rénovée ;*

- *Une clarification des compétences entre l'Etat et les collectivités locales ;*

- *Un développement de la contractualisation entre ces deux niveaux décisionnels ;*

- *Une modernisation de la gestion publique territoriale avec une réforme des finances locales et une promotion soutenue de la qualité des ressources humaines*[49].

A travers ces résolutions, il apparait que les préoccupations de bonne gouvernance, de régulation, de développement, de manière générale, ne

---

47 - Lire la décision n°4/C/63 du 13 juillet 1963 de la Cour suprême à travers laquelle elle consacre que la réforme de l'administration relève du pouvoir réglementaire.

48 - BOCKEL (A.), op. cit, p.298.

49 Exposé des motifs de la Loi 2013-10 du 28 Décembre 2013 Portant Code Général des Collectivités Locales

sont plus une affaire d'État, elles interpellent directement les Collectivités et se transfèrent progressivement à l'échelon local.

L'alternative, qui s'offre ainsi, reste de maîtriser la séparation des pouvoirs au niveau local (1) et de développer une technique de gestion concertée entre organes nationaux et locaux (2).

1.3. La séparation des pouvoirs et compétences entre la sphère nationale et locale

Cette séparation des pouvoirs[50] au niveau des collectivités locales s'appréhende à l'existence d'un pouvoir discrétionnaire des autorités locales. Elle permet de limiter l'immixtion des autorités nationales dans la gestion des affaires locales. Au Sénégal, depuis la loi du 22 mars 1996 portant Code des Collectivités Locales qui dans son exposé des motifs précisait que les Collectivités Locales sont considérées comme majeures et induit à cet effet une principale réforme à savoir la suppression de la tutelle et la mise en place d'un simple contrôle de légalité, l'autonomie est devenue le vecteur de la gestion locale. Cependant, si du point de vue administratif cette réforme semble réussie, il apparait toujours dans la pratique que « c'est le même marteau qui frappe ». Dès lors, il s'induit clairement des objectifs de la réforme la nécessité « **d'organiser le Sénégal en territoires viables, compétitifs et porteurs de développement durable ».** A cet effet, les exécutifs locaux ont désormais pour rôle, l'utilisation des compétences que la loi leur a reconnues à la tête de Collectivités Locales qui ne sont pas des exécutants passifs de la volonté parfois étrangère du pouvoir central. Une telle organisation du pouvoir donne à la décentralisation son essence. Dans ce sillage, la gouvernance par la régulation devient donc la formule la plus adaptée. Elle permet de revoir les compétences données aux élus locaux et de renforcer leur capacité d'action. Autrement dit, cela permet de mettre rapidement en place les règles qui permettront d'éviter une intervention excessive des autorités centrales et trouver le juste équilibre entre une réforme ambitieuse qui réduit les risques de tutelle sans handicaper le système de gestion par une régulation excessive. Au demeurant, cet état de fait, il faut le préciser, relève presque de l'idéal, mais il constitue l'équilibre entre la nécessité d'un droit de regard des autorités centrales et les exigences de l'autonomie locale. Parallèlement, cette séparation doit

---

[50] Voir à ce propos Moea VONSY, *« la séparation des pouvoirs dans les Collectivités territoriales »,* GRECCAP – CERCCLE, Université Montesquieu Bordeaux IV, 11pages. Dans son article, l'auteur défend l'existence d'une théorie de la séparation des pouvoirs au niveau local.

s'objectiver dans la mise en œuvre d'une gouvernance dualiste ou par association entre organes nationaux et locaux.

1.4. La « gestion concertée » des affaires locales entre organes nationaux et locaux

> *« L'idée directrice de la gouvernance dans la tradition africaine est donc l'harmonie de la vie par le partage. Au plan politique, cette vision du monde produit la coresponsabilité et la participation de tous les segments de la société à la gestion de la vie commune à travers une institution immanente des structures politiques africaines : le conseil, l'architecture institutionnelle prend la forme non pas pyramidale avec un sommet et des bases, mais de cercles concentriques, allant de l'individu en passant par le clan, la tribu pour arriver à la communauté des communautés qu'est l'État. L'État est donc le plus grand cercle de partage de la destinée commune. Ce cercle ne se rompt pas, il s'élargit »*[51].

On peut, à cet effet, dire que la bonne gouvernance n'est ni nouvelle ni étrangère aux Collectivités locales africaines et sénégalaises, elle devrait contribuer à l'épanouissement de chaque citoyen dont les intérêts, fussent-ils personnels, doivent être pris en compte au niveau de la communauté. Aujourd'hui, les dysfonctionnements laissés par la colonisation et l'inversion radicale des modes de gestion des biens de la communauté qui s'en suivirent ont fait table rase sur cet acquis démocratique. En ce sens, il se pose à nouveau la problématique d'une mise en œuvre des valeurs de la gouvernance. La gestion concertée qui est devenue un des vecteurs de la gouvernance par la régulation et une de ces vertus est un juste équilibre entre une combinaison de proximité. Elle privilégie l'action collective sur les initiatives individualisées. Sur cette base, il est nécessaire de procéder par une cogestion au niveau local autrement dit donner un appui aux Collectivités Locales. Cependant, cette gestion concertée ne signifie pas une substitution des élus locaux aux technocrates, mais un simple soutien. En effet, avec la loi 2013-10 du 28 Décembre 2013, il est revenu au législateur de définir les compétences dévolues aux Collectivités locales et les modalités de leurs mises en œuvre. Sur cette base, une clause de compétence générale leur a été reconnue[52] qui sera confortée par neuf

---

[51] Jacques Djoli Eseng'Ekéli, « Droit Gouvernance et développement durable », *Cahiers d'Anthropologie du droit*, 2005, sous la direction de Christoph Eberhard, Laboratoire d'anthropologie juridique de Paris, KHARTALA, p 201.

[52] CF titre IV du CGCT intitulé de l'administration locale et des services locaux.

domaines de compétences transférées ayant pour mérite de lever les incertitudes soulevées par ladite clause.

Ainsi, il apparait une sorte de séparation entre la sphère nationale et locale sur fond du principe de libre administration. Or, on peut aisément remarquer des difficultés résultant d'une part du manque de moyen des Collectivités Locales et d'autre part d'une forme de résurgence de la tutelle administrative. De ce fait, la gestion concertée devient une réponse à une double crise : la crise institutionnelle et la crise organisationnelle. En effet, les États sont contestés par le haut et par le bas ; par la mondialisation et par la revendication d'une démocratie de proximité. Les Collectivités locales le sont également par l'immixtion du politique et la mise à l'écart des citoyens locaux. Dans ce contexte, il convient de développer une sorte de réciprocité et de réversibilité dans les rapports de pouvoir entre le national et le local, l'objectif étant de tempérer l'emprise du centre et de secouer la passivité des périphéries.

Au total, les défis de la gouvernance par la régulation sont nombreux, mais sa réalisation est possible au regard des efforts législatifs et institutionnels qui sont en train d'être menés. En effet, comme le précise le professeur Mayacine Diagne, ce texte législatif capital a eu le mérite de corriger la difficile mission qui était celle des collectivités locales sénégalaises[53]. Le Sénégal est résolument tourné vers une nouvelle ère et les réformes qui l'accompagnent constituent la base des instruments nécessaires à la mise en œuvre de la gouvernance par la régulation.

[53] Mayacine Diagne, « la décentralisation des compétences locales au Sénégal » voir également la loi N° 96 07 du 22/02/1996 portant transfert de compétence aux régions, aux communes et aux communautés rurales. (JORS N° 5689 du 20 mai 1996). - loi N° 96 06 du 22/03/1996 portant code des collectivités locales (JORS N° 5689 du 20/05/1996) et sur l'ensemble de la réforme de la décentralisation du 1996 au Sénégal, on pourra consulter le recueil de textes de la décentralisation - février 1997 Primature SGG Imprimerie nationale Rufisque
Acte du Colloque International de Dakar sur la Régionalisation du 1 au 3 juillet 1996, approche sénégalaise et expérience Française-Dakar Edition Crédila 1998.

2. La gouvernance par la régulation : les débuts de la mise en œuvre de la gouvernance par la régulation dans les Collectivités Locales du delta (l'exemple de Millenium Challenge Account Sénégal)

Dans le contexte mondial de désengagement de l'État, le paradigme imposé aux Collectivités Locales semble être la cogestion, voire l'autogestion de leurs affaires. Dans tous les cas, ces derniers doivent prendre des actes d'autorité ou de gestion dans la limite des pouvoirs qui leur sont reconnus par la loi. À cet effet, la gouvernance par la régulation qui met en avant les impératifs d'efficacité, de transparence et de durabilité permet de mesurer la pertinence de la mise en œuvre des compétences au niveau local et de s'interroger sur l'équilibre des pouvoirs que la régulation interne initie entre les assemblées et les exécutifs locaux[1], d'une part et entre la collectivité les populations, les autres acteurs locaux d'autre part. Aujourd'hui, elle connait un début « d'effectivation » avec l'exemple de quatre collectivités locales du delta (Diama, Ronkh, Ross Béthio et Gandon) qui expérimentent un nouveau modèle de gouvernance par la régulation foncière dont les acquis ont permis l'évaluation des pouvoirs conférés aux élus locaux de par l'avènement d'une gouvernance participative (A) et se traduisent progressivement par une réadaptation des pratiques locales conduisant à l'institution d'une forme de gouvernance coopérative (B).

2.1. De l'implantation d'un modèle de gouvernance par la « régulation foncière participative »

« Les collectivités locales constituent le cadre institutionnel de la participation des citoyens à la gestion des affaires publiques »[2]. La participation effective des citoyens aux processus démocratiques de développement et à la gestion des affaires publiques a été[3] comme principe directeur de la restructuration des moyens de gestion du pouvoir au sein des États. Elle répond à la nécessité de construire une citoyenneté à l'échelle locale[4] en ouvrant la voie aux initiatives individuelles et en

---

1 J.-B. AUBY ; J.-F. AUBY ; R. NOGUELLOU, droit des collectivités locales, coll. Thémis Droit, Paris : Puf, 4ème éd. 2008, p. 152.

2 Article 102 de la constitution du Sénégal

3 Article 30 et Ss, Charte Africaine de la Démocratie des Elections et de la Gouvernance, Adoptée en 2007

4 Préambule de la Charte de la Coopération Décentralisée pour le Développement Durable adopté par Cités Unies France, l'Association Française du Conseil des Communes et Régions d'Europe, le Comité 21 qui fédère les collectivités

autorisant l'expression des intentionnalités des individus dans une démarche avant tout collective[1].

Toutefois, ces objectifs fixés au niveau national ne sauraient trouver parfait accomplissement sans leur mise en œuvre au niveau infra-étatique. En effet, c'est lorsqu'ils s'enracinent dans la culture locale que (...) ces derniers sont le mieux protégés. La décentralisation permet en effet de se rapprocher des populations vulnérables en prenant en compte les réalités locales. Les collectivités locales constituent, pour ce faire, un moyen de satisfaction aux obligations juridiques des États. Au demeurant, elles restent le prétexte idéal pour le développement d'une gouvernance participative qui s'analyse en une forme de gestion concertée impliquant une jonction de l'expérience interne à l'expertise externe.

Dans les collectivités du delta et plus précisément celles que nous avons prises en exemple, la mise en place d'un modèle de gouvernance par la régulation foncière a été révélateur de difficultés qui se résument par l'absence de maîtrise des aspects technico-administratifs de la gestion foncière. A cet effet, le modèle[2] s'est appuyé sur deux socles à savoir la formation et l'action.

S'agissant de la formation, il s'est agi de donner au citoyen local la place qui est la sienne par la formation, l'information, mais aussi et surtout le développement et la familiarisation avec des outils qui lui donnent un droit de regard sur les actes des élus locaux. Elle s'est structurée autour de 6 axes :

- *L'établissement d'un manuel harmonisé des procédures foncières*

- *L'appropriation locale et la prise en compte du genre dans la gouvernance foncière*

---

territoriales dans le domaine de la coopération décentralisée, de l'intégration européenne et du développement durable apporte leur soutien et leur parrainage à la Charte.

1 « La gouvernance locale et le développement régional, entre coordination marchande, Régulation institutionnelle et conventions territoriales », Ben Amor MOULDI, Forum de la Régulation, Paris, 1-2 Décembre 2OO9, P13.

2 Il convient de souligner ici qu'en faisant état d'un modèle voire d'une méthode spécifique, nous faisons référence à la pratique introduite par les collectivités locales depuis la préparation et la mise en œuvre des activités de sécurisation foncière dans la zone. Ces travaux ont été accomplis initiés par le PACR et réadapté et consolidés par le MCAS/Sénégal.

- Une relecture des techniques d'organisation et de gestion des organisations paysannes

- Le développement de nouveaux outils fonciers (SIF, Registres fonciers et documents annexes)

- La maitrise de l'environnement foncier : les Plans d'Occupation et d'Affectation des Sols

- La réconciliation entre gestion traditionnelle et coutumière

Au total 10 outils associés, chacun à une étape de la procédure d'affectation ou de désaffectation foncière, ont fait l'objet de formation au profit des populations locales (élus locaux, responsables des organisations et associations locales, chefs religieux et coutumiers, groupements de promotion féminines, etc.) (Tableau 2).

Tableau 2. Récapitulatif des nouveaux outils vulgarisés et utilisés dans les 4 collectivités locales[1]

N	Outils	Objet et aperçu	Etape de la procédure d'affectation/désaffectation
1	Manuel de procédures	L'objet du manuel de procédures foncières est de : Camper le cadre juridique et pratique des procédures foncières au niveau des communes en insistant sur la gestion des terres du domaine national ; Détailler les différentes étapes des principales opérations foncières ; Définir les rôles et responsabilités des acteurs directement impliqués dans ces opérations foncières	Avant toute procédure et à destination de tous les acteurs locaux. Nécessité de se familiariser avec les principes et règles de gestion des affectations et attributions foncières
2	Fiche de demande/ accusé de réception	La fiche individuelle comporte l'ensemble des informations relatives au demandeur et au site. Il constitue un engagement du demandeur en plus d'être une preuve de l'existence d'une demande introduite devant les autorités locales. L'accusé de réception est une preuve de l'enregistrement de la demande. Une fois délivré, il facilite le suivi de la demande et la recherche d'informations dans les registres.	Dépôt de la demande d'affectation ou de désaffectation à l'exception des désaffectations faites d'office par la collectivité locale pour cause d'intérêt général ou communautaire

[1] DFRI, mise en œuvre des activités de sécurisation foncières, Atelier régional de Capitalisation des résultats des activités de sécurisation foncière de MCA Sénégal, Saint-Louis 10 et 11 septembre 2015, Atelier du groupe 2, Pdt : Mr Macodou SY, Rapporteur : E. Nd. DIOUF.

3	Registre des demandes	Ce registre a pour but d'attester et d'enregistrer les sollicitations (demandes) d'affectation ou des demandes de permis d'occuper en suivant un ordre chronologique. Le registre comprend : ▪ Un numéro d'ordre chronologique (attribué à mesure des demandes) et une date de dépôt; ▪ La nature de la demande (Date et Pièces justificatives) ; ▪ Identité (Nom, prénom et CNI) et le contact du demandeur (adresse, Téléphone et Email) ; ▪ La conclusion de la demande (date et numéro de parcelle attribuée si existe).	Après le dépôt de la demande, la chronologie introduit une forme d'équité dans le traitement des affaires.
4	Dossier foncier	Le dossier foncier individuel rassemble l'ensemble des documents fonciers concernant la parcelle affectée et l'affectataire. Le dossier foncier est en fait le dossier de la parcelle.	Progressivement à raison d'un volet par étape de la procédure
5	Modèle de rapport commission domaniale	Permet après la visite du site de synthétiser les appréhensions et impressions de la commission. Il contient les informations recueillies sur le site.	De retour des premiers constats sur le terrain de la disponibilité (pour affectation) ou de l'absence de mise en valeur (pour désaffectation)
6	Registre foncier	L'opportunité d'un nouveau modèle de registre découle de l'absence d'harmonisation des documents fonciers existants (et parfois ils n'existent même pas) au sein des communes. Au sortir des projets PACR et MCA/S déroulé dans ces collectivités, le modèle est devenu uniforme pour l'ensemble de ces communes.	Est remplie à la clôture définitive de la procédure d'affectation ou de désaffectation.
7	Système d'informati on Foncière	Le Système d'Information Foncière (SIF) est un outil numérique dont l'objet et l'importance sont de : • Faciliter et moderniser le travail de sécurisation foncière • Permettre de juger et de cartographier au mieux les parcelles objet de demandes foncières	Version numérique accompagnée de supports physiques sous formes de registre, plans, croquis. Est remplie à la clôture définitive de la procédure

		• Permettre le suivi et la gestion de l'espace foncier via des outils numériques (SIF) • Apporter une aide à la décision des acteurs locaux en matière de jugement de la pertinence des demandes foncières • Disposer d'une base de données cartographique exhaustive sur l'espace foncier	d'affectation ou de désaffectation. Ici, la sécurité et la faiblesse résident dans le fait que les informations une fois enregistrées ne sont pas modifiables.
8	Plan d'Occupation et d'Affectation des Sols	En établissant une spécialisation fonctionnelle des zones sur toute l'étendue du territoire de la communauté rurale, le POAS permet d'une part de faciliter le travail du conseil, mais aussi d'autre part, de réduire les conflits fonciers.	Lors du dépôt de la demande, il est vérifié si cette dernière ne porte pas sur une zone non réservée à l'activité pour laquelle la demande est introduite.
9	Registre conflits	Le registre des conflits permet de répertorier les cas de conflits existants dans la collectivité et les éléments de leur suivi ainsi que leur issue.	La gestion de l'après affectation/désaffectation
10	Modèles de Procès-verbaux d'installation	Le PV d'installation est un document de gestion des collectivités permettant de marquer la fin de la procédure. Il contient des informations sur la date de l'installation, les membres de la commission ayant procédé à l'installation.	Après une installation définitive du demandeur, clôture de la procédure d'affectation/ Désaffectation

A la lecture de ce tableau, il ressort que la prise en compte du besoin de formation des populations locales a pris aujourd'hui une assise considérable. Toutefois, avec du recul, il convient de souligner que l'assimilation et l'utilisation de ces différents outils ne peuvent être avancées avec certitude. A cela, il faut ajouter la fragilité des moyens humains et financiers étant donné que certains de ces outils à l'image du Système d'Information Foncière nécessitent des connaissances techniques spécifiques (gestion de bases de données, maitrise de l'outil informatique et de la cartographie, etc.). En dépit de ces difficultés, ces outils sont déjà à la disposition des collectivités locales qui les mettent en œuvre. Pourtant, des questions restent toujours en suspens dans certains domaines ayant fait l'objet de transfert aux collectivités locales. En effet, il n'est pas trop d'affirmer que la réforme de l'acte III a instauré un véritable casse-tête. En effet, avec la communalisation universelle, que deviennent les zones des terroirs ? Vont-elles disparaitre ? Comment organiser l'administration des terres à vocation agricole situées dans des zones urbaines ? Comment harmoniser le Système d'information foncier avec les données du NICAD (Numéro d'identification des parcelles affectées par le cadastre) géré par le cadastre et le service des impôts et domaines ? Quelle place donner à la régularisation des droits fonciers dont le processus semble être à la fois le problème et la solution du séculaire conflit entre ayants droits traditionnels, faire valoir coutumiers et affectataires ? Autant de questionnements qui font perdre à ce nouveau modèle de gouvernance foncière ses vertus simplificatrices. La première réponse concrète a été, en effet, le déroulement de campagnes de formalisation foncière qui ont consisté à encourager la déclaration des zones occupées sur la base de faire valoir traditionnels et la remise symbolique d'accusé de réception, titre précaire marquant à la fois un début de reconnaissance par la collectivité des avoirs fonciers traditionnelles et la voie vers une procédure de légitimation le tout sous le contrôle des représentants de l'Etat. Certaines procédures ont abouti à l'octroi de titres d'affectation tandis que d'autres soulèvent des problèmes juridiques inattendus. A titre d'illustration, l'affectation demandée au nom d'une famille alors que la loi ne prévoit que l'affectation au nom d'une personne physique ou morale. La famille cellule sociale n'a pas une personnalité juridique en droit. Or, dans le droit successoral traditionnel, les champs constituent des formes d'indivision qui appartiennent à l'ensemble du groupe et surtout qui ne peuvent être partagés. Le blocage ainsi créé soulève des inquiétudes à la fois du côté des populations et de celui des exécutifs locaux. Un début de réponse a consisté à inciter certaines familles à désigner un représentant au nom de qui l'affectation sera établie mais le quiproquo juridique apparent est le suivant : le domaine national, sur lequel porte ces affectations, est *intuitu personae* et ne rentre pas dans l'héritage familial. La question reste donc entière. Pour parvenir à une sécurisation foncière effective, les collectivités locales du delta devront donc se doter, aujourd'hui plus que jamais, de moyens adaptés dans un contexte économique, social, juridique et institutionnel profondément transformé. L'importance et la complexité des enjeux qui pèsent sur elles impliquent qu'une attention toute particulière soit accordée à la régulation foncière. Les formations ont constitué à cet effet un moyen d'appropriation et de maîtrise d'outils à la fois importants et révolutionnaires au quotidien. Le défi_de la gouvernance par la régulation exige que les acteurs locaux insistent sur « la mise à niveau » même s'il faut préciser que le résultat attendu ne sera effectif que « pas à pas ». Quoi qu'il en soit, ses assises se solidifient et débouchent inexorablement sur une sorte de gouvernance coopérative.

2.2. ...à l'effectivation d'une gouvernance coopérative « au participatif »

> *« En élargissant le spectre des acteurs de l'action publique locale, les dispositifs participatifs se traduisent par une reconnaissance du pluralisme institutionnel qui prévaut au sein de l'espace local. Ils consacrent parfois l'intégration de la chefferie coutumière dans le système de gouvernance locale. Dans de nombreux pays africains, les chefs traditionnels tendent dorénavant à travailler avec les collectivités locales démocratiquement élues... Par exemple, ils peuvent assister aux réunions des conseils municipaux. Ils participent également à des forums de développement avec les décideurs politico-administratifs locaux et des représentants de la société civile »*[1] .

La gouvernance coopérative apparaît aujourd'hui comme le moyen de régulation le plus adapté pour le développement de la bonne gouvernance au niveau local. Elle ne se focalise plus sur la personne des élus locaux et de leurs compétences, mais elle met les populations locales au centre des préoccupations. Ces populations, dans leurs organisations classiques, sont associées aux instances de décision. Cela a pour finalité de réduire les oppositions, de donner à toutes les parties la conviction que la décision a été prise par elles directement ou indirectement d'où la réponse aux préoccupations d'effectivité et de pérennité qui constituent la pierre angulaire de la gouvernance par la régulation. C'est en ce sens qu'Huisman et Ribes précisent que même si l'acteur a le sentiment de subir le pouvoir, ce dernier n'existe que par le consentement tacite ou explicite de celui-ci[2].

A ce niveau, deux interrogations majeures peuvent être soulevées. Comment devrait s'organiser cette gouvernance coopérative et quels en sont les atouts ?

---

[1] (Beal et al. 2004) in « Démocratiser la gouvernance locale entre ouverture d'un espace public et inertie des pratiques », Ivan Crouzel, CEAN – IEP de Bordeaux, Juin 2007, p. 10.

[2] Huisman B., Ribes F., « les philosophes et le pouvoir », Dunod, Paris, 1994 cité in "la gouvernance locale et le développement régional, entre coordination marchande, Régulation institutionnelle et conventions territoriales », Ben Amor MOULDI, Forum de la Régulation, Paris, 1-2 Décembre 2OO9, P10.

A cette question, les collectivités citées en exemple ont apporté des réponses. Leur modèle de gouvernance par la régulation foncière initié dans les mêmes circonstances de temps et de lieux par le Millenium Challenge Account Sénégal part d'une situation de référence qui a été obtenue sur la base d'un diagnostic montrant les difficultés dans la gestion foncière. Ensuite, des études documentées qui ont abouti à la création et à l'adaptation d'outils ont permis de le consolider (par des organismes techniques locaux dont le plus important reste le comité technique d'appui à la sécurisation foncière) et de lui faire produire un certain nombre de résultats parmi lesquels [3] :

- **L'implantation d'un comité Technique d'Appui à la Sécurisation Foncière :**

Composé de l'ensemble des maires des communes de la zone et des représentants des services techniques locaux, le comité technique d'appui à la sécurisation foncière implanté dans le delta a pour principal rôle le conseil et l'encadrement des organes délibérants locaux dans les procédures foncières. Sur sollicitation de la commission domaniale, il

---

[3] Voir à ce propos DIOUF Alain, DFRI MCA/S in *Atelier final de présentation des résultats du projet MCA/S*, rapport de présentation, Saint-Louis 10-11 Septembre 2015. En dressant une évaluation du projet sous forme d'Etat des lieux et mise en place du cadre institutionnel et des outils de gestion foncière, il a fait ressortir les points suivants : « [(Cuvette de Gamadji 13330ha pour un cout de (7825 025 000 FCFA), Cuvette de Podor 4080ha (21557 230 000 FCFA), Cuvette de Sinthiou 4080ha (9 964 350 000 FCFA), Cuvette de Wawa 2500 ha (22 82703940000 FCFA) ». Ces actions ouvrent la voie à l'investissement local dans un contexte d'éveil massif à travers des formations et un encadrement technique direct sur une période de 5 ans et qui continue avec les structures techniques et administratives locales. Formalisation, application des outils et renforcement des capacités : a. Nombre d'ha formalisés et enregistrés au registre foncier: Q20 5168,62 ha (15246,05 Q21) ; b. Nombre de titres d'affectation: Q20 3681 (Q21 8665 nouveax5) ; c. Nombre de titres formalisés et corrigés, introduits dans le SIF Q20 8208 (Q210003) ; d. 147 sessions de formation 1640 personnes formées sur les modules de sécurisation foncière, 5018 participants aux formations ; 40 Commissions de zone de gestion POAS redynamisées dans les 9 communes, 9 Commissions de règlement des conflits créées ou redynamisées ; Deux POAS actualisées (nouvelle édition) dans 2 communes Ndiayène pendao (20 exemplaires), Ronkh (20 exemplaires) ; Deux POAS mises à jour (Dodel, Gamadji Saré). Mise en application des outils de sécurisation (registres fonciers, documents fonciers, SIF, images satellites, base de données). Formalisation des terres dans la cuvette pilote de Ngalenka ; Actualisation, mise en application et la vulgarisation des outils de sécurisation foncière: POAS et CDI ; Mise en application et vulgarisation des Registres et documents fonciers, du Manuel de procédure et fonctionnalités des organes d'appui à la sécurisation foncière ;

donne des avis et éclairages dans la prise de décision. Toutefois, c'est la collectivité locale qui reste maître de la décision finale étant donné que l'avis est toujours facultatif.

- **Les commissions de zones Plan d'Occupation et d'Affection des Sols/Charte du Domaine Irrigué et les commissions locales de règlement des conflits fonciers :**

Dans les quatre collectivités locales, elles mettent les autorités locales au cœur de la gestion foncière. Ces commissions sont généralement composées de : tous les chefs de Village de la zone, tous les conseillers résidents de la zone et dans chaque village, d'un représentant des agriculteurs, éleveurs, femmes, jeunes et pêcheurs. Elles ont pour mission de traiter les problèmes ainsi que les conflits d'utilisation des sols et des autres ressources naturelles afin de trouver des solutions ou proposer des arbitrages au conseil rural. L'avantage de ce dispositif est de conjuguer la médiation traditionnelle aux exigences législatives actuelles d'où l'utilisation d'un certain nombre d'outils :

- **Les fiches de suivi des conflits** :

Outil de recueil des différents conflits liés au foncier, avec une matrice intégrant les variables répertoriées en la matière dans la Vallée du Fleuve Sénégal ainsi que le zonage des Plans d'Occupation et d'Affectation des Sols. Cette fiche intègre également tous les paramètres permettant de suivre les indicateurs de la gestion des conflits à savoir l'identité des personnes, leur nombre, des renseignements sur l'instance de règlement du conflit (date d'enregistrement, plaignant et mis en cause, zones de gestion en fonction du plan d'occupation et d'Affectation des Sols, localisation de la parcelle, nature du conflit, référence dans le registre, impacts, voies de règlement, date de résolution, issue des litiges, mesures préconisées).

- **Les fiches de suivi des activités de la commission de zone de gestion** :

Outil qui, à partir des attributions de la commission de zone, rend compte des activités conduites dans le cadre de leur prise en charge, directement ou en relation avec les organes centraux (Communes, Comité Technique d'Appui à la sécurisation foncière) ou les autres locaux (autorités villageoises, cadres de concertation, Organisations de base, etc.).

- **Les fiches de suivi des activités du Comité Technique d'Appui à la sécurisation foncière**

Outil qui, à partir des attributions du comité susmentionné, rend compte de ses activités de mise en œuvre globale du Plan d'Occupation et d'Affectation des Sols et d'accompagnements des autres acteurs (commissions de zones, animateurs locaux).

- **Les fiches de suivi des activités de l'animateur POAS local** :

Fiche remplie directement par chaque animateur pour toute activité qu'il conduit directement, individuellement ou en équipe de zone (Organisé sous la forme d'un réseau conduit globalement ou en partie par un animateur, il participe au niveau de la zone et dans d'autres parties de la commune au suivi des actions et du niveau d'appropriation des outils).

- **Le cahier de l'animateur POAS** :

Cahier tenu par l'animateur qui comprend les principales dispositions du POAS (les règles illustrées et traduites en langues locales, carte de la répartition de l'espace entre les usages prioritaires à l'échelle de la commune et à celle de la zone suivie par l'animateur) et des tableaux où il fait la synthèse de ses différentes activités et reporte les plans d'actions élaborés de manière périodique et/ou les programmations spécifiques ou intermédiaires arrêtées. L'utilisation de ces différents outils a pour objectif principal la maîtrise des rapports autour de l'espace et s'est élargie au travers de la délimitation matérielle des zones de gestion foncière (zone agro-pastorale à priorité agricole, zone agro-pastorale à priorité élevage, zone élevage, zone agricole), l'initiation des différents utilisateurs à la lecture des panneaux ainsi que la remobilisation des différents acteurs intervenants dans la gestion foncière, avec une stratégie particulièrement axée sur la bonne compréhension de leurs rôles et les relations qui existent entre eux. L'innovation ici résulte du fait que ces outils sont mis à la disposition d'institutions et d'organes traditionnels de règlement des conflits fonciers. Les commissions sont donc un trait d'union entre les modes administratifs de gestions et conflits et les modes traditionnels.

- **La constitution progressive d'une base de données à l'aide d'un système d'information foncière (SIF)**

L'efficacité de la régulation foncière est la clef de voûte de la bonne gouvernance locale, car les enjeux de la connaissance et de la maitrise de l'espace sont à la fois un mode de rationalisation et de régulation des rapports autour de la terre. Autrement dit, la répartition juridicolégislative des domaines et des zones de gestion des terres des collectivités locales doit s'appuyer sur une expression concrète et matérielle notamment si elle doit s'appliquer à des espaces à enjeux. A cet effet, la solution semble aujourd'hui être le système d'information qui comprend un ensemble d'instruments et de procédures de collecte, de traitement, de conservation et de gestion des affectations foncières. Il s'agit d'un outil conçu de façon participative avec les communautés rurales, pour améliorer la gestion foncière dans le contexte de leurs ressources et compétences, avec l'appui des services techniques locaux. Les procédures du SIF comprennent la localisation ainsi que l'enregistrement concerté et cartographié des affectations foncières, suivant un processus séquencé allant de l'identification de la parcelle à l'installation de l'affectataire et documenté à chaque étape par différents formulaires et registres d'administration foncière (la « liasse foncière »)[4]. Les données ainsi constituées sont intégrées dans un système local d'information, de gestion et d'administration foncière facilement maîtrisable par les communautés rurales. Ce système local d'information foncière est informatisé (« SIF numérique ») et intégré dans un fichier central articulé à un système d'information géographique. La démarche intègre les formations nécessaires à l'administration autonome du système et de toute la procédure. Toute la procédure est adaptable à d'autres formes d'enregistrement de droits réels que l'affectation sous condition de mise en valeur. Dans les collectivités du delta qui en disposent actuellement (Diama, Ronkh, Ross-Béthio et Gandon), la création d'un SIF s'est appuyée sur des préalables à savoir, la formation, la mise à disposition des outils, l'assistance technique et la mise en cohérence avec les procédures foncières définies par la loi. Toutefois, la question de la maîtrise des outils et des supports techniques constitue un frein à la pleine expansion de ce mode de gestion.

A la lecture de ces innovations, quatre principaux enseignements ressortent de ce modèle de gouvernance par la régulation foncière dit « modèle MCA » qui permet la célérité dans la gestion foncière locale en plus de la transparence et de l'inclusivité[5] :

---

4 Le système d'informations foncières (SIF) mis au point dans la Vallée du fleuve Sénégal, SAED/MCA/Sénégal, Fiche technique numéro 2, Activités de mise en œuvre de la sécurisation foncière, 201362015.

5 DIOUF A., Op cit.

a. Le SIF : Transparence, traçabilité de la procédure et de l'information foncière, conservation de l'information/ réduction des conflits et outil d'aide à la décision

b. Le POAS : Maîtrise de la planification de l'espace, mise en cohérence de la vocation des sols et de la procédure d'affectation, forte réduction des conflits éleveurs / agriculteurs

c. Le Manuel de procédure : Processus inclusif et transparent, bonne gouvernance foncière

d. Le Registre foncier : Standardisation de l'information foncière (essentielle) transparence avec la double tenure

Eu égard à ce modèle, deux remarques peuvent être soulignées :

Concernant la première, il faut, de prime abord, préciser que la gouvernance coopérative a été développée dans le secteur privé plus précisément au sein des entreprises pour faire face aux crises financières. Elle se structure autour de deux pôles principaux : la recherche de l'efficacité dans la prise de décision d'une part et d'autre part la pérennité des actions entreprises par la suite. Transposée dans le domaine de la décentralisation et du foncier, cette nouvelle technique de gestion s'inscrit dans le sillage de l'expérimentation des méthodes du nouveau management public. Elle se traduit par l'emboitement des « affaires locales » avec les « affaires nationales ». Cette structuration unicéphale permet d'appuyer les collectivités locales dans leur mission de conception, de programmation et de mise en œuvre des actions de développement économique, éducatif, social et culturel (...)[6] en leur apportant l'information, la formation et l'expertise nécessaire.

La deuxième remarque montre la pertinence de la gouvernance coopérative. En effet, elle constitue un pôle de stabilité et de régulation grâce à ses caractéristiques propres à savoir la conciliation d'un esprit d'unité et de diversité qui prend en compte tous les pôles de pouvoir local qu'il soit traditionnel ou législatif. Ce qui, par ricochet, est la garantie d'une gestion durable des Collectivités locales.

Au total, la gouvernance par la régulation est une fenêtre ouverte vers l'avenir pour les collectivités locales. Elle implique non seulement la rationalisation des méthodes de gestion et de contrôle des collectivités locales, mais aussi le déploiement par une restructuration des rapports de

6 Article 3 loi 2013 – 10 du 28 Décembre 2013 portant Nouveau Code Général des Collectivités Locales

pouvoir entre la sphère nationale et locale d'une part et d'autre part entre les différents pôles de décision au sein des collectivités locales.

Conclusion :

« D'où vient tout le malheur dans le monde ? (...) D'anciennes conventions », (...) c'est à dire : des coutumes, des lois, des morales, des institutions, de tout ce qui sert de base au vieux monde, à la vieille société. Comment supprimer le mal dans le monde ? Comment supprimer la vieille société ? Il n'y a qu'un seul moyen : déclarer la guerre aux conventions (...)[7] *»*. Cette « loi » formulée par Nietzsche est un canevas tracé pour venir à bout de tous les défis. La gouvernance par la régulation, appliquée à la gestion locale, semble nécessiter cette dernière logique. En effet, l'état des lieux de la décentralisation dans la partie première partie témoigne de la nécessité de revisiter les mécanismes de gestion et de contrôle des Collectivités Locales au Sénégal. Si, dans son acception classique, la décentralisation est un procédé d'organisation et de fonctionnement, la gouvernance par la régulation dans les changements qu'elle opère, ou devrait-on dire plutôt qu'elle devrait opérer, se focalisera sur ces deux axes. Apparaissant en effet aujourd'hui comme un revirement, une solution de gestion et de bonne gouvernance, elle conduit de façon pragmatique non plus à considérer le rôle que ces entités peuvent avoir, mais à donner un nouvel élan à leur cadre normatif. Dès lors, elles devraient relever préalablement un principal défi : opérer une rupture. Pour les collectivités locales du delta du fleuve Sénégal, le processus est enclenché et les acteurs rivalisent d'ingéniosité. Toutefois, il sera nécessaire d'harmoniser les interventions car la gouvernance par la régulation est surtout une gouvernance par l'efficacité, la rationalité et la cohérence.

Références bibliographiques :

Lois et décrets :

- Loi n° 64-46 du 17 juin 1964 relative au domaine national, in J.O.R.S. N°3692, p. 905.
- Loi 65-001 du 01 Janvier 1965 portant création de la SAED
- La loi n° 76-66 du 2 juillet 1976 portant Code du domaine de l'État.

[7] Friedrich Nietzsche, « le cas Wagner » un problème musical, Lettre de Turin, Mai 1888, traduit par Henri Albert (1868 - 1921). Mise en ligne par Wikisource.

□ Loi 79-25 du 24 janvier 1979 étendant ces compétences sur toute la rive gauche du fleuve Sénégal.

□ La loi N° 2004-16 du 04 Juin 2004 portant loi d'orientation agro-sylvo pastorale

□ DECRET n° 2008-1047 du 15 septembre 2008 portant création et fixant les règles d'organisation et de fonctionnement de l'observatoire national des droits de la femme.

□ LOI n° 2011-06 du 30 mars 2011 portant transformation des permis d'habiter et titres similaires en titres fonciers.

□ Loi 2013-10 du 28 Décembre 2013 portant Code Général des Collectivités Locales au Sénégal

Ouvrages :

Alain Serge Mescheriakoff, « le service public selon Léon Duguit », colloque Galatasarai, p 49

Auby, J.-B., Auby, J-F., Noguellou, R., 2008. Droit des collectivités locales, coll. Thémis Droit, Paris : Puf, 4ème éd. 2008, p. 152.

Ba, A. H., 2007. *Acteurs et territoires du Sahel : rôle des mises en relation dans la recomposition des territoires.* Lyon, Editions ENS.

Ben Amor, M., 2009, « La gouvernance locale et le développement régional, entre coordination marchande, Régulation institutionnelle et conventions territoriales », Forum de la Régulation, Paris, 1-2 Décembre 2009, P13.

Bélières, J.-F., Bosc, P.-M., Faure, G., Fournier, S. et Losch B., 2002. Quel avenir pour les agricultures familiales d'Afrique de l'Ouest dans un contexte libéralisé ?, Londres, IIED, Dossier N° 113, 39 p.

Bessette, G., 2004. *Communication et Participation communautaire : Guide pratique de communication participative pour le développement.* Les Presses de l'Université Laval/CRDI, Ottawa, Canada, 156 p

Blundo, G., 1997. Les Communautés rurales ont un quart de siècle : décentralisation, recomposition des pouvoirs locaux et gestion des ressources au Sénégal, Communication présentée au colloque « Les dimensions sociales et économiques du développement local et la décentralisation en Afrique au Sud du Sahara », IUED Genève : IES-APAD, 15 p.

Bockel, A., 1978. Droit administratif, N.E.A, 1978, p.308.

Bouteiller, J-L et Schimtz, J., 1987, « Gestion traditionnelle des terres (système de décrue/système pluvial) et transition vers l'irrigation. Le cas de la vallée du Sénégal », in *Cahier de Sciences Humaines*, 23 (3-4), Paris, ORSTON, pp. 533-554.

Boutillier, J-L. et al. , 1962. *La moyenne vallée du Sénégal : étude socio-économique*, (MISOES), Paris, PUF, 369 p.

Boy, A. K., 1978. «Le régime foncier sénégalais », in *Ethiopiques*, n° 14, Revue Socialiste de culture négro-africaine, 16 p.

Beall J., Mkhize S., et Vawda S., 2007. Traditional Authority, Institutional Multiplicity and Political Transition in KwaZulu-Natal, South African, London School of Economics, Crisis State Programme, Working Paper no.48, Juillet 2004, cité in « Démocratiser la gouvernance locale entre ouverture d'un espace public et inertie des pratiques », Ivan Crouzel, CEAN – IEP de Bordeaux, Juin 2007, p.10.

Camara S., 2013. *Développements hydrauliques et gestion d'un hydrosystème largement anthropisé. Le delta du fleuve Sénégal.* Thèse en cotutelle de géographie, UGB, Université d'Avignon, 470 pages.

Caroline, A., 2000. « La gouvernance locale », in Relations, 2000, PP. 75-77

Crousse B., Mathieu P. et Seck S. M., 1991. *La vallée du fleuve Sénégal. Evaluations et perspectives d'une décennie d'aménagements (1980-1990),* Paris, Karthala, 380 p

D'Aquino P., Seck S. M., Cissoko A., 2000. «De l'irrigation administrée à une gestion concertée du territoire : le Plan d'occupation et d'affectation des sols (POAS), une démarche pour une évolution des modes de prise de décision». *Pour un développement durable de l'agriculture irriguée dans la zone soudano-sahélienne – Sénégal, Mali, Mauritanie , Niger Sénégal-*, Editions PSI/WECARD-CORAF, Dakar, juin 2000, p 358-374.

Diallo, I., 2007. Le droit des collectivités locales au Sénégal, Harmattan, 2007, p.166.

Diallo, M. 2009. « Géomatique et décentralisation au Sénégal : Quels outils et méthodes pour une gestion durable des ressources naturelles à l'échelle locale », in *Gouvernance et gestion décentralisée des ressources naturelles*, CSE, Dakar, pp 125 à 138.

Dièye, A., 2002. « Problématique de la communalisation des communautés rurales : et de la viabilité des communes rurales », Séminaire du Collectif des Organisations de la Société civile sur la réforme de l'Administration locale, Dakar 9-10 janvier.

Djoli Eseng'Ekéli, J., 2005. « Droit Gouvernance et développement durable », Cahiers d'Anthropologie du droit, 2005, sous la direction de Christoph Eberhard, Laboratoire d'anthropologie juridique de Paris, KHARTALA, pp 198-199.

Diouf, A., DFRI MCA/S DFRI, 2015. Mise en œuvre des activités de sécurisation foncières, Atelier régional de Capitalisation des résultats des activités de sécurisation foncière de MCA Sénégal, Saint-Louis 10 et 11 septembre 2015, Atelier du groupe 2.

Diouf, A., 2015. in Atelier final de présentation des résultats du projet MCA/S, rapport de présentation, Saint-Louis 10-11 Septembre 2015.

Frison-Roche, M-A., 2002 « La régulation, objet d'une branche du droit », in «Droit de la régulation : questions d'actualité », n° spécial des *Petites Affiches*, 3 juin 2002, p. 3-7

Huisman, B., Ribes, F., 2009. « Les philosophes et le pouvoir », Dunod, Paris, 1994. Nous avons lu un extrait cité dans "la gouvernance locale et le développement régional, entre coordination marchande, Régulation institutionnelle et conventions territoriales », Ben Amor MOULDI, Forum de la Régulation, Paris, 1-2 Décembre 2009, P10.

Le Roy, E., Karsenty A., Bertrand A., 1996. *La sécurisation foncière en Afrique : Pour une gestion viable des ressources renouvelables,* Paris : Karthala, 388 p.

Leftwich, A., 1993, « Governance, democracy and development in the Third World », Third World Quaterly, Vol.14, N° 3, PP 605-624.

Ly, I., 1994. Problématique du droit de l'environnement dans le processus de développement économique et social d'un pays africain : l'exemple du Sénégal. Thèse de Doctorat d'Etat en Droit, UCAD, 458 p.

Ribot, J. C., 2002. *La décentralisation démocratique des ressources naturelles. Institutionnaliser la participation populaire.* Institut des Ressources mondiales World Resources Institute (WRI), Washington

Touré, I., , Bah, A.,d'Aquino, P., DIA, I, 2004. « Savoirs experts et savoirs locaux pour la coélaboration d'outils cartographiques d'aide à la décision ». *Cahiers Agricultures* 13 : pp.546-53

Traoré, S., 1997. « Un cas de prise en compte réussie du droit foncier coutumier par la politique étatique : l'affectation concertée des périmètres villageois dans la Haute vallée », in *Actes du Colloque Saint-Denis Ile de la Réunion*, pp. 301- 305.

Traoré, S., 2011. « Quelles contributions de la décentralisation à la résolution des conflits liés à la gestion du pouvoir et des ressources naturelles », in *Relance du développement local au Sénégal*, Harmattan, 269p.

Verpaux, M., 1990. « Régulation et contrôle », CNRS, rapport colloque, 18 et 19 Mai 1990.

Vonsy, M, 2010. « La séparation des pouvoirs dans les Collectivités territoriales », GRECCAP-CERCCLE, Université Montesquieu Bordeaux IV, 11pages.
http://www.droitconstitutionnel.org/congresParis/comC4/VonsyTXT.pdf

Wane, M., 1983. « Les enjeux fonciers dans la vallée du Sénégal », in B. Crousse, E. Le Bris, E. le Roy (éds.) *Enjeux fonciers en Afrique noire*, Paris, ORSTOM Karthala, 427 p.

La problématique de l'accès à l'eau dans les îles du Saloum : quelle place pour les initiatives locales dans la gouvernance de l'eau ? [8]

Alioune Kane[1],
Aichetou Seck[1],
Ndickou Gaye[1].

Résumé :

Le delta du Saloum, à l'exemple des écosystèmes insulaires est par nature un milieu complexe qui regorge d'importantes richesses écosystèmiques, situées tant dans sa partie continentale qu'océanique. Comme toutes les zones littorales, il est constitué de véritables territoires d'enjeux en raison de la diversité et de la dynamique des activités qui s'y développent, mais aussi de par l'attrait climatique qu'il exerce, entraînant une concentration de la population surtout dans sa partie méridionale. Cependant, de fortes menaces pèsent sur cet écosystème depuis que la flèche littorale de Sangomar qui protégeait naturellement l'estuaire du Saloum a subi une rupture en février 1987 au niveau du village de Djiffère, entraînant la formation d'îlots et la dégradation des éco-socio-systèmes de toute la zone. La conséquence immédiate de cette crise environnementale est l'intrusion marine dans les bolongs, la salinisation des eaux et des de terres. Cette situation n'est pas sans conséquence : ce phénomène a perturbé l'équilibre entre l'eau douce et le biseau salé et a affecté la nappe phréatique, d'où la problématique d'approvisionnement en eau potable dans ce milieu insulaire en général et, en particulier, à Bassoul, Dionewar, Falia et Niodior.

L'inadéquation observée entre l'offre et la demande entraîne souvent des conflits inter communautaires autour des points d'eaux. C'est dans ce contexte que plusieurs acteurs entrent en jeu et interviennent dans la gestion et l'accès à l'eau : l'Etat, les ONG et la population locale. Malgré la multiplicité des acteurs, il est noté une défaillance au niveau de l'élaboration des stratégies et des politiques relatives à l'eau, surtout à l'échelle insulaire. Si la gestion de l'eau est un acte collectif qui suppose

[8] EDEQUE, Ecole Doctorale Eau, Qualité et Usages de l'Eau, UCAD, Dakar

la participation de tous les acteurs à l'échelle nationale et locale, les populations des îles du Saloum, plus particulièrement celles de Dionewar, de Niodior, de Falia et de Bassoul, ont développé des stratégies d'accès et de gestion des ressources en eau basées sur les savoirs locaux couplés à des pratiques exogènes.

Cette communication s'inscrit dans l'étude de la problématique de l'eau en milieu insulaire. Elle pose de manière accrue la compréhension du risque au niveau local, la vulnérabilité des populations littorales mais aussi leurs capacités à mettre en place des initiatives pour mieux gérer cette ressource. Ainsi, les objectifs premiers de cette communication sont d'une part d'appréhender les savoirs et pratiques mobilisés dans la gestion de l'eau étant donné que les acteurs impliqués, sont déjà identifiés. D'autre part, il s'agit de mettre en exergue les interactions entre les différents acteurs, de voir les modalités de résolution des conflits et d'analyser les initiatives de gestion mises en place par les populations. Les informations mobilisées dans cette recherche proviennent notamment d'enquêtes de terrain réalisées dans le cadre du Master Gestion Intégrée et Développement durable du Littoral Ouest africain (GIDEL) en septembre 2015.

Introduction

Aujourd'hui les territoires littoraux et insulaires représentent sans aucun doute les espaces subissant le plus de pressions au monde. Très convoités et fortement occupés par les hommes, ils sont le siège de nombreuses et diverses activités socio-économiques. Cette situation entraîne bien souvent des transformations irréversibles sur les écosystèmes avec notamment une importante érosion des ressources naturelles. Ainsi, le développement effréné et parfois mal contrôlé des littoraux et des petites îles, tant démographique qu'économique, n'est pas sans susciter des inquiétudes sur la pérennité et l'accès à certaines ressources environnementales comme l'eau.

Au Sénégal la problématique de l'accès à l'eau potable demeure une préoccupation majeure. Pays du Sahel, il est marqué par une crise de l'eau qui tient beaucoup de la baisse du niveau des ressources hydriques, de la variabilité pluviométrique ainsi que d'une faible technicité dans l'exploitation des ressources (Diatta, 2014). Afin de résoudre cette épineuse question, le gouvernement a rapidement pris en compte dans ses politiques la question de l'hydraulique avec des avancées notables sur ces dernières décennies. En milieu urbain, le taux d'accès à l'eau potable se situe globalement à un niveau élevé. Ainsi par exemple plus de 95% des ménages de la région de Dakar et 89% des ménages des autres centres desservis avaient accès à l'eau potable en 2009 alors qu'en zone rurale prés de73% de la population dispose d'un accès qualifié de "raisonnable" à l'eau potable, au sens défini par l'OMS/UNICEF et retenu pour les OMD (PEPAM, 2010). Néanmoins, des disparités sont encore observées dans de nombreuses zones rurales où l'accès à une eau de qualité est une gageure.

Dans les iles du Saloum, la question de l'eau se pose avec acuité. Milieu extrêmement fragilisé depuis la rupture de la flèche littorale de Sangomar en 1987, l'estuaire du Saloum connaît la perte grandissante de terres agricoles, une contamination accélérée des nappes souterraines par le biseau salé qui corrélée à une pluviométrie déficitaire jusqu'en 1999, pèse sur la gestion de l'eau à l'échelle communautaire. Une situation qui pose avec acuité la question de l'eau dans un milieu où la population est estimée à 12866 habitants

1. Les iles du Saloum, un milieu fragile actant dans la vulnérabilité sociale

Situées entre 13°35' et 14°00' de latitude Nord et 16°00' et 17°00' de longitude Ouest, les îles du Saloum couvrent près de 950 km² et sont constituées par l'arrondissement de Niodior situé dans le département de Foundiougne de la région de Fatick. Elles sont aussi communément appelées les îles du Gandoul au Nord du delta du Saloum. C'est une région bien dotée en cours avec le Saloum, le Diombos et le Bandiala, la pointe de Sangomar constituant leur terminus au Sud.

De par leur appartenance au delta du Saloum, les îles du Gandoul se caractérisent par un bon nombre de « bolongs » ou chenaux de navigation illustratifs d'un environnement de mangrove ; ainsi que par la présence de nombreux amas coquilliers que l'on retrouve dans les villages de Falia, de Diogane, de Dionewar plus particulièrement dans la partie niominka et de Diorom Boundaw et Diorom Boumag dans la partie îles socé (Figure 1).

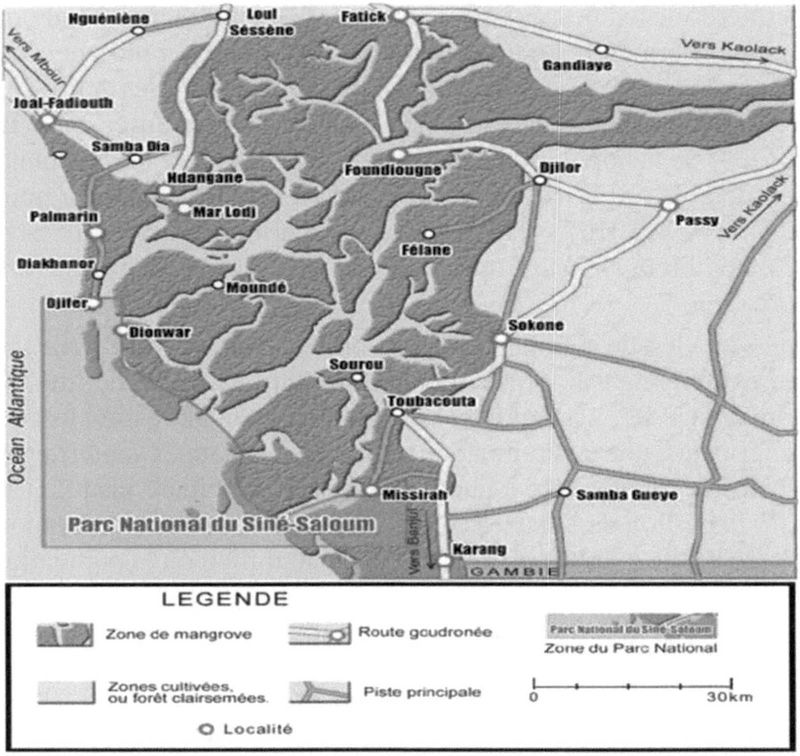

Figure 1. Localisation des îles du Saloum

1.1. Un milieu physique riche et diversifié…

Les îles du Saloum, à l'instar de l'ensemble du delta du Saloum, s'inscrivent dans une zone humide estuarienne marine et côtière composée de vasières, des bancs de sable, des terres salées intertidales, des îlots sableux, des herbiers marins. Le milieu insulaire présente un écosystème singulier fortement marqué par la mangrove. La végétation et la flore sont assez diversifiées, en relation avec la géomorphologie et la pédologie de la zone. On distingue ainsi deux grandes formations végétales. D'une part, la mangrove qui occupent les parties submersibles et leurs bordures avec quelques essences principales *Acrostichum aureum, Avicennia germinans, Conocarpus erectus, Laguncularia racemosa, Rhizophora harrisonii, Rhizophora mangle* et *Rhizophora racemosa*. Ces espèces appartiennent à trois (3) familles : les Rhizophoracées, les Verbénacées et les Combrétacées. D'autre part, l'intérieur des terres offre une végétation plus soudanienne dont *l'Eleis guineensis* (palmier à huile), le *Cocos nucifera* (cocotier).

1.2. …marqué par la variabilité climatique et la rupture de la flèche de Sangomar

Avec un climat de type soudano-sahélien, la région se caractérise par deux grandes saisons très tranchées résultant de l'alternance de la circulation des alizés et de la mousson (Diop, 1990 ; Diouf, 1996 ; Benga, 2006). La saison sèche dure huit à neuf mois subit à la fois l'influence de l'harmattan et de l'alizé maritime offrant une période de fraicheur de novembre à mars. La saison des pluies qui s'étend de juin/juillet à novembre connaît une importante irrégularité spatio-temporelle avec une période déficitaire de 1968 à 1999 (Diouf, 1996; Dia, 2003). Ainsi par exemple, N. Gaye (2014) dans ses travaux sur la zone du delta du Saloum montre que la pluviométrie en1983 à été globalement déficitaire pour les stations de Fatick, Foundiougne Sokone avec respectivement 263,9 mm, de 259,2 mm et de 418 mm pour Sokone. Pour la station de Toubacouta, pour la même période, elle est seulement 362,3 mm de pluie. D'une manière plus générale, l'année 2009 fut très pluvieuse pour l'ensemble de la région avec près de 900 mm de précipitations. Depuis 1999, la pluviométrie est revenue à son niveau moyen de la période 1900-2015 comme dans tout le Sénégal.

En raison de son caractère fluctuant, la pluviométrie a une incidence notable sur les teneurs en sel de certains bras de mer comme celui du Saloum. La réduction pendant 30 ans du volume et de la fréquence des pluies, combinée à la faiblesse de la pente de ce cours d'eau ainsi qu'une forte évaporation ont profondément changé le mode de fonctionnement de l'estuaire tant qu'aujourd'hui on parle d'estuaire inverse. La variation pluviométrique impacte aussi négativement le peuplement de la mangrove et sur le couvert végétal. A cet effet, les études menées par divers auteurs Cormier Salem (1994) et par Ndour N. (2005) indiquent que durant la sécheresse des années 1970 et la tendance à la baisse de la précipitation on a observé une importante dégradation des forêts de mangrove dont la superficie a drastiquement diminué pour atteindre i quelques 100 000 ha ; alors qu'il est constaté une extension des formations de tannes et de sols salés. Toutefois, ces contraintes naturelles sont aussi accentuées par des actions anthropiques pendant les périodes de crise agricole et sylvo-pastorale où les populations locales se sont tournées vers la mangrove et ses nombreuses ressources pour la satisfaction de leurs besoins économiques (Dièye. *et al*, 2008). Depuis une vingtaine d'années, la mangrove est en progression (Conchedda *et al*, 2007 ; Andrieu, 2008 ; Conchedda *et al*, 2011 ; MAVA, 2014).

Outre la variabilité pluviométrique qui touche globalement l'ensemble du delta du Saloum, les îles subissent des modifications hydriques et géomorphologiques depuis la rupture de la flèche de Sangomar exacerbant la fragilité des écosystèmes et de la dégradation des ressources naturelles. La flèche de Sangomar constituait une importante structure sableuse qui s'allongeait vers le sud sur une vingtaine de kilomètres à partir de Palmarin jusqu'à Diakhanor. Elle jouait un rôle de protection pour les paysages de l'estuaire. Cependant, l'importante pression exercée par les fortes houles et l'absence temporaire d'alimentation sédimentaire en « amont » par réduction des produits provenant de secteurs septentrionaux de la Petite Côte participent à déstabiliser la partie basse de l'estuaire et provoque la rupture en février 1987 de la flèche de Sangomar au lieu-dit Lagoba. Pour l'essentiel des îles, ce phénomène s'est traduit par une amplification des phénomènes d'érosion côtière. Celle-ci se manifeste par une importante diminution des plages surtout dans la zone de Dionewar, la perte de terres agricoles, la salinisation des nappes souterraines (Faye, 2016).

Ainsi le delta du Saloum et plus particulièrement les îles du Saloum représentent un milieu très fragile. La dégradation des conditions écologiques ne sera pas sans conséquences sur les activités socio-économiques et sur la disponibilité des ressources en eau.

2. Les ressources en eau

L'approvisionnement en eau des populations est tributaire de la disponibilité de la ressource qui elle-même demeure assujettie à l'évolution des facteurs environnementaux. Dans les îles du Saloum, il existe d'importantes ressources en eaux de surface (bolongs et mares). Les eaux souterraines sont également abondantes mais leur qualité est généralement mauvaise, d'où le déficit en eau constaté par endroit (Dia, 2003). Cependant elles restent conditionnées par la pluviométrie et localement le sur-pompage, ce qui entraine une salinité des bolongs très souvent plus élevée à celle de la mer les rendant inutilisables pour les populations.

2.1. Les eaux de surface

Les principales rivières sont : le Djikoye qui est à l'extrême Sud-ouest de la réserve de biosphère et le Néma. Ces deux rivières sont les rares cours d'eau permanents de la zone. L'apport en eau de ces rivières dépend de la pluviométrie qui est de plus en plus déficitaire (Diop, 1990, p. 163). Il en résulte un tarissement de ce réseau qui jouait un rôle fondamental du fait de la faiblesse générale des dénivellations, de l'évaporation et du caractère confiné des cours d'eau. *La sur salure est notée pendant une bonne partie de l'année avec des teneurs en sel au niveau des marigots supérieures à celle de la mer* (Dia, 2003, p. 33).

2.2. Les eaux souterraines sont constituées par deux types de réserves

• la nappe superficielle du Continental Terminal (CT) qui se situe entre 10 à 25 mètres de profondeur. Elle est alimentée par les eaux de pluie annuelles et exploitée grâce à des puits. Toutefois, cette alimentation est conditionnée par la nature du sol, la pente et l'importance de l'évapotranspiration (Diop, 1990, p. 165). Néanmoins, la nappe est envahie par les eaux saumâtres qui ne laissent subsister que quelques lentilles d'eau douce susceptibles d'assurer la consommation humaine. Généralement les débits obtenus (30 à 70 m^3/h) couvrent les besoins en eau potable des populations locales.

• la nappe du Mæstrichtien, située au-delà de 300 mètres de profondeur, est exploitée par le système des forages qui donnent facilement des débits de 150 à 250 m^3/h. Malgré des réserves considérables, l'eau est généralement de mauvaise qualité (excès de sel et de fluor).

3. Les sources d'approvisionnement et les usages

3.1. Les modes d'approvisionnement

Dans la communauté rurale de Dionewar qui est composée par les trois villages étudiés, les populations s'approvisionnent essentiellement à travers les lentilles d'eau captée par une multitude de puits : les puits traditionnels (80) ou modernes (17). Seul le village de Falia dispose de (2) bornes fontaines (Diarra, 2013). Cependant, les populations utilisent des techniques de récupération des eaux de pluie pour satisfaire leurs besoins en eau surtout pendant la saison sèche.

• Cas de Dionewar

Le village de Dionewar est des trois villages celui qui le plus touché par l'intrusion saline. Les populations exploitent principalement une lentille douce de qualité variable située au nord de la tanne de Mbinmack et l'eau de pluie.

La lentille d'eau douce : Suivant le schéma classique, une lentille d'eau douce est constituée d'une mince couche d'eau douce flottant sur l'eau salée qui imprègne le sable et constitue le substratum des îles. Son épaisseur va de zéro au niveau de la mer ou des tannes, à quelques mètres au centre des îles. L'exploitation traditionnelle de cette lentille, par un réseau de puits communautaires conçus pour écrémer la couche d'eau douce, apporte 90 à 95% de la ressource. Cependant, l'équilibre eau douce / eau salée est extrêmement fragile, et le sel remonte dès que les puits sont soumis à des prélèvements intenses. Cependant diverses menaces pèsent sur les puits et sont souvent liées à la remontée saline et au risque de contamination par les fosses septiques ou rejets divers. Cette dernière contamination affecte surtout les puits au sein des concessions.

La récupération des eaux de pluie : Avec une pluviométrie moyenne de l'ordre de 570 mm/an, l'île de Dionewar reçoit près de 1000 000 m^3 en moyenne par an, dont probablement moins de 1% est aujourd'hui récupéré à partir des toitures (Bertran Plus, 2013). Le reste n'est pas perdu car la plus grande partie s'infiltre et recharge ainsi la lentille d'eau douce, (Cerads, 2013)[9].(Figure 2)

Figure 2 : puits réservé aux tâches ménagères à Dionewar, 2015

- Cas de Niodior

La topographie de Niodior permet de capter une quantité non négligeable en eau douce avec une lame de 1 à 2m. Les sources d'approvisionnement en eau sont diversifiées mais les puits traditionnels communautaires restent le mode le plus utilisé par la population

[9] **Cerads.** L'île de Dionewar (Sine-Saloum). 2013, 8 p.

contrainte de recourir principalement à cette source, avec un système de puisage manuel du fait de la salinité de l'eau des forages (Diarra, 2013).

En dehors des puits communautaires, la population a recours soit à l'achat d'eau au niveau des bornes fontaines soit à des branchements particuliers dans leur maison.

• Cas de Falia

La question d'approvisionnement en eau douce est moins aigüe dans l'île de Falia. Les principales sources d'approvisionnement sont

- les puits communautaires,

- l'eau de pluie récupérée dans des citernes à partir des toitures des maisons

- et les bornes fontaines alimentées par le forage de Moundé.

Les difficultés d'approvisionnement en eau se font moins sentir en saison pluvieuse car la nappe phréatique est alors bien alimentée. Par contre en saison sèche, l'eau est récupérée et gardée dans les citernes pour assurer la consommation. Les autres usages tels que la lessive sont assurés par les puits même si leurs quantités ont fortement diminué durant cette période (Figure 3).

Figure 3 : puits pour la boisson a Falia, 2015

3.2. Les usages de l'eau

Les différents usages de l'eau dans les villages étudiés sont déterminés en fonction de la nature, de la qualité et de la disponibilité de l'eau. Ainsi nous distinguons les usages domestiques, pastoraux et ceux réservés aux activités socio-économiques.

▪ Les usages domestiques

Les besoins domestiques en eau au niveau des villages de Niodior, de Dionewar et de Falia restent dépendants de la pluviométrie, des forages mais également de la capacité de production des lentilles d'eau douce qui alimentent les puits.

En saison pluvieuse, l'eau récupérée au niveau des toitures est utilisée pour la boisson et autres besoins domestiques (Figures 4, 5 et 6). Cette eau disponible sur une courte durée permet tout de même de réduire pour les femmes les lourdes charges de recherche d'eau surtout à Dionewar. Les puits communautaires assurent également la satisfaction des besoins domestiques (lessive, nettoyage des ustensiles, toilette, cuisson) durant toute l'année. Cependant, quelques différences existent au niveau des villages. A Niodior la qualité de l'eau des puits et la présence du forage de Moundé permettent son utilisation pour divers usages (ménager et de boisson). L'eau de pluie récupérée est plus réservée à la lessive. A Dionewar et Falia, en revanche, les puits jugés de mauvaise qualité sont surtout destinés aux tâches ménagères.

▪ Les usages pastoraux

L'élevage dans les iles est surtout constitué de petits ruminants (ovins et caprins). L'abreuvement du bétail pourrait susciter quelques inquiétudes dans un milieu où l'eau constitue une denrée rare. Cependant, la stratégie consiste ici à réserver certains puits dont la qualité est médiocre (sel, coloration jaunâtre de l'eau) au cheptel. Ainsi par exemple, dans le village de Falia où le cheptel est faible, deux anciens puits communautaires sont réservés pour l'élevage alors qu'à Niodior, des puits reliés à des réservoirs cimentés sont creusés en pleine brousse afin de permettre l'alimentation en eau de bétail surtout en saison sèche. A Dionewar, l'alimentation en eau du bétail se fait aussi au niveau de mares de petite taille et qui sont souvent des points d'affleurement de la nappe. Ainsi, seulement deux mares d'environ 1000 à 2000 m², subsistent au moins 4 mois après les pluies et servent de points d'abreuvement temporaires aux troupeaux (Wade, 2012).

▪ Les usages liés aux activités économiques

Ils sont surtout liés à la transformation artisanale des produits halieutiques et au maraichage. L'activité maraichère reste timide dans la zone et sa pratique est le fait des femmes. Elle permet la satisfaction des besoins du ménage tout en assurant un appoint monétaire par sa vente au marché. A Dionewar, elle se fait aux alentours des concessions où les puits impropres à la consommation sont utilisés à cet effet.

L'activité de transformation artisanale admet des besoins en eau importants. Au niveau de Dionewar et Niodior, les femmes utilisent tant les puits communautaires que les eaux pluviales. A Falia, le site de transformation est alimenté par le forage de Moundé, mais la salinité fait que les femmes ont de plus en plus recours aux eaux de pluie et à celles des 4 puits communautaires situés à proximité.

Figure 1 : Réservoir d'eau du site de Niodior

Figure 2 : Bassine de récupération des eaux pluviales du site de Dionewar

4. La gouvernance de l'eau dans les îles du Saloum

La gouvernance de l'eau en milieu rural fait intervenir différents acteurs et ce à différents niveaux. Dans les îles du Saloum, nous avons d'une part, la présence de l'Etat à travers ses structures déconcentrées et des ONG de développement qui permettent d'assurer une gestion moderne de l'hydraulique rurale. D'autre part nous avons aussi une gestion traditionnelle de l'eau encore vivace au niveau communautaire.

4.1. La gestion moderne de l'eau dans les iles du Saloum

Elle est assurée par l'autorité déconcentrée en association avec les communautés et par les initiatives privées de quelques ONG. Ainsi, selon le Pepam (2015) les actions faites en matière d'accès à l'eau assurent pour la commune de Dionewar un taux de couverture de 93% dont 89% par adduction en eau potable et 4% par puits ou forages villageois Cependant, des disparités importantes demeurent.

Les logiques d'intervention de l'Etat envers les populations rurales, consistent généralement par la mise en place de forages, de bornes fontaines, branchements particuliers etc. en coordination les acteurs locaux. Pour ce faire, l'Etat procède à la réforme de sa politique en eau en zone rurale avec la création des Associations d'Usagers des Forages (ASUFOR) en 1997. Ces instances voulues plus transparentes et démocratiques regroupent l'ensemble des acteurs locaux qui ont ainsi pleine compétence sur la gestion des ouvrages. Cependant, dans le cas des villages de Niodior, Dionewar et Falia la réalisation d'ouvrages hydrauliques est très délicate en raison de la proximité de la mer. Ainsi, seuls Niodior et Falia sont alimentés à partir du forage de Moundé situé sur la partie continentale. Néanmoins très souvent les bornes fontaines sont délaissées en raison du coût de l'eau. Il faut souligner que l'hydraulique rurale connaît une évolution nouvelle avec la suppression de la Direction d'Exploitation et de Maintenance remplacée depuis 2014 par l'Office des Forages Ruraux (OFOR) afin de circonscrire les difficultés que connaissent les ASUFOR.

L'acuité de l'accès à l'eau dans notre zone d'étude est loin d'être satisfaite. Le taux de disponibilité moyen mensuel des forages ruraux motorisés ne cesse de se détériorer année après année (92,2% en 2007 et 90, 3% en 2008) alors que la qualité de l'eau constitue une préoccupation constante aussi bien pour les populations rurales que pour les promoteurs de projets d'hydraulique villageoise, en raison de la forte teneur en sels et en fluorures de l'eau souterraine largement exploitée par les systèmes d'AEP villageois (ENDA, 2015). L'une des solutions outre la réalisation de puits communautaires, consiste en la création de citernes ou d'impluviums. Ces initiatives menées par le Micro-FEM et par Caritas, permettent aux populations de disposer d'une capacité d'eau de 10 à 16 m^3 à stocker pendant environ 3 mois. Ce qui réduit la corvée d'eau aux femmes. Cependant seul le village de Falia en bénéficie contre une participation de 5 à 10% de l'investissement total estimé à 390000FCFA.

Figure 6 : Citerne de stockage de l'eau de pluie à Falia (2015)

Par ailleurs afin de renforcer les taux d'accès d'importants projets de transfert d'eau sont en cours avec celui de « Notto-Ndiosmone-Palmarin » (Figure 7).

Figure 7 : le projet d'adduction d'eau dans les îles du Saloum (2015)

4.2. Les initiatives de gestion locale de l'eau dans les îles

La question de l'accès à la ressource en eau reste une préoccupation quotidienne pour les populations de Dionewar, Niodior et Falia malgré les investissements faits par l'Etat et ses partenaires au développement. Il s'agit pour les populations locales de bien gérer la ressource et de développer quelques stratégies afin d'arriver à faire face aux pénuries qui interviennent souvent en saison sèche. L'utilisation des eaux de puits et la collecte des eaux pluviales reposent sur des techniques de stockage et de conservation pour gérer durablement la ressource. Parmi ces initiatives, il s'agit d'éviter au maximum la contamination des eaux stockées dans les canaris, par la javellisation ou l'utilisation de comprimés Aquatabs. Ce qui garantit la potabilité de l'eau. De plus afin d'assurer une salubrité du village, des comités de salubrités sont créés à Niodior et à Dionewar. En leur sein, on trouve une brigade de puits chargée du nettoyage des puits à l'approche de l'hivernage et des actions de sensibilisation pour l'entretien et le respect des mesures d'hygiène des systèmes de stockage d'eau.

Les populations ont aussi développé un « circuit de l'eau » qui consiste à l'achat d'eau vers la zone continentale. La marchandisation de la ressource est à prix différents. Par exemple à Falia le bidon de 20 litres est acheté à 10 francs et à Dionewar il est vendu à 200 francs. Selon les acteurs, la facturation de l'eau s'élève souvent de 2000 à 7000 francs par mois et le mètre cube est vendu à 400 francs dans certaines localités des îles du Saloum.

Ce commerce est très important et l'eau achetée provient de Ndangane, Sokone ou même par occasion de Guinée Bissau ou de

Gambie pour le cas de Bassoul. Cependant, les populations gardent encore une solidarité qui permet l'entraide en période de pénurie. Celle est très visible en direction de Bassoul qui constitue un cas extrême dans l'accès à l'eau.

La sensibilité de l'accès à l'eau est une réalité pour les villageois qui en saison sèche voient s'exacerber les tensions au niveau des puits communautaires. Si l'entraide permet de les apaiser il s'agit aussi de bien gérer les activités consommatrices d'eau. En effet la transformation artisanale, activité ancienne, permet aux femmes de nos trois villages de réaliser des gains substantiels mais n'est possible qu'avec une gestion rationnelle et collective des besoins en eau. Conscientes de cela, les femmes de Dionewar se sont organisées en groupements dont chaque membre donne une bouteille d'eau afin de ravitailler le site.

Conclusion

La question de l'accès à l'eau potable dans les milieux insulaires reste le problème central de la vie quotidienne de ces populations qui sont en constante évolution. Le poids démographique dans les îles explique l'importance des besoins accrus en eau potable alors que les ressources disponibles au contraire, demeurent limitées eu égard à la faiblesse des nappes locales et à celle des équipements hydrauliques.

Dans les villages de Dionewar, Falia, et Niodior, les besoins essentiels en eau sont assurés par des puits traditionnels et/ou modernes et ainsi que des eaux pluviales. Mais ces eaux sources d'approvisionnement ne sont pas de nature à satisfaire les différents usages surtout pour la consommation humaine. La contamination de la nappe phréatique par le sel constituant un facteur limitant.

Cette situation se ressent dans la gestion des ressources en eau. Bien que les populations initient timidement des actions en appui avec les ONG l'implication de l'Etat doit davantage se poursuivre afin de réduire les disparités en milieu insulaire. De fait, le projet d'adduction d'eau « Notto-Ndiosmone-Palmarin » en cours d'exécution dans les îles du Saloum, pourrait sans doute répondre à la demande. De plus, il est nécessaire de développer des programmes de remise à niveau des installations d'hydraulique rurale couplés à une professionnalisation de l'entretien et de la maintenance ainsi qu'une amélioration de la gestion de l'eau distribuée. L'utilisation pérenne des ouvrages d'adduction demande une plus grande implication des usagers et une tarification efficiente. Enfin, la prise en compte de l'accès à l'eau passe par la valorisation des eaux de puits (ouvrage protégé, exhaure éolien ou solaire, traitement local de javellisation de l'eau) dans les zones où elle est de bonne qualité (ENDA, 2015).

Références bibliographiques

Andrieu, J., 2008. Dynamique des paysages dans les régions septentrionales des Rivières du Sud (Sénégal, Gambie, Guinée-Bissau). Thèse de géographie, Université Paris 7, 532 p.

CERADS, 2013. L'île de Dionewar (Sine Saloum): des défis insurmontables. Centre d'Etude Recherche-Action pour le Développement de la zone Soudano-Sahélienne. Article en ligne, 8p. http://www.cerads.org/wp_ver_2013/wp-content/uploads/2013/03/Dionewar-defis-perspectives-03_13.pdf

Conchedda, G., Durieux, L. & Mayaux, P., 2007. An object-based method for mapping and change analysis in mangrove ecosystems. ISPRS *Journal of Photogrammetry and Remote Sensing*, 63, 578- 589.

Conchedda, G., Lambin, E. F. & Mayaux, P., 2011. Between Land and Sea: Livelihoods and Environmental Changes in Mangrove Ecosystems of Senegal. *Annals of the Association of American Geographers*, 101, 1259

Dacosta, H., 1993. Variabilité des précipitations sur le bassin versant du Saloum. In : *Gestion des ressources côtières et littorales du Sénégal*. Diaw A.T., Ba A., Bouland P., Diouf P.S., Lake, L.A., Mbow, M.A. Ndiaye, P. et Thiam, M.D. (ed.). Actes de l'atelier de Gorée 27-29 juillet 1992, pp. 87-103.

Diagne, S. 2012. Impact de la dynamique des unités morphologiques dans les îles du Gandoul (Niodior, Dionewar et Falia). Mémoire de master II.

Diarra, K, 2013. L'accès à l'eau potable dans les îles du Saloum : Etude de cas de l'arrondissement de Niodior.

Diaw, AT., 1993. Le régime des marées à Djiffere Saloum, (Sénégal). In : *Gestion des ressources côtières et littorales du Sénégal*. Diaw, A.T., Ba, A., Bouland, P., Diouf, P.S., Lake, L.A., Mbow, M.A. Ndiaye, P. et Thiam, M.D. (ed.). Actes de l'atelier de Gorée 27-29 juillet 19921992, p77-86.

Dieye, E. H. B., Diaw, A. T., Sané, T., Ndour, N., 2013. Dynamique de la mangrove de l'estuaire du Saloum (Sénégal) entre 1972 et 2010. *Cybergeo : European Journal of Geography* [En ligne], Environnement, Nature, Paysage, document 629, mis en ligne le 09 janvier 2013, consulté le 18 septembre 2015. URL : http://cybergeo.revues.org/25671 ; DOI : 10.4000/cybergeo.25671

Diop, E.S., 1975. Etude géomorphologique de la pointe de Sangomar et les îles du Gandoul (îles du Saloum-Sénégal) T.E.R. département de géographie. Fac. Des Lettres et Sciences Humaines. Dakar, 183p.

Diop, E.S., 1978. L'estuaire du Saloum et ses bordures (Sénégal). Etude géomorphologique, thèse de Doctorat de troisième cycle U.E.R. de Géographie, univ.. Louis Pasteur-Strasbourg, 247p.

Diop, E.S., 1986. Estuaires holocènes tropicaux : Étude de géographie comparée des "Rivières du Sud du Saloum (Sénégal) à la Melancorée (République de Guinée). Thèse de Doctorat d'État, Université Louis Pasteur, Strasbourg, 360p.

Diop, M., Niang-Diop F., Guiro I. & Kane L. 2011. Etude de la biodiversité dans la zone côtière du parc national du delta du Saloum, Mars 2011, version finale, 70p.

Diop, E. S., 1985. L'estuaire et la mangrove du Sine-Saloum. Résultat d'un atelier régional Unesco-COMAR tenu à Dakar du 28 février au 05 mars 1983, In rapport de l'Unesco sur les sciences de la mer n°32, 139 p.

Diop, E.S. 1990. La Côte Ouest-africaine. Du Saloum (Sénégal) à la Mellacorée (Rép. Guinée). Etude de thèse. 380 p

Diouf P. S., Bousso T., Diadhiou H. D. & Kébé M.1992. La pêche dans les estuaires du Sénégal. In : Gestion des ressources côtières et littorales du Sénégal, Edit. Actes de l'atelier de Gorée, 27-29 juillet 1992,

Diouf, P. S. 1996. Les peuplements de poissons des milieux estuariens de l'Afrique de l'Ouest : l'exemple de l'estuaire hyperhalin du Sine-Saloum. Thèse de Doctorat, Université de Montpellier II, 267p.

Diouf, P. S., Barry, M. D., et Coly, S., 1998. La réserve de la biosphère du delta du Saloum : l'environnement aquatique, les ressources halieutiques et leur exploitation. Rapport UICN, 94 p.

Djigo, A. 2000. Exploitation en carrière des amas coquilliers : étude socio-historique et culturelle dans les îles Gandoul (Niodior, Dionewar et Falia) et Bettenti, 144 p.

DPN, 2010. Plan de gestion du parc national du delta du Saloum (2010-2014). MEPN, République du Sénégal. 68 p.

ENDA Tiers Monde, 2015. Partenariats pour des alternatives durables. Dakar, Sénégal, rapport annuel, 76 p.

Gaye, B. 2008-2009. Caractérisation des plantations de Rhizophora, S.P.P, et essai de quantification du carbone séquestré par les reboisements. : Cas du village de Darssilamé Sérère, Mémoire de fin d'étude soutenu en Mars 2010.

Gaye N., 2014. Les dynamiques socio-économiques autour de l'Aire Marine Protégée Communautaire de Bamboung (Delta du Saloum, Sénégal): entre conservation et développement territorial. Thèse de doctorat en Sciences et Gestion de l'Environnement, Université de Liège, Campus d'Arlon, Belgique. Soutenue le 17 septembre 2014, 365 p.

IPCC, 2008. Bilan 2007 des changements climatiques. Contribution des Groupes de travail I, II et III au Quatrième Rapport d'Evaluation du Groupe d'Experts Intergouvernemental sur l'évolution du climat. Intergouvernmental Panel on Climate Change, 103 p.

Kane, A., Niang-Fall, A., Thiaw, D. & Mendy, A., 2014. Vulnérabilité et résilience des milieux et société sur les littoraux ouest-africains, 7 p. In Châtaigner J. M. « Fragilité et résilience : les nouvelles frontières de la mondialisation », ISBN : 9782811111090, Editions Karthala, Collection Hommes et Sociétés, 492 p.

Marius, C., 1972. Reconnaissance préliminaire des sols de l'estuaire du Saloum. Communication à la réunion des pédologues ORSTOM, Dakar, 1972.

MAVA, 2014. Mangrove Dynamics in West Africa ; A&W-report 2029, Gland, Suisse, 41 p.

Mbaye, E. 2005-2006. La cueillette en brousse : terroirs et filières du Gandoul. Fonctionnement, logiques, perspectives, Thèse de doctorat de troisième cycle, département de Géographie, Faculté des Lettres et Sciences Humaines, Dakar, 418 p.

Delta du Saloum : nouvelle gouvernance des ressources à travers un retour aux savoirs empiriques

Adama Mbaye[10],
Marie-Christine Cormier-Salem[11],
Abdou Salam Fall[12]

Résumé

Dans le delta du Saloum, il existait des systèmes traditionnels de gestion des ressources halieutiques. Toutefois, avec l'instauration de la loi sur le domaine national dans les années 70s, les ressources halieutiques ont fait l'objet d'une gestion administrative sur la base d'une irrationalité supposée des communautés locales. Les règles étatiques ainsi instituées, synonymes de reniement des savoirs des populations locales sur la gestion, et d'expropriation de leurs territoires halieutiques, sont entrées en contradiction avec les règles existantes, fragilisant ainsi les systèmes traditionnels de gestion. Néanmoins, depuis les années 2000s, dans le cadre d'une gestion participative entreprise par des ONG, programmes et projets, les populations des villages de Bétenty, Fambine, Soucouta, Niodior, Palmarin ont proposé des systèmes de gestion sur la base de leurs connaissances empiriques sur les ressources et leurs milieux. La pertinence de ces modèles de gestion, confirmée par les recherches participatives entreprises par les chercheurs, a incité l'administration des pêches à s'ouvrir à ce qu'elle appelle une cogestion par la prise en compte des savoirs des populations. Cette contribution montre les savoirs empiriques qui ont été à la base de cette nouvelle gouvernance locale des pêcheries du delta du Saloum et leurs formes de légitimation par l'administration des pêches.

Mots clefs : Savoir empirique-Recherche participative-cogestion-gouvernance locale-delta du Saloum-Sénégal

---

10 Chargé de recherche, ISRA/CRODT, doctorant MNHN/PALOC
11 Directeur de recherche IRD de Hann,
12 Professeur Titulaire UCAD/IFAN

Introduction

Le delta du Saloum est une zone d'une importance économique et écologique capitale du fait qu'elle constitue une zone de frayère, de repos, de reproduction et de nurserie pour les ressources halieutiques. Les ressources halieutiques sont actuellement la principale source de revenus des populations, surtout après le déclin de la culture de l'arachide qui était une agriculture de rente. La particularité de cette région est qu'elle est plus exploitée par des acteurs allochtones, moins soucieux de sa préservation et dont les pratiques portent atteinte aux ressources en présence. Les populations autochtones ont pris conscience des menaces qui pèsent sur la zone et ont entrepris des actions allant dans le sens de sa protection.

C'est ainsi que, dans certains villages, des instances locales de gestion de ressources ont été mises en place par les populations qui entendent instaurer des mesures réglementant l'accès et l'utilisation des ressources dans les espaces maritimes.

Les populations ont senti la nécessité de faire recours aux règles traditionnelles de gestion qui étaient en cours dans beaucoup de villages du delta du Saloum, avant l'instauration de la loi sur le domaine national dans les années 70s. Depuis cette période, les ressources halieutiques ont fait l'objet d'une gestion administrative sur la base d'une irrationalité supposée des communautés locales. Les règles étatiques ainsi instituées, synonymes de reniement des savoirs des populations locales sur la gestion, et d'expropriation de leurs territoires halieutiques, sont entrées en contradiction avec les règles existantes, fragilisant ainsi les systèmes traditionnels de gestion.

Reconnaissant qu'une politique étatique centralisée de la gestion et déconnectée des réalités socioculturelles et économiques des populations autochtones n'est pas neutre dans la dégradation des ressources, l'Etat a tenté de remédier à ce problème. Ainsi, l'approche actuelle prônée par l'administration consiste à impliquer les communautés locales dans le processus d'aménagement et de gouvernance des pêcheries. L'Etat cherche ainsi à faire participer les populations dans l'identification et la formulation des problèmes et la proposition de solutions par la promotion des savoirs traditionnels des communautés locales. Cette nouvelle démarche de responsabilisation des populations locales en matière de gestion des ressources, devait passer par une validation des propositions des populations locales par la recherche scientifique afin de permettre à l'administration de légitimer les mesures proposées.

Population, Etat, ONG et bailleurs de fonds ont sollicité des recherches dites d'accompagnement ou recherches participatives dans leur jargon, afin que les résultats puissent être reconnus et validés par toutes les parties prenantes.

Dans le delta du Saloum, il a été ainsi question d'identifier avec les populations locales, d'une part des zones et les ressources sur lesquelles elles souhaiteraient prendre des mesures et les raisons mises en avant ; d'autre part, d'examiner les différentes formes de gestion qu'elles souhaitaient voir instaurer et leur pertinence scientifique, de même que les instances et les modalités pratiques qui leur semblaient en mesure de garantir une bonne application de ces réglementations.

Le présent papier dresse les principaux enseignements tirés de la démarche participative et les résultats qu'elle a apportés dans la gouvernance actuelle des ressources et des terroirs ; il apporte aussi un éclairage sur l'usage et la motivation de la démarche participative dans le contexte sénégalais.

Méthodologie

La Méthode Accélérée de Recherche Participative (FAO, 1995) a été utilisée pour recueillir les savoirs empiriques des populations. Une équipe multidisciplinaire, composée de chercheurs en sciences sociales, de chercheurs en sciences de la nature et des techniciens, a mené les enquêtes.

Cette équipe a collecté des données qualitatives sur les connaissances des populations, l'écosystème et les réalités socioculturelles et économiques de l'exploitation des ressources. Le recueil de données a été réalisé essentiellement à travers des enquêtes de groupes et des entretiens individuels à l'aide d'un guide d'entretien auprès de différents groupes socioprofessionnels. Ces derniers sont choisis sur la base de l'âge, des techniques pratiquées et de l'ancienneté dans la profession. Le guide a été structuré autour des perceptions, des représentations et des enjeux des espaces halieutiques, des usagers et de leurs formes d'exploitation du milieu, des modes d'organisation sociale de l'exploitation des ressources.

Il s'agissait de combiner les connaissances et les savoirs des populations avec les connaissances scientifiques des biologistes sur la bio-écologie des ressources.

Des pêches expérimentales, associant les populations et les chercheurs, ont été aussi organisées par l'équipe de recherche. Dans la plupart des villages, les populations ont mis en place ce qu'elles ont appelé un comité scientifique composé de personnes ayant une bonne expérience sur les ressources et les espaces halieutiques. C'est ce comité scientifique qui est l'interlocuteur des chercheurs des instituts de recherche.

Ces données ont été complétées par des observations directes sur les lieux d'exploitation à différentes périodes de l'année, afin de tenir compte de l'effet de la saisonnalité. Des séances de restitution des résultats acquis ont été régulièrement tenues sur place avec les populations, après chaque mission de terrain.

Résultats

Les initiatives dans les îles du Saloum

Dans les îles du Saloum, les initiatives de gestion sont nombreuses. Même si elles ont été en partie encouragées par des ONG, des programmes ou bailleurs de fonds, elles correspondant à une volonté des populations de revisiter des formes de gestion traditionnelles des terroirs ancestraux (Cormier-Salem, 2006). Les différentes interventions ont ainsi créé un cadre permettant aux populations locales d'identifier les ressources et les sites qu'elles souhaiteraient gérer compte tenu de leur importance écologique et économique et les différentes formes de gouvernance qu'elles souhaitaient voir instaurer. Sur ce principe, les villages ont entrepris des actions de gestion qui ont fait l'objet de recherches d'accompagnement de la part des scientifiques.

A Fambine

Les populations autochtones ont constaté que les filets dormants et les palangres constituent les principales menaces pour la ressource dans la zone. L'utilisation de ces engins, surtout les filets dormants près des embouchures, constitue des barrages, qui empêchent les poissons de remonter vers les eaux continentales. Les populations ont ainsi entrepris des actions dans l'optique de protéger leurs lieux d'exploitation. C'est ainsi qu'elles ont pris les mesures suivantes :

- fermeture complète des sites de Diourpé, Sandésan et Ndooy ;
- fermeture pendant trois à six mois des autres sites ;
- balisage de ces sites à travers des tableaux indiquant les types de réglementation sur chacun d'entre eux.

L'UICN a entrepris dans ce sens, avec les populations locales, la mise en place de comités de plage chargés d'élaborer les mesures réglementaires pour une bonne gestion des ressources dans la zone. Les populations pensent que le contrôle de l'application de ces mesures doit être confié aux agents des services des pêches.

A Soucouta

A Soucouta et dans les villages environnants, l'utilisation de la senne de petites mailles et le filet dormant par les pêcheurs allochtones et la coupe des palétuviers qui constituent les grandes menaces pour la zone ont poussé les populations à réagir. Afin de lutter contre ces menaces, les populations locales ont entrepris des actions dans l'optique d'une meilleure exploitation des ressources dans la zone. C'est ainsi qu'il a été mis en place un comité inter-villageois réunissant les sept villages et un comité de plage à Soucouta avec l'appui de l'UICN et de l'ONG Océanium.

Le comité de plage a pris un certain nombre de mesures consistant à interdire la coupe de la mangrove et la cueillette des huîtres entre juin et octobre. Ces mesures sont effectivement appliquées et respectées par les habitants de Soucouta. Au vu des résultats positifs de ces réglementations, les populations veulent élargir ces mesures à la pêche. C'est ainsi qu'elles ont décidé :

- d'interdire la pêche dans le bolong de Bamboung pendant une certaine période de l'année ;
- d'interdire définitivement l'utilisation de la palangre, du filet dormant, de la senne de plage et la pratique des marées ;
- d'instaurer une taxe sur les pirogues opérant dans la zone.

Ces mesures ont été consignées dans un document transmis aux autorités administratives locales pour approbation. La sensibilisation des populations a été alors initiée avec le comité inter villageois.

L'UICN et l'Océanium ont entrepris d'octroyer des financements pour la création de campements touristiques dont les revenus générés doivent servir à rémunérer les agents chargés de la surveillance et à l'achat de moyens logistiques de surveillance (pirogue, moteur, carburant). Ces initiatives ont abouti par la suite à la création de l'aire marine protégée de Bamboung (Cormier-Salem, 2015).

A Niodior

Conscientes des menaces que constituent certaines pratiques, notamment celles des allochtones, les populations de Niodior ont mis en place un Comité de plage avec l'aide des autorités administratives locales et de certains organismes tels que l'UICN, l'Océanium, les FEM dans le but de préserver les ressources de la zone.

C'est ainsi que le Comité de plage, en collaboration avec le Service les pêches et le Conseil rural, ont ordonné la fermeture d'août à janvier des sites de *Issofna* et de *Assangua* de même que la zone de cueillette de juillet à septembre. A la demande des populations locales, il a été aussi interdit, sur arrêté du Gouverneur de la région de Fatick, la pêche aux crevettes de mars à août.

Les mesures ont été bien appliquées et respectées par la population locale. Celle-ci avait souhaité que les autorités administratives reconnaissent officiellement les initiatives du comité de plage et que les mesures émanant de cette instance locale fassent l'objet d'un arrêté officiel de la part de ces mêmes autorités. Les populations avaient suggéré aussi que cette instance locale puisse être appuyée par le service des pêches et que l'Etat devrait lui donner plein pouvoir pour veiller à l'application de la réglementation mise en place. A cet effet, les agents chargés de la surveillance doivent être reconnus par l'Etat et identifiés à travers des badges et bénéficier d'une rémunération mensuelle. Les populations souhaitent aussi que l'Etat et les organismes de développement appuient le comité de plage en moyens de surveillance (pirogues et moteurs), de communication et de navigation (GPS, téléphone, appareils photo) pour faire correctement son travail.

Les populations de Niodior, qui étaient en plein dans les actions de la gestion communautaire, avaient entrepris des démarches pour ériger des aires protégées dans leur zone, sous l'égide de l'UICN, de la FENAGIE et de l'Océanium.

A Palmarin

La zone maritime de Palmarin comprend des espaces où les activités de pêche et de cueillette sont les plus développées avec la proximité de Djifère premier port de pêche du Saloum. Palmarin a une façade maritime et une zone estuarienne. Dans la toponymie des zones, il est distingué *Ngousso,* et *Sangomar* situées sur la façade maritime alors que dans les bolongs, les noms des zones sont *Pandaka, Diass, Fafanda et Faboura*.

La zone maritime est utilisée essentiellement pour la pêche, la cueillette et l'installation de campements touristiques et des sites de pratiques cultuelles (sacrifices) à Sangomar. Les populations autochtones considèrent que l'espace maritime de Palmarin, est une zone de frayère, de nurserie, de repos et de passage pour de nombreuses espèces. Les populations signalent d'ailleurs que de gros mulets, en provenance de la Mauritanie, se reproduisent dans cette zone. Elle est aussi la principale zone de reproduction des tortues de mer au Sénégal.

Les populations avaient identifié certaines pratiques qu'elles ont jugées très néfastes sur les ressources de la zone. Ces pratiques concernaient l'extraction de sable marin, la coupe de la mangrove, l'utilisation de la senne de plage et du filet dormant, faite par les allochtones. C'est ainsi que les populations avaient mis en place un Comité de plage pour la préservation de la biodiversité dans les environs de Palmarin. Elles ont délimité une zone, appelée réserve de Palmarin, pour ériger un certain nombre de règles. En 2001, en accord avec le chef de village, il a été interdit dans cette zone, la coupe de la mangrove, la cueillette des fruits non mûrs et l'utilisation de filets de petites mailles.

A Bétenty

Il existe à Bétenty une forme de réglementation de la pêche à la crevette appelée *niokok* dans la langue locale. Ce mot est utilisé pour désigner la période des eaux mortes, période pendant laquelle les courants marins sont faibles et où l'eau semble stagner. Alors que la période de vives eaux est appelée *waame* et se caractérise par des courants marins forts. Les populations s'adonnant à la pêche crevettière sortaient aussi bien pendant le *niokok* que le waame. Depuis 2005, les pêcheurs ont décidé de pêcher la crevette uniquement en période de vives eaux (*waame*), et observent un arrêt de pêche lors de la période de mortes eaux (*niokok*). Les pêcheurs ont constaté que les crevettes pêchées en période de *niokok* sont de petite taille, alors qu'en *waame*, les crevettes sont de plus grande taille, donc de meilleure valeur marchande.

De l'avis des pêcheurs, cette différence de valeur marchande (taille) des crevettes entre les deux périodes est liée aux courants marins qui influent sur la possibilité d'utiliser leur engin plus ou moins loin sur les berges. Selon eux, en période de *niokok*, les zones de passe sont toujours remplies même en période de basse marée en raison d'un retrait très lent de l'eau. Subséquemment, les zones de passe où les pêcheurs traînaient leurs filets ne sont plus accessibles. Or, ce sont ces zones de passe qui abritent en abondance les crevettes de grande taille. Les crevettes de petite taille sont présentes dans les zones peu profondes proches de la côte où les pêcheurs peuvent accéder. Les débarquements sont donc composés en majorité de crevettes de petite taille pendant le niokok (Mbaye *et al.*, 2013).

En *waame*, les courants marins sont forts lors de la basse marée, le niveau de l'eau diminue dans les zones de passe assez profondes. Les pêcheurs peuvent alors pêcher dans ces zones où se trouvent les crevettes de plus grande taille. Les captures des filets traînants en *waame* sont alors de plus grande taille. Ainsi, dans le but de protéger la petite crevette, une partie de la population a proposé la fermeture de la pêche de la crevette durant le *niokok*.

Les populations ont remarqué que ce phénomène de courants marins faibles ou forts est lié au cycle lunaire qui dure entre 29 et 30 jours. Le *niokok* est observé deux fois durant le mois lunaire : entre le 3ième et le 7ième et du 16ième au 20ème jour. Le *waame* est aussi observé deux fois : entre le 8ème et le 15ème jour et du 21ème au 2ème jour du mois suivant. Le repos biologique correspond alors à 8 jours de fermeture par mois. La crevette est ainsi exploitée 21 jours chaque mois, soit un total de 96 jours de fermeture de pêche dans l'année. Cette durée de fermeture équivaut selon les pêcheurs aux trois mois de fermeture instaurés auparavant par l'administration des pêches.

Les pêcheurs ont constaté des résultats positifs depuis l'application de leur initiative. La crevette est devenue plus abondante et de meilleure valeur marchande (plus grande taille). Certains pêcheurs avancent que des débarquements de plus de 20 kg par sortie sont réapparus depuis la mise en place du repos biologique. Les pêcheurs attestent que cette méthode de gestion, moins contraignante pour eux équivaut en nombre de jours d'arrêt de pêche aux 3 mois consécutifs préconisés par l'administration des pêches. Cette méthode est donc jugée plus pertinente (Mbaye *et al*, 2013).

Les résultats des recherches d'accompagnement

Le travail des chercheurs revenait à analyser les savoirs des pêcheurs qui sous-tendent ces mesures et les arguments scientifiques avancés sur leur pertinence par les pêcheurs.

Les recherches d'accompagnement ont mis en exergue la présence d'espèces juvéniles dans les différents villages surtout en hivernage confirmant que cette zone est une zone de reproduction et de nurserie. Toutefois, il a été constaté que les espaces délimités pour la gestion seraient plus pertinents s'ils prenaient en compte une bonne partie de l'espace maritime. Les populations ont avancé les problèmes de moyens de surveillance et des limites de leurs terroirs.

Concernant les mesures prise sur la crevette, les pêches expérimentales ont montré que, durant la période de *waame* et de *niokok*, le moule est globalement élevé ; il dépasse le moule autorisé qui est de 200 crevettes kg à l'exception des mois d'avril, mai, juin et août en *waame* (Fig. 4). En *niokok*, le moule est cependant généralement supérieur au moule autorisé. En *waame*, le moule est inférieur au moule autorisé sur la période avril-août et supérieur sur la période septembre-décembre. Pendant la période de fortes pluies, d'août à septembre, la production diminue.

L'évolution du moule, suivant la période lunaire, semble aussi influer sur la taille de la crevette. Il est à noter une diminution importante du moule pendant la phase de pleine lune. Le test effectué sur les résultats obtenus confirme ce résultat. Pendant la pleine lune (*waame*), une prédominance de petites crevettes est constatée pour un moule inférieur à 200 individus dans 56 % des cas. Le phénomène contraire est enregistré à la fin du dernier quartier.

Concernant l'interdiction de certains engins, il a été constaté que les pêcheurs n'auraient pas besoin d'observer un repos biologique si les engins étaient de taille réglementaire. La capture de la petite crevette durant le *niokok* est occasionnée par l'utilisation d'engins de petites mailles. Les pêcheurs ont reconnu que les engins qu'ils utilisaient étaient de petites mailles, 6 à 10 mm, donc non réglementaires, et envisageaient de les substituer à des engins plus sélectifs de maille, 12 ou 13 mm. Néanmoins, ils soulignent qu'en plus des filets réglementaires, la fermeture durant le *niokok* est essentielle en raison d'un contrôle du maillage difficile à exécuter, mais aussi et surtout les filets utilisés sont confectionnés avec du monofilament qui est un matériau interdit par le code de la pêche. L'interdiction des filets est donc une occasion pour interdire l'utilisation des filets en monofilament.

Toutefois, il a été constaté que les engins, qui sont prohibés dans certains villages, sont souvent ceux utilisés en majorité par les migrants. L'attention des populations a été attirée sur un risque de conflit.

Discussion

Le savoir traditionnel au service de la gestion moderne

Les autorités administratives ont très vite accompagné ces initiatives en formalisant les mesures par arrêté de l'autorité administrative locale. L'administration se dit disposée à officialiser le cadre réglementaire local. Cela a suscité un cadre de concertation entre population locale, administration, recherche et ONG. Ainsi, l'administration parle de "cogestion" des ressources. La cogestion est entendue comme un processus de prise de décision concertée et de responsabilités partagées entre les représentants des groupes d'utilisateurs, les organismes gouvernementaux, les institutions de recherche et autres partenaires (Lavigne Delville, 2001). Ainsi est née une nouvelle forme de gouvernance des ressources dans espaces halieutiques du delta du Saloum (Mbaye *et al*, 2008).

Cette attitude de l'autorité administrative tend à relativiser le clivage entre droit officiel et règle communautaire, malgré tout dominant.

Cette nouvelle démarche de l'administration dans la gestion des ressources, consistant à inciter les populations locales à proposer des mesures de gestion sur la base de leurs connaissances du milieu et de la ressource, appelée initiative locale de cogestion, est basée sur une approche volontariste, centrée sur un territoire restreint et qui conçoit la gestion comme partant du bas en privilégiant les ressources endogènes (Cormier-Salem, 2009). La démarche fait appel aux traditions et savoirs locaux et insiste particulièrement sur la prise en compte des valeurs culturelles et sur le recours à des modalités de réglementations émanant de la population locale. Les communautés locales avancent ainsi de solides arguments sur la biologie des espèces, les conditions hydrologiques, le comportement des engins vis-à-vis de la ressource et des habitats, obligeant l'administration et les ONG à solliciter l'arbitrage des scientifiques

Cette forme de gestion n'avait pas été prise en compte dans le système national de législation des pêches au moment de l'élaboration des différents textes réglementaires, particulièrement le code de la pêche.

Dans certains villages, la communauté locale a mis en place ce qu'elle appelle une "commission scientifique" chargée de recueillir et de vulgariser les connaissances locales qui sous-tendent leurs initiatives. Elle positionne cette instance comme l'interlocutrice des scientifiques et interpelle ces derniers pour des recherches participatives de validation de leurs savoirs.

Les communautés ont aussi mis en place des comités de surveillance et veulent assurer le contrôle et l'application de la réglementation. Elles sollicitent simplement un appui logistique (pirogue motorisée et carburant notamment). Dans cette nouvelle forme de gouvernance appelée cogestion, l'administration s'est donc vue alléger de certaines charges, qui lui incombaient auparavant.

La cogestion est définie comme étant "le partenariat par lequel deux ou plus de deux acteurs sociaux significatifs négocient collectivement, s'accordent sur, et mettent en place un partage équitable des compétences de gestion, des bénéfices et des responsabilités pour un territoire particulier, une région ou un ensemble de ressources naturelles" (Lavigne Delville, 2001). En d'autres termes, la cogestion décrit un type d'arrangement de la gouvernance des ressources naturelles, qui nécessite une négociation et un certain partage du pouvoir.

La gouvernance renvoie ici à l'ensemble des processus, règles, pratiques et institutions qui contribuent à la protection, la gestion, la conservation et l'exploitation de l'écosystème et des ressources halieutiques. Elle se réfère donc aux mécanismes et institutions, aussi bien formels qu'informels, qui englobent les normes et valeurs, comportements et modalités organisatrices autour desquels les localités ou communautés de pêcheurs défendent leurs intérêts et exercent leurs droits en matière d'accès et d'exploitation des ressources halieutiques. Ainsi, la définition de la gouvernance donnée colle bien à la situation de la cogestion des ressources halieutiques. Elle est définie comme "des interactions entre les infrastructures, les processus et les traditions qui déterminent comment le pouvoir est exercé et les responsabilités sont assumées, comment les décisions sont prises et comment les citoyens et les autres groupes d'intérêts se font entendre". Il s'agit donc essentiellement de pouvoirs, de relations et de responsabilités au sujet des acteurs qui exercent une influence, qui décide et comment les décideurs assument leurs responsabilités (Borrini-Feyerabend *et al.*, 2000).

Le retour au droit traditionnel pour les conventions locales

La reconnaissance par l'administration de ces initiatives locales s'est faite par le biais des conventions locales. Les Conventions locales de gestion des ressources naturelles et de l'environnement sont un instrument contractuel négocié au niveau local, pour une gestion durable des ressources naturelles et de l'environnement. Elles sont adoptées sur la base des "cadres de concertation " par une délibération de la collectivité locale (Communautés rurales, Régions) et approuvées par l'Administration (sous-préfets, Préfets, Gouverneurs) qui en devient cosignataire (Granier, 2006). En tant qu'outils juridiques modernes, les conventions locales sont jugées efficaces sur le terrain car procédant d'une concertation et d'une négociation, et bénéficient par conséquent du soutien de l'administration, des administrés, des partenaires, etc. Elles offrent la flexibilité, mais aussi le niveau de détail nécessaire, à une gestion rationnelle et intelligente de ressources naturelles. Les conventions peuvent porter sur une simple ressource, un groupe de ressources, ou encore sur un écosystème entier.

Selon Granier (2006), les conventions locales matérialisent la décentralisation entamée au Sénégal depuis 1964, et qui s'est concrétisée en 1996 avec le transfert de nombreuses compétences aux collectivités locales en matière d'environnement et de gestion des ressources naturelles. La pêche, qui est toujours considérée comme une compétence non transférée, trouve dans les conventions locales une innovation en ce qu'elles portent, de manière expérimentale et négociée avec les administrations, sur les ressources halieutiques toujours sous le contrôle principal de l'Etat (Granier, 2006).

Selon Barrière, « Si la gestion décentralisée de l'environnement s'est révélée globalement peu effective, voir absente ou malheureuse, l'idée de rapprocher les prises de décision des acteurs locaux en leur transférant des compétences est le signe d'une évolution particulièrement positive ». En un mot, les CL GRN facilitent le processus de décentralisation en substituant à des moyens financiers étatiques insuffisants, des modes intelligents de gestion au niveau de la base.

C'est dans ce contexte que certaines mesures, que l'Administration des pêches n'avait pu faire respecter, ont été prises en charge par certaines communautés qui sont parvenues à les faire respecter au Saloum (CILSS, 1997). La création de la Direction des Aires Marines Protégées communautaire a permis d'officialiser par décret présidentiel la zone de Palmarin comme aire marine protégée.

Le rôle de la démarche participative

La reconnaissance de la valeur du savoir populaire et son utilisation dans les systèmes de savoir se sont avérées utile dans la gestion des ressources au Saloum. L'idée d'impliquer à la fois chercheurs et utilisateurs potentiels dans l'élaboration des recherches se trouve dans la recherche participative. Cette recherche basée sur un effort commun et une coopération au niveau local entre chercheurs et utilisateurs potentiels, bénéficiaires ou sujets des recherches facilite la transmission et l'acceptation des résultats.

Toutefois, selon certains (Lammerink et Wolffer, 1998), faire de la recherche participative est plus une attitude qu'une méthode, en ce sens que la recherche participative est considérée comme une philosophie et un style de travail avec les populations pour les encourager à se prendre en charge de matière autonome.

Prendre conscience que les populations du delta du Saloum ont des savoirs et des pratiques qui leur sont propres et que ces savoirs et pratiques doivent être inclus dans le processus de recherche est un premier pas. Mais aussi, renoncer à faire simplement appliquer des mesures par les populations, sur la base des seuls résultats de la science officielle, en est un autre.

Toutefois, il faut souligner que la démarche participative a été elle-même promue par les programmes de développement et les ONG. La démarche participative est née dans un contexte de constat d'échec de beaucoup de programmes de développement. L'analyse du manque de réussite des programmes de développement montre que la participation des gens, auxquels s'adressent ces programmes, est de la plus grande importance. Le "développeur" a pris conscience que les interventions ne se font pas dans des espaces vierges.

Ainsi, comme le souligne Dugast (2002) est venue l'ère du développement participatif, dont le mot d'ordre était, tout en maintenant les objectifs initiaux, de motiver et d'impliquer les bénéficiaires. Il s'agissait notamment de prendre en compte les pratiques sociales des groupes intéressés, pour faire en sorte que les innovations proposées s'y intègrent au mieux, en vue de minimiser les risques de rejet. Dans le domaine de la gestion des ressources naturelles, il s'agissait de faire émaner les règles de conservation, de protection et d'exploitation du milieu naturel par les populations locales elles-mêmes, pourvu que celles-ci aient une pertinence avérée et reconnue sur le plan scientifique.

Cette nouvelle méthode d'intervention est portée par les ONG, les projets et les programmes des bailleurs de fonds. Ce sont pratiquement ces derniers qui ont embarqué les instituts de recherche au Sénégal dans cette nouvelle voie et l'exigence comme démarche à adopter pour prétendre capter leurs financements dans le volet recherche de leurs activités.

Conclusion

Les recherches participatives ont permis de consolider des initiatives locales en matière de gestion des ressources et de montrer qu'au Sénégal, les instances efficaces de régulation de l'accès à la ressource sont celles dans lesquelles coopèrent les institutions locales, les organismes de développement et l'administration. Elles ont aussi permis d'analyser le jeu des acteurs à l'initiative ou porté par les programmes et projets intervenant dans la gestion des ressources. Enfin, elles ont fait comprendre aux différentes parties prenantes que la cogestion ou la gestion participative est une arène de confrontation et de négociation politique, plus qu'un cadre rationnel de discussions des propositions techniques qu'on veut faire adopter.

Références bibliographiques

Boutrais J., 2000. Introduction. Gestion sociale. *In* : Y. Gillon, C. Chaboud, J. Boutrais, C. Mullon, J. Weber, eds, *Du bon usage des ressources renouvelables,* Paris, IRD éditions Coll. Latitudes 23: 147-152.

CILSS, 1997. Kayar, l'émergence d'une juridiction locale de gestion des ressources halieutiques. *In* : CILSS, 1997, *La gestion décentralisée des ressources naturelles dans trois pays du Sahel, Sénégal, Mali et Burkina Faso,* PADLOS (Projet d'appui au développement local au Sahel), p 23-55.

Cormier-Salem M.C., 2006. Vers de nouveaux territoires de la conservation. Exemple des littoraux ouest-africains, *Annales de géographie* (651) : 597-617

Cormier-Salem M.C., Dahou T. 2009. La politique des espaces maritimes en Afrique. Louvoyer entre local et global, *Politique africaine* 2009/4 (116) : 197p.

Cormier-Salem M.-C., 2015. "De la conservation à la concertation. Quelles AMP pour quelle gouvernance territoriale ?" *In* : M. Bonnin, R. Laë et M. Behnassi, eds, *Les aires marines protégées ouest-africaines : défis scientifiques et enjeux sociétaux*. Marseille, IRD, coll. Synthèses: 97-116.

Cormier-Salem M.C., 2016, L'injonction du participatif dans la gouvernance des deltas ouest-africains : enjeux scientifiques, défis politiques. Conférence introductive au Colloque *Sciences participatives et gouvernance des patrimoines et territoires des deltas*, PATEO-PALOC et UGB, Saint Louis du Sénégal, 11-14 mai 2016.

Dugast S., 2002. Modes d'appréhension de la nature et gestion patrimoniale du milieu. *In* : M.C. Cormier Salem M.-C. D. Juhé-Beaulaton, J. Boutrais, B. Roussel (eds) *Patrimonialiser la nature tropicale. Dynamiques locales, enjeux internationaux*. Paris, IRD, coll. Colloques et séminaires : 31-78.

Granier, L., 2006. *Les conventions locales de gestion des ressources naturelles et de l'environnement. Légalité et cohérence en droit sénégalais*. UICN, Gland, Suisse et Cambridge, Royaume-Uni. x + 44 p.

Lammerink M. P., Wolffer I., (eds), 1998. *Approche participative pour un développement durable. Exemple d'Afrique d'Amérique latine et d'Asie*. Karthala, Paris,

Lavigne Delville, P., 2001. *Quelle gouvernance pour les ressources renouvelables? La gestion des ressources renouvelables dans le contexte de la décentralisation en Afrique de l'Ouest*. M. Philippe – GRET/ Agence française de développement (AFD), 58 pp.

Mbaye A., Diadhiou H. D., THiaw M., Diallo A., Diop M., 2013. Pertinence du repos biologique de la crevette côtière (Farfantepenaeus notialis) au Sénégal dans le Saloum : entre savoirs empiriques et arguments scientifiques, *J. Sci. Halieut. Aquat.*, 6:221-231.

Mbaye A., Niamadio I., Diouf P.S., Diallo M., Goudiaby M., 2008. De l'irrationalité supposée des populations locales à la prise en compte de leurs savoirs. *Revue Sénégalaise sur la Recherche Agricole et agroalimentaire, Vol. 1, N° 3, janvier-juin, 2008, p 27-35, Dakar, Sénégal*, ISSN : 0852-0429.

SESSION 3 :

OUTILS DE PLANIFICATION LOCALE

CONFÉRENCE INVITÉE. DE LA PLACE DE L'INFORMATION GÉOGRAPHIQUE ET DE SON INTÉGRATION DANS LES PROJETS DE RECHERCHE AU SÉNÉGAL : RÉFLEXIONS À PARTIR DE L'EXPÉRIENCE DU LABORATOIRE MIXTE INTERNATIONAL « PATRIMOINES ET TERRITOIRES DE L'EAU » (LMI PATEO).

Amadou Tahirou Diaw[13]

Nous remercions notre ami Mouhamadou Mawloud Diakhaté, Co-Directeur du Laboratoire Mixte International « Patrimoines et territoires de l'eau » (PATEO) qui nous a sollicité pour vous entretenir des outils de planification locale, avec bien évidemment une pensée pour Marie-Christine Cormier-Salem comme le rappelait ce matin déjà Bruno Romagny.

Nous situant dans le contexte de ces outils, nous avons eu besoin de nous imprégner de l'objet sur lequel nous voulons échanger et de son environnement, charriés ici par la thématique « Sciences participatives et gouvernance des patrimoines et territoires des deltas », intitulé de votre colloque international accueilli par la ville-patrimoine de Saint-Louis du Sénégal.

Nous avons également eu besoin d'informations sur votre Laboratoire. Qu'est-ce qu'alors le LMI-PATEO pour nous mais surtout pour ses différents acteurs, ses composantes et intervenants au quotidien? Bel exercice de ou au « participatif » comme le soulignait avec force une jeune doctorante de votre unité au cours de sa présentation.

Notre expérience personnelle de la recherche constitue aussi un autre support du développement attendu de cette présentation et, comme une expérience n'est jamais achevée, nous nous interrogerons avec vous sur nombre de points sur le sujet souhaité et, au-delà du « déroulé » établi, chercher des réponses plus détaillées ou des développements pour un meilleur éclairage des faits au cours des débats, d'ailleurs largement et bien entamés depuis hier.

[13] Département de Géographie Laboratoire d'Enseignement et de Recherche en Géomatique (Université Cheikh Anta Diop de Dakar).

Le champ général ici investi s'intéresse aux ressources naturelles, aux territoires des deltas adossées à la question de leur environnement, de leur gestion, de leur gouvernance et des communautés qui s'y activent.

Le premier constat peut s'établir à la croisée des stratégies mises en œuvre par les acteurs et leur duplication ou télescopage, d'où quelquefois un glissement vers une inertie des actions, très souvent faites d'intérêts divergents et de neutralisation les unes et les autres. Dans cette dynamique se trouve en effet posée la question de leurs échelles d'élaboration (locale, nationale, régionale et internationale) quand bien même le choix de votre LMI porte davantage sur le local.

Se trouve également introduite l'émergence de l'échelle historique, temporelle ainsi que la connaissance de sa densité avec pour conséquence, les mutations des territoires ou objets délimités, l'immédiateté ou la durée de vie des projets d'où un foisonnement de repères ou plutôt de recherche de repères, au plan de la durabilité et de la pertinence de connexions entre secteurs d'études, thématiques, acteurs et stratégies.

En nous référant à la représentation de l'espace et du temps ainsi qu'à leurs processus dans les outils de planification, en l'occurrence les Systèmes d'Information Géographique (SIG), nous avons souvenir des réflexions dans le domaine, notamment celles du groupe de travail « TempsXEspace » CASSINI-PSIG qui, il y a une vingtaine d'années de cela, a travaillé à « l'élaboration de méthodes spécifiques permettant de traiter des problèmes de représentation et de modélisation spatio-temporelles » ; la lecture de ces expériences parues dans un numéro spécial de la revue internationale de géomatique auxquelles on peut ajouter celles du groupe de travail « Etude des Phénomènes Spatiaux » de l'Institut National de la Recherche Agronomique (INRA) pouvant vous installer - puisque vous glissez dans les territoires de deltas - de plain-pied dans l'interdisciplinarité, les mots et les réalités qu'ils recouvrent, leurs acceptions locales, l'évolution des organisations spatiales et leurs trajectoires ainsi qu'à la formalisation de l'univers des cartes et de celui des bases de données.

Le constat de neutralisation des actions évoqué précédemment conduit donc à l'interrogation portant sur l'agencement ou l'articulation entre types de stratégies et induit d'autres interrogations sur les ressources et potentiels, les espaces et leurs modes de traitement, le contexte, le niveau de hiérarchisation, la critique et l'implantation d'indicateurs, les infrastructures (celles des territoires en question et celles mises en perspective dans les dispositifs de recherche de votre LMI) et leurs niveaux d'intégration, les acteurs à la base de l'élaboration des stratégies et les logiques de construction des espaces et des territorialités et de leur évaluation, largement développée dans les travaux de Rolland-May (2000) ainsi que la construction de partenariats pour leur développement, objet de quelques recherches et, plus récemment d'un ouvrage collectif, publié et coordonné par Torre et Vollet (2016). D'où, par ailleurs, tout le sens de la question de la comparabilité à laquelle votre unité de recherche devra prêter une certaine attention.

En prolongeant ces interrogations sur les sites choisis, et au-delà de la démarche géographique connue de la localisation, qui appelle un de ses aboutissements majeurs, le support cartographique, mode de représentation privilégié de l'Information Géographique et mode de communication par excellence.

Sur la question des ressources naturelles et de l'environnement ainsi que de leur gestion, où sont les acteurs ? Comment les faire émerger ou tenir compte de leur présence ou absence ? Quel sens aux typologies établies ? Quel rôle réel ou représentativité de ces acteurs? Sur quels espaces et types de configuration avec l'ensemble de leurs caractéristiques et réseaux drainés ? Quels répertoires ?

Sur la base de cette première série de questionnements et, dans le sens d'une définition de stratégies ou de politiques, quel contenu donner à l'Information Géographique et quel sens à la participation ? Que représente alors l'outil à partir duquel nous travaillons ? Et s'il est un acquis, a-t-il ou va-t-il améliorer à la fois le champ de connaissances, leur valeur et la situation des acteurs présents sur le territoire ? Quels types de consolidation au plan transversal ou « régional », en particulier si l'on sait que les territoires des deltas étudiés sont à l'interface ou à cheval entre plusieurs pays voisins : Sénégal, Mauritanie, Gambie et Guinée-Bissau mais aussi l'analyse de ces différents territoires comme cas spécifiques et éléments comparatifs ainsi que leur interconnexion avec les divers niveaux d'interventions et leurs évolutions tant au plan spatial que temporel ; cette dernière rubrique étant peu visible dans les travaux présentés ici mais fort heureusement « corrigée » au travers des thématiques développées sur certains espaces casamançais et bissau-guinéens ; ce qui nous a conduit à souligner préalablement la formalisation de l'espace et du temps, la variété des phénomènes auxquels sont soumises les entités géographiques dans et au cours du temps.

La réponse apportée à la question des répertoires au sens large insiste sur les méthodes d'élaboration et leurs critiques : Système d'Information Foncier (SIF), plan d'occupation des sols, cartes à dires d'acteurs et d'experts, carte de vulnérabilité, cadastre mais très souvent avec la lancinante interrogation sur les « limites de mise en œuvre ou d'appropriation par la population » dont la voix se perd très souvent en cours de route, en dépit de l'injonction liée au participatif.

En d'autres termes, qu'est-ce que donc cela donne dans la pratique et appelle comme réflexions ou perspectives de cheminement de ce que représente cette injonction afin d'éviter de tomber dans des formules banalisées, insuffisamment documentées, sans claire circonscription des incertitudes (relevant de l'observateur et non de l'objet) et recul vis-à-vis des instruments et de leur portée et, devant dépasser les effets de mode ou d'actualité ainsi que les lieux communs.

En effet, il ne faudrait pas que cette injonction soit l'impensé du participatif qui, même en fournissant quelques résultats, ne soit pas en mesure d'élaborer ou d'installer au sein de votre LMI un moment réflexif pour aboutir à des vues et à de meilleures voies de compréhension du concept associée à une traduction opératoire ainsi qu'une promotion dans son action.

En un mot, et suivant en cela certaines des idées développées dans la communication de Marie-Christine Cormier-Salem, il vous faudra renforcer l'ancrage du participatif dans votre programme de recherche et, en faire une « bonne accroche » pour reprendre ici une expression de Olivier Godard (2010) et éviter de tomber comme pour le concept de développement durable par exemple sur « une certaine vulgate, caractéristique de la métaphore de ses trois ou quatre piliers », une des observations critiques ressorties dans le bilan d'évaluation des résultats de la deuxième édition des projets de recherche soutenus par le programme « Agriculture et Développement Durable » de l'Agence Nationale de la Recherche, en France.

Aussi, au-delà du caractère souvent imposant des informations accumulées tant au plan - ou plutôt à partir des outils précédemment indiqués - qu'à celui de la perspective de l'utilisation des SIG-P, et dans les enjeux environnementaux au Sénégal, une interrogation majeure est posée : Comment la participation dépasse-t-elle le niveau des « couches » supplémentaires dans le dispositif en place ou à mettre en place ? En d'autres termes, et en s'agrippant à une idée de base de la cartographie, et au-delà de « l'apparence et de la méthodologie ou du processus », la carte est faite, comme le dit un de mes Maîtres, le Professeur Fernand Verger, pour résoudre un problème.

Sur ce point, quelles sont les étapes (modalités) du participatif dans l'élaboration des SIG ? (question évoquée sur le pouvoir des acteurs, le partenariat, la pratique par le terrain, l'élitisme, etc.). Son examen permet aussi de soulever les spécificités de l'Information Géographique et de ses apports pour une solution SIG. Comment ces apports prennent-ils forme pour cette solution ? Par ailleurs, est-ce une résolution du problème d'élaboration de la carte ou est-ce une résolution du ou des problèmes se posant au sein du territoire et de sa cartographie? Quels biais liés à l'Information Géographique et au support de communication ? Quelle est la valeur perçue de l'information ? Quelles sont les contraintes et limites de l'expérimentation et comment en assurer la pérennité de ses résultats?

Nous insistons sur ces points précis comme pour chercher - avec les porteurs du LMI-PATEO et au-delà du « discours » - une réponse au développement déjà approprié en relation avec le processus de production, le projet de communauté, l'appropriation à partir du passé (le local et la réponse à des normes, les savoirs en question et celles à rendre compréhensibles).

La seconde grande série contributive que nous voulons apporter à votre réflexion concerne l'évolution des SIG au Sénégal qu'il faut d'abord rechercher et compléter au travers des premiers travaux et débats sur le Plan National de Géomatique (1998) et ses développements plus récents, ce qui devra conduire à l'élaboration d'une « stratégie de référence pour le développement et la promotion des activités de la géomatique et des outils de planification au Sénégal » à différents niveaux et pour une bonne « préparation des plans de développements ». Qu'est-ce-que votre consortium a fait ou fait dans ce sens ? Le contexte sénégalais de la géomatique continuant d'être marqué par une diversité d'acteurs avec des inégalités sur de nombreux plans (logistique, institutionnel, disciplinaires, normatifs, etc.) avec également une « inadéquation entre mandats, responsabilités, budgets, tiraillements et influences, notamment extérieurs pour ne pas dire étrangers à notre système de recherche », malgré les efforts notés ces temps derniers. Quelles relations tissées alors au plan des échanges d'informations *via* des outils modernes (base de données, plateforme dynamique, etc.) ? Quelle position conférez-vous par exemple à la plateforme SIRENA ? Quelle est son échelle de couverture ou son taux de recouvrement dans l'espace réflexif et informatif de la recherche nationale et régionale pour reprendre une expression propre au champ de la photo-interprétation ?

Pour « fermer la boucle », votre projet ne peut pas faire l'économie d'une lecture plus détaillée des aspects des outils de planification, notamment des SIG-P au travers de leur composante participative, scientifique et technique… et au-delà, sociétale. Vous l'avez parfaitement compris et se pose, dans cette compréhension, la question de l'analyse des acquis et de l'approche théorique qui en découle, en relation avec sa gouvernance et surtout le fait d'utiliser le « souffle » d'interrogations pertinentes et attendues des objets de recherche délimités; la liaison et l'intégration des éléments constitutifs des outils et des acteurs ou de la communauté ; l'approfondissement de la connaissance du contexte ; tous ces ensembles sont ici évoqués afin de dépasser ce que l'on peut qualifier de certitudes du participatif et/ou des illusions technologiques des SIG et outils de planification.

Au-delà de la pratique de l'Équipe PATEO, ou parce qu'elle se veut plutôt profondément ancrée dans le local, une attention particulière devra être davantage portée vers des travaux comme ceux sur la « grammaire de la proximité » et les « conflits et processus de gouvernance » (Torre et Zuindeau, 2008 ; Torre, Pham et Kirat, 2012) ; les conflits étant ou devant être plutôt considérés comme de bons indicateurs des mutations et des modes de gouvernance des territoires… champ majeur de vos recherches!

A cet égard et, dans les conflits, quelle est la hiérarchie des échelles et ce qui devrait permettre d'entrevoir les niveaux de détail en leur sein ainsi que les imbrications dans la dégradation ou non des rapports entre acteurs et, éventuellement sur la paix de la collectivité, du voisinage, le « bien-être » de la ressource et sa durabilité. Les conflits sont en mesure de révéler l'absence de maillages, le dysfonctionnement des espaces, territoires ou proximités, l'émergence de fortes oppositions, notamment au plan foncier ou du degré d'utilisation ou sur-utilisation des ressources avec souvent de profondes recompositions ou mutations ou encore des situations de tensions de forte latence.

Ces différentes questions nous ramènent en boucle à celles de l'aménagement de ces territoires et des usages qui y ont cours. Ce qui nous installe au cœur de la notion de territoire qu'il faudra comprendre comme une ressource, comme un bien collectif et sa gouvernance ; ce qui nous fait suggérer ici, et aux cadets, entre autres exemples, la lecture de la contribution majeure de Elinor Ostrom sur la « Gouvernance des biens communs. Pour une nouvelle approche des ressources naturelles » ; ce qui pourrait conduire à une réflexion approfondie sur comment, au plan de la recherche et de leur gouvernance, dépasser la tragédie des ressources communes pour qu'elles ne soient de perpétuels *Common pool* dangers comme on peut le noter pour certains sujets abordés par votre LMI et portant sur les inondations ou la dégradation des ressources naturelles, notamment dans les milieux de mangrove.

Le territoire, notamment celui des deltas est donc un espace à gérer, avec le maintien d'un certain ordre de développement parce que de nombreux problèmes y surgissent, suite à la juxtaposition ou modification des usages, à la densification des occupations ou l'intensification des exploitations. Gestion du territoire et harmonisation des actions des divers intervenants sont par conséquent devenues des fonctions complexes. Il en est de même de la question des relations existant entre les objets étudiés (relations topologiques ou autres).

Et pour terminer que faire de la panoplie des lois, règlements et politiques (y compris les règles définies par les communautés plus directement et leur arsenal de savoirs caché ou plutôt également objets de recherche) mais aussi que faire, ou a-t-on réellement une idée ou claire conscience de ce dont le SIG s'agit, avec une offre de possibilités techniques toujours grandissante et la familiarisation de publics toujours plus variés ; ce qui permet au domaine d'évoluer en même temps que les utilisateurs comme le soulignait fort justement Bordin (2002) ; cette rubrique sur les lois et règlements conduit aussi à la réflexion du qualitatif dans nos dispositifs de recherche.

En somme, si nous devions aborder les origines et l'évolution des SIG, nous nous rendons compte qu'ils « restent fidèles à eux-mêmes, tout en étant plus ce qu'ils étaient » et auraient permis de poser les différents jalons qui ont ponctué leur développement. Nous évoquons ce point précis des origines et de l'évolution des SIG parce que les laboratoires mixtes sont des écoles de formation et sous cet angle, ils ne peuvent occulter ce passé afin de mieux comprendre la situation actuelle de ces outils, tant pour le traitement de l'Information Géographique que pour les mutations des sociétés.

En quoi sommes-nous donc concernés par les outils de planification locale, notamment les SIG et par la « gouvernance des biens communs » ? Ce sont là autant de questions posées et prises en charge dans le cadre de votre LMI et par lesquelles, sans entrer dans leur développement détaillé, nous terminerons notre entretien, questions centrales parce qu'interrogeant *l'évidence* pour plus de recul ou mise à distance.

A cet égard, et comme le rappelle fort à propos le philosophe sénégalais Mamoussé Diagne (2010), nos yeux ne sont pas équipés pour voir ce qui constitue l'évidence comme telle ; l'évidence s'imposant presque toujours à nous par le « prestige de son autorité et le consensus auquel elle force ».

Bibliographique sommaire

Bertin, J., 1967. Sémiologie graphique. Les diagrammes. Les réseaux. Les cartes. Les ré-impressions des Editions de l'Ecole des Hautes Etudes en Sciences Sociales, 431 p.

Bordin, P., 2002. SIG, Concepts, outils et données. Hermès Science Publications. 257 p.

Cassini-Groupe TempsXEspace, 1999. Représentation de l'espace et du temps dans les SIG. Hermès Science Publications, Numéro spécial, Revue internationale de géomatique, 119 p.

Denègre, J., Salge, F., 1996. Les Systèmes d'Information Géographique. PUF, collection Que sais-je?, n° 3122, 127 p.

Denègre, J. (dir.), 2005. Sémiologie et conception cartographique. Hermès Science Publications, Collection ENSG-IGN, 274 p

Diagne, M. (2010).- Assane Seck, homme de culture, ou quand dire c'est faire. Mélanges offerts au Professeur Assane Seck, Les Nouvelles Editions Africaines du Sénégal, pp. 17-25.

Durand-Dastès, F., 1992. Les modèles en géographie. Bailly, Ferras et Pumain (Eds), Encyclopédie de géographie.

Godard, O., 2010. L'impensé du développement durable. Résultats des projets de la 2e édition du Programme Agriculture et développement Durable. Agence Nationale de la Recherche, pp. 72-74.

Kirat, Th., Torre, A. (dir.), 2008. - Territoires de conflits. Analyse des mutations de l'occupation de l'espace. L'Harmattan, 324 p.

Leclerc, G., Darly, S., Ickowicz, A., 2011. L'information "objective" comme représentation subjective. Une analyse expérimentale des besoins pour un système d'information pour le pastoralisme. Hermès Science Publications, Revue internationale de géomatique, Volume 21, numéro 2/2011, pp. 129-154.

Moloney, T., Léa, AC, Kowalchuk, C., 1993. Profiting from a Geographic Information System. GIS World Book, Editions Fort Collins.

Ostrom, E., 2010. Gouvernance des biens communs. Pour une nouvelle approche des ressources naturelles. Editions De Boeck s.a., 301 p.

Pumain, D., Saint-Julien, Th., 1997. L'analyse spatiale. T.1 Localisation dans l'espace. Armand Colin, 152 p.

Rolland-May, C., 2000. Evaluation des territoires. Concepts, modèle, méthodes. Hermès Science Publications, 381 p.

Torre, A., Pham, H.V., Kirat, Th., 2012. L'intégration de la dimension conflictuelle dans le processus d'aménagement des espaces urbains. Une étude appliquée au cas de l'Ile de France, Regards sur la Ville. Economica - Anthropos, in Bourdeau-Lepage L. (ed), 221 p.

Torre, A., Vollet, D. (Coordinateurs), 2016. Partenariats pour le développement territorial. Editions Quae.

Torre, A., Zuindeau, B., 2008. Économie de la proximité et environnement : état des lieux et perspectives, Canadian Journal of Regional Science / Revue canadienne des sciences régionales, vol. 31, n°1, 133-160.

Verger, F., 1982. L'observation de la Terre par les satellites. PUF, Collection Que sais-je ?, numéro 1989, 128 p.

DES CARTES ET DES ATLAS COMME OUTILS DE GOUVERNANCE : UNE APPLICATION AUX ZONES LITTORALES D'AFRIQUE DE L'OUEST.

Labaly Touré[14 1],
Olivier Ruë[2],
Luc Descroix[3], *Yasmin Bouaita*[3],
Souleymane Niang[1],
Francis Ehemba[2], *Melig Bodivit*[2],
Elisabeth Habert[3], *Marie-Christine Cormier-Salem*[3],
Mouhamadou Mawloud Diakhaté[1],
Tidiane Sané[4]

Résumé

Les littoraux ouest-africains connaissent une double évolution environnementale et sociale, très rapide, ces dernières décennies. Les deux dynamiques sont fortement imbriquées, et comportent des causalités croisées, traduisant en même temps les influences du changement climatique, les adaptations des sociétés à ces changements ainsi que parfois, l'augmentation de la vulnérabilité mais aussi de fortes preuves de résilience.

La cartographie et l'abondante iconographie permettent de proposer de solides analyses fondées sur la géomatique et le croisement d'informations d'origines et de dates différentes, qui permet de créer de la néo-information, ainsi que de développer les visualisations claires des dynamiques et de leurs rencontres éventuelles.

On propose ici de montrer ce qu'atlas, cartes, cartes interactives, cartographie participative, peuvent apporter à la gestion des territoires, donc aux gestionnaires, pour déterminer la localisation des zones d'action prioritaires, les zones de croisement et d'exacerbation des contraintes, fréquentes dans les zones littorales qui sont à la fois celles où la croissance démographique se concentre et celles où les conséquences des changements globaux pourraient être les plus rapides dans les prochaines décennies. Appliquer de telles méthodes de croisement d'informations dans ces zones « à risques », par ailleurs marquées par

[14] Université Gaston Berger (UGB) de Saint Louis, laboratoire LEIDI
[2] ONG Grdr Migrations, Citoyenneté, Développement, Montreuil, Ziguinchor
[3] IRD LMI PATEO, UMR PALOC IRD/MNHN/Sorbonne Universités
[4] Université Assane Seck de Ziguinchor (UASZ) ; département de géographie

l'effet frontalier et une forte dynamique migratoire, apparaît donc particulièrement pertinent.

Introduction

le LMI PATEO est ici partie prenante de deux démarches différentes mais très complémentaires, avec d'un côté l'initiative d'avoir construit et développé l'outil SIRENA, un SIG interactif en évolution constante et participatif, consacré au delta du Sénégal, et qui se nourrit de l'apport des acteurs de terrain, expérience devant déboucher sur un atlas ; de l'autre, dans les deltas de la Casamance et du Geba, une participation active à un atlas des littoraux et de la gouvernance, piloté par l'ONG GRDR (migrations, citoyenneté, développement), qui se veut collaboratif dans la mesure où ce sont les chercheurs qui vont trouver l'information sur place et tenter de la cartographier, à l'aide entre autres de la cartographie participative. Deux initiatives qui ont en commun de pourvoir une information de base saisie auprès des acteurs de terrain par ces mêmes acteurs la plupart du temps. Un moyen de créer une néo-information originale et qui apporte des éclairages nouveaux à la vision des littoraux par les scientifiques.

1. Une vulnérabilité particulière, des atlas comme outil de gouvernance

Les littoraux ouest africains, du Banc d'Arguin aux Rivières du Sud, constituent un des plus riches ensembles d'écosystèmes et d'agrosystèmes du continent. Du fait de plaines littorales récentes et situées au niveau de la mer, c'est une des régions du continent où le fait littoral est le plus imbriqué dans le continent ; la marée se fait sentir, sur le fleuve Gambie, jusqu'au pont de Gouloumbou, à plus de 450 km de l'embouchure ; et sans pénétrer si loin, elle a un impact très important au niveau hydrodynamique comme au niveau écosystémique, dans le delta du Sénégal et la zone du banc d'Arguin au nord, ainsi que dans les « Rivières du Sud ».

Sans être aussi anthropisé que les zones littorales surpeuplées de Hollande et des Flandres, des deltas de l'Indus ou du Gange/Brahmapoutre ou des deltas d'Asie de l'Est (du Mékong au Yangzijiang), l'ensemble de plaines côtières récentes et peu consolidées d'Afrique de l'Ouest sont parmi les plus peuplées et occupées d'Afrique. Elles constituent ainsi des agrosystèmes riches et variés, où activités agricoles, pastorales, sylvicoles et halieutiques se complètent et sont l'objet d'une intense activité de transformation et de valorisation de l'ensemble de ces produits.

Comme toute plaine alluviale récente, cet ensemble littoral est « en mouvance », très dynamique au niveau morphologique. Il a longtemps été relativement stable et ne fait réellement parler de lui que depuis quelques décennies. Malgré la construction des barrages sur le Sénégal (Diama en 1985 ; Manantali en 1988), il ne semble pas y avoir eu de déséquilibre sédimentaire important sur le littoral Est-atlantique.

Sans que l'on puisse faire le lien entre ces évènements et des causes externes, on a assisté en 1987 à la rupture de la flèche de la Pointe de Sangomar qui protégeait l'embouchure du Saloum ; puis en 2003 à celle de la Langue de Barbarie, entièrement liée à une intervention humaine. Les deux épisodes ont accéléré la salinisation des sols de leur arrière-pays.

Par ailleurs, on observe depuis une quinzaine d'années une forte érosion côtière, et la destruction d'établissements humains, tel le grand campement de Kafountine en 2004. Sans éluder la possibilité de causes directement anthropiques, on peut émettre comme hypothèses pour expliquer cette dynamique, à minima deux éléments « naturels » :

- la hausse de la fréquence des vents de facteur Ouest et de plus de 10 m/s sur l'Atlantique (10 m/s constitue la vitesse de vent minimale pour provoquer de la houle) (Ruë, 2005) ;

- l'élévation du niveau océanique, constante depuis 1850, mais qui s'accélère depuis le début du millénaire pour atteindre plus de 3,5 mm/an actuellement ; il faut noter que ce facteur est en fait indirectement d'origine anthropique, puisque l'élévation du niveau de la mer est une conséquence du réchauffement climatique.

On verra plus bas que les images satellites sont des instruments de surveillance et d'observation de plus en plus accessibles et qu'ils facilitent grandement le suivi des espaces littoraux, grâce à leur qualité et fréquence améliorées.

Mais des initiatives en grande partie issues du LMI PATEO, sont en cours pour proposer des atlas participatifs et/ou collaboratifs, virtuels et bien réels, comme outil de gouvernance, à travers l'amélioration substantielle des connaissances acquises et croisées, de l'accès à tous et du partage. Les principaux atlas en cours de montage concernent d'une part le delta du Sénégal (voir partie 2), d'autre part la Basse Casamance et le nord de la Guinée Bissau (voir partie 3).

2. SIRENA et l'Atlas du delta

L'atlas de SIRENA entre dans le cadre de la valorisation des données géographiques des rives gauche et droite du fleuve Sénégal. Il a pour objectif d'apporter des éclairages et un état des lieux sur les ressources, les activités et les acteurs de la zone avec des articles à la fois scientifiques et techniques. Si la constitution d'un SIG est une importante chose, l'exploitation des données en constitue une autre. En effet, l'outil SIRENA (Système d'Information pour la gestion des Ressources Naturelles de la vallée du fleuve ; SIRENA, 2011) a été créé en partenariat avec des institutions Sénégalaises et Mauritaniennes telles que l'Université Gaston Berger (Sénégal) et le Parc National du Diawling (Mauritanie) par le LMI PATEO

SIRENA est une base de données géographique qui a pour vocation de constituer une plateforme commune et normalisée permettant la diffusion et le partage d'informations entre les différents acteurs impliqués dans la gouvernance territoriale des deltas. Cet outil a été créé dans une démarche collaborative faisant de ses futurs utilisateurs ses co-concepteurs

Pour rappel, SIRENA est une plateforme technique et pédagogique dont l'objectif global est la compréhension et le suivi de l'évolution des écosystèmes composant les zones de deltas du fleuve Sénégal. Elle a permis d'une part la collecte, la normalisation et le stockage d'un grand nombre de données physiques, socio-économiques, des référentiels et d'autre part de réunir une équipe pluridisciplinaire autour d'un projet de « gestion intégrée » des zones de deltas en Afrique de l'Ouest. A ce jour, SIRENA est constitué d'une base de données, d'un catalogue GeoNetwork permettant la diffusion des données et d'un réseau de membres. Quatre ateliers ont déjà été réalisés avec les partenaires.

Aujourd'hui les objectifs du LMI PATEO sont la diffusion de cet outil et sa valorisation auprès des acteurs de la gestion des territoires. Il est donc nécessaire d'affiner les objectifs scientifiques de cet outil par la mise en évidence des besoins scientifiques de nos partenaires en termes de produits pouvant être assurés par SIRENA y compris les sources d'information disponibles et mobilisables et les types de traitements de données nécessaires.

L'atlas de SIRENA est une production qui se veut régulière dans le temps en format numérique (sur un site web) et papier.

Les figures 1 à 3 montrent quelques-unes des entrées de cet atlas ; la figure 1 est une carte des saisons culturales dans la zone du delta du Sénégal et trois stades primordiaux en octobre, janvier et avril. Cette carte a la particularité d'avoir été réalisée en étroite collaboration sur le terrain avec les éco-gardes et éco-guides des zones protégées situées dans le delta.

La figure 2 aborde une problématique importante pour le delta, dont le cycle de l'eau a été complètement bouleversé en 1985 par la fermeture du barrage de Diama, rendant son secteur amont strictement constitué d'eaux douces là où la marée et les eaux salées remontaient auparavant de plusieurs dizaines des kilomètres ; cela s'est traduit par une invasion de typha australis, dont cette carte montre l'extension entre 1987 et 2011. C'est un véritable enjeu car il est coûteux de se défaire de cette plante invasive pour rendre leur hydraulicité aux canaux d'irrigation ; l'enjeu est de savoir s'il faut tenter de l'éradiquer, ou au contraire d'en tirer profit comme ressource (bio-charbon, matériau de construction isolant, etc.).

La figure 3 est issue, elle, de travaux de terrain : la salinisation des nappes et des sols du Gandiolais est une des conséquences visibles et rapides des politiques publiques ; déjà mise a mal par la fermeture du barrage de Diama et l'équipement du Sénégal (y compris le barrage de Manantali) qui a beaucoup limité en temps et en volume le transit d'eaux douces dans le biais aval du fleuve, le Gandiolais a surtout été touché de plein fouet par l'ouverture de la brèche dans la langue de Barbarie, qui l'a exposé directement à l'érosion côtière et à la salinisation de ses nappes et de ses sols : une des plus riches régions maraîchères du Sénégal est en cours de repli pour cette raison, et la carte montre bien cette dynamique.

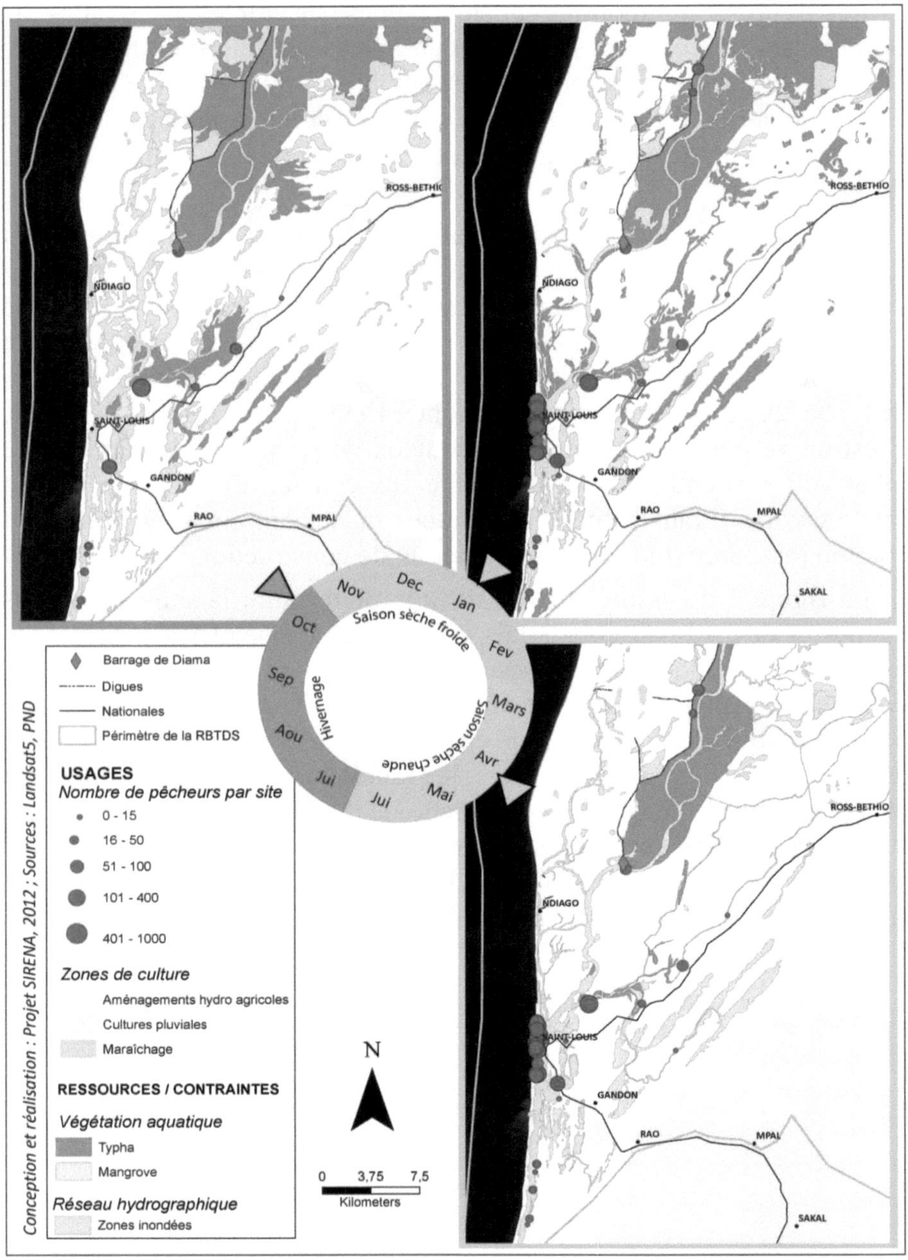

Figure 1 : Carte des saisons des cultures dans la zone du delta du fleuve. Carte réalisée par l'équipe SIRENA avec la participation des écogardes et écoguides (carte de l'atlas SIRENA).

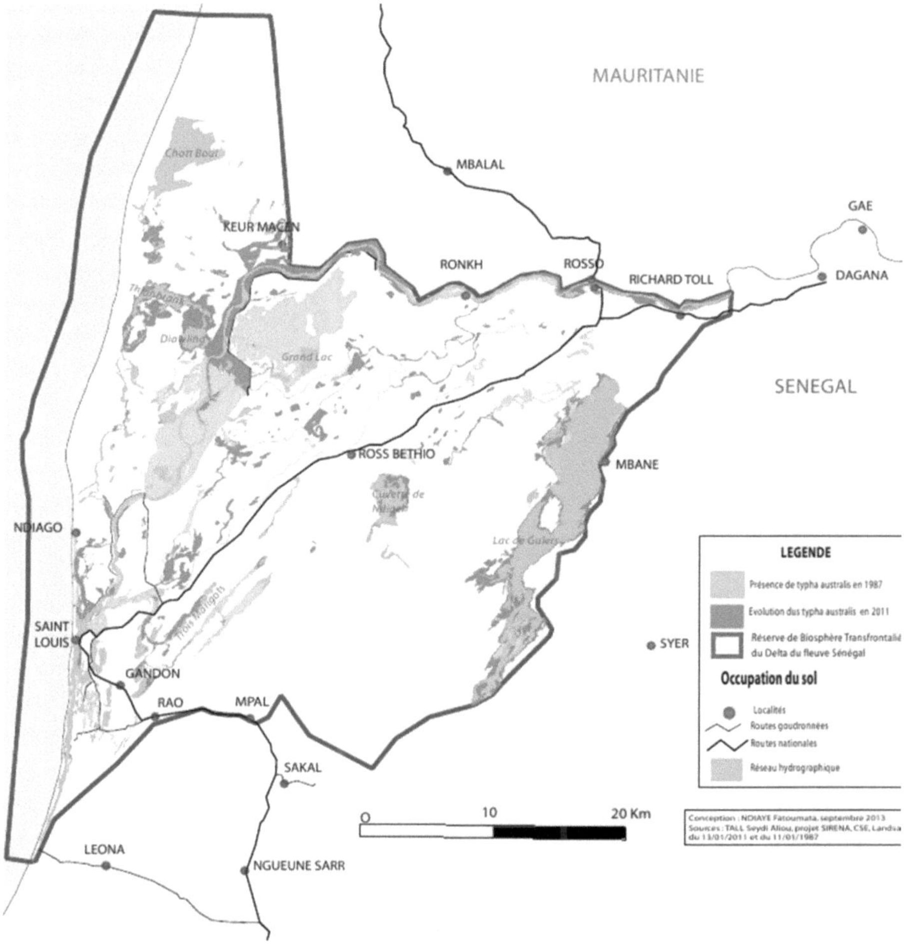

Figure 2 : Dynamique des surfaces de typha dans le delta (Fatoumata Ndiaye, atlas SIRENA)

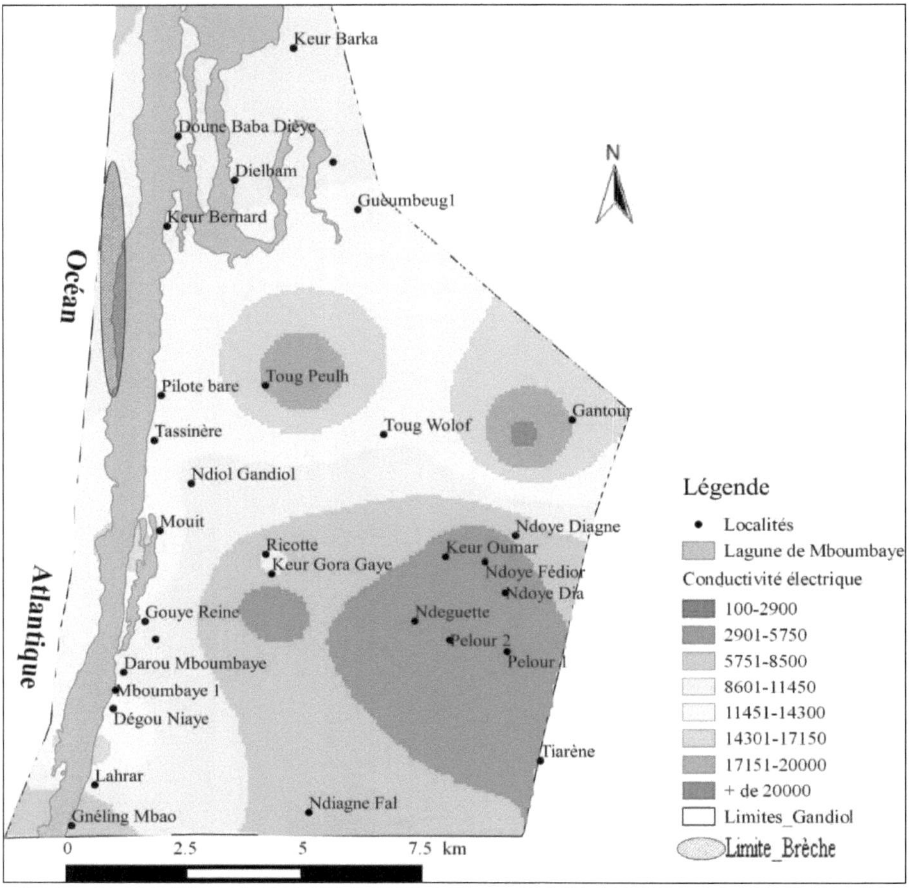

Figure 3 : exemple de carte thématique de l'Atlas SIRENA du delta du Sénégal : la salinisation des sols induite par la rupture de la langue de Barbarie (Souleymane Niang, atlas SIRENA)

3. Atlas des changements des territoires des régions transfrontalières littorales du Sénégal (Ziguinchor, Sédhiou) et de la Guinée Bissau (Cacheu, Oïo) (d'après Ruë *et al*, 2015)

a. Présentation (d'après Ruë *et al*, 2015)

Les Rivières du Sud, nom donné par les explorateurs puis les colons portugais à toute la région de marais maritimes qu'ils ont rencontrées après avoir « doublé » le Cap Vert (ce sont ces mêmes explorateurs qui ont donné son nom à ce dernier, après avoir longé les côtés hyper arides du Sahara, bordé par le courant froid des Canaries).

La région sélectionnée comme objet d'étude fait l'objet de recherches portées par un consortium mené par le GRDR, l'IRD, l'UASZ et plusieurs ONG exerçant dans la sous-région.

Depuis 50 ans les modes de vie et de consommation, les activités économiques, les modes d'occupation et d'usage des espaces et de leurs ressources tant en milieu urbain que rural sont en profonde mutation.

L'accélération des changements d'ordre technique, économique, politique, sociétal ou climatique à différentes échelles et de leurs effets croisés sur l'occupation de l'espace et l'usage des ressources, impose, pour repenser la gouvernance des territoires, de visualiser et de cartographier les transformations. Cela explique la multiplication récente de production d'Atlas non pas pour cartographier la géographie de l'espace terrestre mais pour comprendre les problématiques et les enjeux dans leur contexte géo-historique (par leur métamorphose), pour se servir de l'espace comme support d'analyse et comme clé d'intégration des interactions à l'œuvre entre les activités humaines et les processus ou réactivités éco systémiques.

L'évolution des territoires de la région littorale des rivières du sud entre Banjul et Bissau est de lecture particulièrement opaque et compliquée. Elle est le résultat de l'interaction en augmentation constante des facteurs :

- Géopolitiques, liés au découpage physique de l'espace (frontières officielles et officieuses ; limites foncières traditionnelles et modernes) et à la superposition de dispositifs de gouvernance étatiques et locaux (dualité juridique sur l'espace) ; des conflits récents ou en cours, des guerres de haute (autrefois) ou de basse intensité (encore aujourd'hui) caractérisent cette « frontière » qui n'aspire qu'à devenir une région ;
- Géoéconomiques, liés à l'intégration croissante des systèmes d'activités ruraux aux réseaux marchands régionaux, sous régionaux et mondiaux et à l'évolution de ceux-ci;
- Géo démographiques, liés à la dynamique des mobilités de populations (émigration et immigration), à la baisse de la mortalité infantile, à la dynamique des villes et des bassins d'emploi ;
- Géo climatiques, liés à l'évolution des régimes pluviométriques, hydriques des sols et hydrologiques de l'estuaire et des milieux amphibies (mangroves) en lien avec l'élévation du niveau marin.

Ces facteurs, en évolution croissante depuis 60 ans, agissent sur les modes de vie des populations, les formes d'organisation du travail et d'enrichissement des populations, la relation des sociétés aux ressources naturelles, les paysages[15], les pratiques de gouvernance des territoires.

C'est sur la base d'une lecture clarifiée de ces dynamiques au cours des 6 dernières décennies que peut émerger la compréhension des risques et des enjeux de développement des territoires d'un littoral où se concentrent de plus en plus de formes de spéculations (tourisme, mines, etc.). C'est sur la base d'un Atlas des changements que peuvent se dessiner les projections possibles d'un développement social durable.

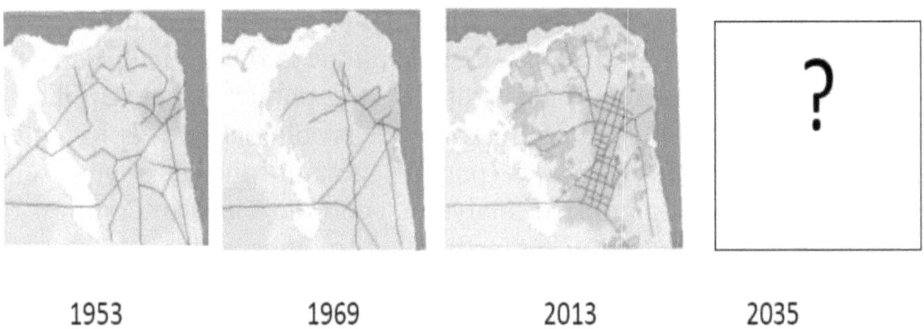

Figure 4. Cartes des occupations du sol à Diattacounda (Région de Sédhiou) de 1953 à 2013, qu'en sera-t-il en 2035 (in Ruë *et al*, 2015)

Des figures comme la figure 4 seront nombreuses, à tenter de décrire une évolution durant ces 6 dernières décennies et les deux prochaines.

b. Objectifs de l'atlas (in Ruë *et al*, 2015)

Le processus d'élaboration de l'atlas doit générer du dialogue au sein des territoires entre différentes catégories d'acteurs.

Le document en lui-même vise à :

• Montrer, sous une forme accessible, les changements intervenus dans les territoires et des permanences ;

• Présenter des scenarii quant à l'avenir de cet espace ;

• Etre un moyen de questionnement des représentations dominantes relatives aux identités des territoires de ces régions, aux champs de

[15] Le paysage compris comme expression intégratrice des transformations (co-évolutions écologiques et sociétales) dont la composition, la qualification des signatures évolutives permet de dresser un bilan d'impact des facteurs dynamique de sa construction.

causalités des phénomènes observés pour expliquer leur évolution économique et sociale récente ;

- Etre un lieu d'intégration, de capitalisation et de confrontation des conclusions des différentes études, mémoires, articles, monographies et de la recherche-action effectués par le programme de gouvernance citoyenne des écosystèmes du littoral (PGCEL) et d'autres acteurs de la région ;
- Présenter de façon concise l'impact des politiques publiques et programmes sur : la relance de la riziculture (endiguée- SN), le développement de l'anacardiculture (GB), la plantation de palétuviers ;
- Contribuer à orienter les décideurs et partenaires financiers.

Les productions intermédiaires (cartes thématiques, synthèse d'études, élaboration de scenarii prospectif) serviront de support de plaidoyer, de sensibilisation et de dialogue pour les acteurs des territoires. Elles seront conçues dans une perspective de qualification des préoccupations exprimées par ces derniers. Elles sont en cours d'élaboration grâce à des enquêtes, des entretiens, des mesures et prises de notes, de photos, sur le terrain.

La carte 5 fait partie des cartes thématiques qui pourraient faire partie à la fois d'un atlas « traditionnel » du fait de son contenu informatif ; elle a sa place ici du fait de la nécessité de disposer de l'information de base, et de sa capacité à spatialiser l'information.

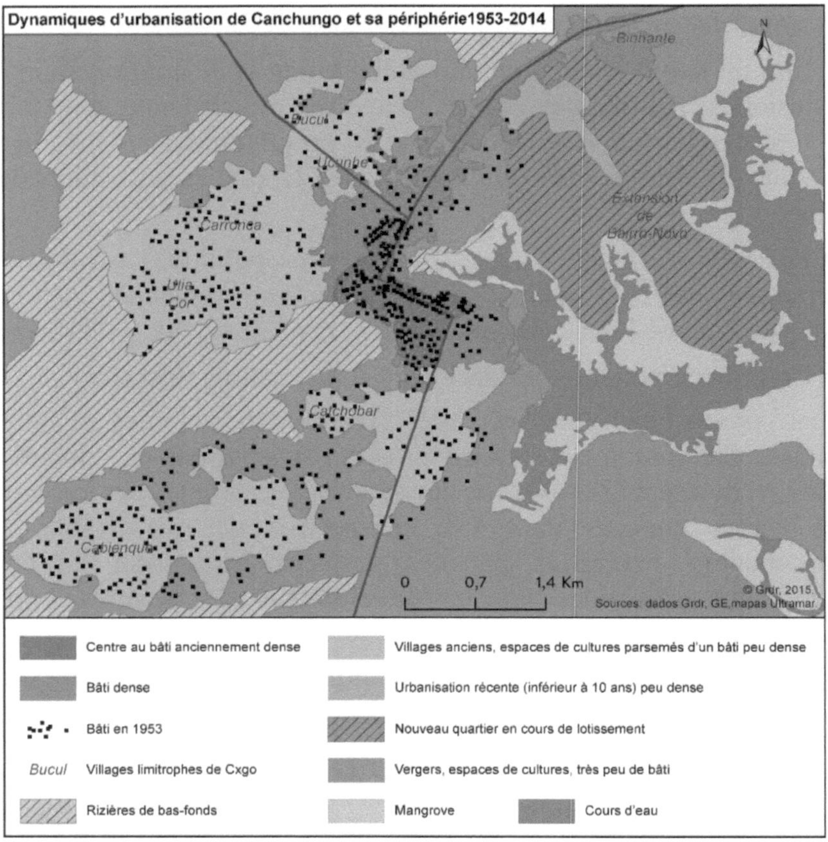

Figure 5. Carte des dynamiques d'urbanisation de Canchungo et sa périphérie, de 1953 à 2014 (carte réalisée par Melig Bodivit, GRDR)

c. hypothèses de travail (in Ruë *et al,* 2015)

- Les déterminants des changements sont multiples ;
- les déterminants d'ordre socio-politiques et économiques sont au moins aussi importants que les déterminants d'ordre climatique pour analyser et expliquer les transformations qui se sont manifestées depuis au moins 50 ans dans les territoires de cette région ;
- Les changements observés sur une période récente peuvent avoir des déterminants anciens.

d. approche méthodologique (in Ruë *et al,* 2015)

L'approche méthodologique retenue est l'analyse systémique multi scalaire tant spatiale que temporelle. Les problématiques ou thématiques traitées sont analysées sur la période 1950-2015 mais qui pourra être élargie à des dates plus anciennes. Et on cherche à proposer donc des scenarii d'évolution pour les deux prochaines décennies.

Les sujets traités sont sélectionnés en fonction de leur valeur d'indicateur des changements (ou des permanences) des territoires.

4. Conclusion : des cartes et des images pour suivre le littoral

Comme on l'a vu en première partie, le littoral ouest africain connaît une grande dynamique naturelle et humaine. Cela ne va pas sans poser de problème quand, plus que des établissements touristiques, ce sont des villages qui sont détruits, comme celui de Doune Baba Dièye dans le Gandiolais fin 2012, après son exposition directe aux houles en conséquence de la rupture de la Langue de Barbarie, ou encore une partie du village de Djogué emporté lors d'une tempête le 1er juin 2014. L'érosion des côtes sableuses est très importante, rendant inquiétantes la poursuite des prélèvements de sable sur les dunes côtières par les professionnels du bâtiment, et des projets tels que l'exploitation du zircon sur la dune littorale de Niafrang, sur le littoral nord de la Casamance à la frontière de la Gambie. Comme pour la Langue de Barbarie, les images satellites (en l'occurrence celles de Google Earth) sont d'excellents outils d'observation et de suivi sur les Rivières du Sud. La submersion signalée par les riziculteurs de Cabrousse en septembre 2015 dont ont été victimes les rizières de ce village, est liée à la destruction, par la tempête (cyclonique, pour la première fois depuis le début des observations) du 29 août 2015, du cordon sableux protégeant les mangroves littorales de la partie bissau-guinéenne du terroir de ce village casamançais (voir figures suivantes).

Vers un observatoire du littoral : la constitution d'un tel observatoire est devenue une urgence et doit devenir effective au plus vite, afin d'assurer une suivi précis de l'évolution du trait de côte, ainsi que, en lien avec les aires marines protégées (AMP), de la qualité des écosystèmes et de la biodiversité, naturellement très riche dans ces milieux d'interface.

Sources

Google Earth ®

Ruë, O., 2015. Ligne éditoriale de l'atlas des changements sur les territoires de la région littorale transfrontalière du Sénégal et de la Guinée Bissau, GRDR (en cours).

www.ird.pateo.sirena.

Ces deux scènes tirées de Google Earth ® permettent de mesurer l'ampleur des modifications pouvant être apportées par une seule tempête sur une côte basse.

Une cartographie participative pour bâtir une connaissance concertée des mutations de territoire dans l'espace frontalier sénégalo-bissao-guinéen.

Francis S. Ehemba[1][16], *Yvan le Coq*[1], *Olivier Ruë*[1], *Mamadou Niokane*[1], *Melig Bodivit*[1], *Pape Seck*[1], *Mamoudou Diallo*[1], *Stanislas Agossou*[1], *Luc Descroix*[2][17], *Tidiane Sané*[3][18], *Mathilde Fabre*[1].

Mots clés : Cartographie participative, gouvernance territoriale, connaissance concertée, région littorale, conflit, pouvoir, développement.

Résumé

Dans le cadre de la Convention-Programme avec l'AFD, le GRDR[19] et ses partenaires ont décidé de produire un document dont l'objectif est d'analyser, sur une cinquantaine d'années, les dynamiques territoriales du site-pilote de Diembéring-Varela. La terminologie « site-pilote» a été employée par le GRDR pour désigner un territoire sur lequel, durant 3 ans, vont se dérouler des études à la suite desquelles des actions[204] seront entreprises. Le GRDR a effectué des diagnostics villageois entre mai et décembre 2014 dans les localités de Varela Iale et Varela Madina en Guinée Bissau et de Cabrousse, Diembéring et Boucotte Wolof au Sénégal. Certaines données ont été collectées dans le cadre de recherches bibliographiques. Ce document ne prétend pas traiter de manière

---

[16] ONG Grdr, Migrations, Citoyenneté, Développement, Montreuil, Ziguinchor

[17] IRD, LMI PATEO, UMR PALOC IRD/MNHN/Sorbonne-Universités

[18] Université Assane Seck de Ziguinchor (UASZ), Département de géographie

[19] Des actions concrètes sont prévues dans les villages étudiés en fonction des besoins prioritaires identifiés de manière concertée avec les populations locales, les autorités décentralisées, déconcentrées et traditionnelles 1.

exhaustive l'ensemble des dynamiques observées sur cinquante ans dans ce territoire. Il met la lumière sur certaines thématiques de manière plus ou moins approfondie et à différentes échelles. Cet article met surtout en exergue les rapports de pouvoirs entre différents villages du site-pilote autour des enjeux économiques (touristiques, miniers, agricoles, halieutiques, etc.) de cet espace.

1. Introduction

Dans le cadre du Programme de Gouvernance Concertée des Ecosystèmes du Littoral, des ateliers de cartographie participative[21] se sont tenus dans plusieurs localités situées dans le site-pilote de Diembéring-Varela en 2014 (ces villages sont situés de part et d'autre de la frontière sénégalo-bissao guinéenne) (voir Sané *et al.*, dans ce même ouvrage). Les villages concernés sont les suivants : Cabrousse et Boucotte Wolof (Sénégal), Varela Iale et Varela Madina (Guinée Bissau). L'objectif de ces ateliers était de caractériser les mutations des terroirs sur une période de 50 ans et de susciter, puis poser un débat sur leur avenir. Cet article ambitionne d'étudier, à travers la cartographie participative, l'évolution des rapports de pouvoirs fonciers entre les villages et de rapporter les perspectives des habitants en fonction des dynamiques paysagères observées. La cartographie participative, conduite par le GRDR et ses partenaires, a permis de mener des confrontations de points de vue sur un même espace (images et pratiques) avec des débats entre habitants, détenteurs de pouvoirs traditionnels et modernes qui n'auraient pu avoir nécessairement lieu sans ces exercices. Les connaissances, qu'ont les acteurs du territoire, sont souvent concrètes et fines, mais très parcellaires, ce qui rend nécessaire cette «représentation systématique et exhaustive d'un espace qu'ils ne connaissent qu'en partie » (Joliveau, 2004).

De ce fait, cette production de nouvelles connaissances sur les ressources foncières et les enjeux territoriaux connexes consacre à la cartographie participative le caractère d'un puissant outil de contrôle populaire et de délimitation des pouvoirs exercés par les autorités foncières locales. En effet, les cartes produites lors des séances de cartographie participative servent à appuyer techniquement certaines

---

[21] Du 02 au 04 mai 2014 pour les villages de Cabrousse, Varela Iale et Madina avec la participation de l'IRD (LMI PATEO et UMR PALOC, IRD/MNHN) et de l'université Assane SECK de Ziguinchor. Etudes monographiques GRDR, 2015 au village de Boucotte Wolof du 06 au 30 décembre 2015.

revendications des habitants en les rendant plus audibles et crédibles auprès des chefferies traditionnelles, mais aussi des élus locaux et des services techniques.

2. Présentation du site-pilote

Le site-pilote de Diembéring-Varela est un territoire transfrontalier, dont une partie est au Sénégal et l'autre en Guinée-Bissau. Il est composé de deux entités administratives. Côté sénégalais, on trouve la commune de Diembéring, qui fait partie du département de Oussouye appartenant lui-même à la région de Ziguinchor. La partie bissau-guinéenne est composée de la sous-section de Varela qui appartient à la section de Susana du secteur de São-Domingos situé dans la région de Cacheu. Ce territoire est limité à l'ouest par l'océan Atlantique (65km de plage de sable), au sud par l'embouchure du rio Cacheu, au nord par l'embouchure du fleuve Casamance et à l'est par les communautés rurales de Santhiaba Manjack, de Oukout et de Mlomp au Sénégal tandis que, côté bissau-guinéen, le site-pilote est limité à l'est par la sous-section de Susana. Le site-pilote a une surface approximative de 430 km² (figure 1).

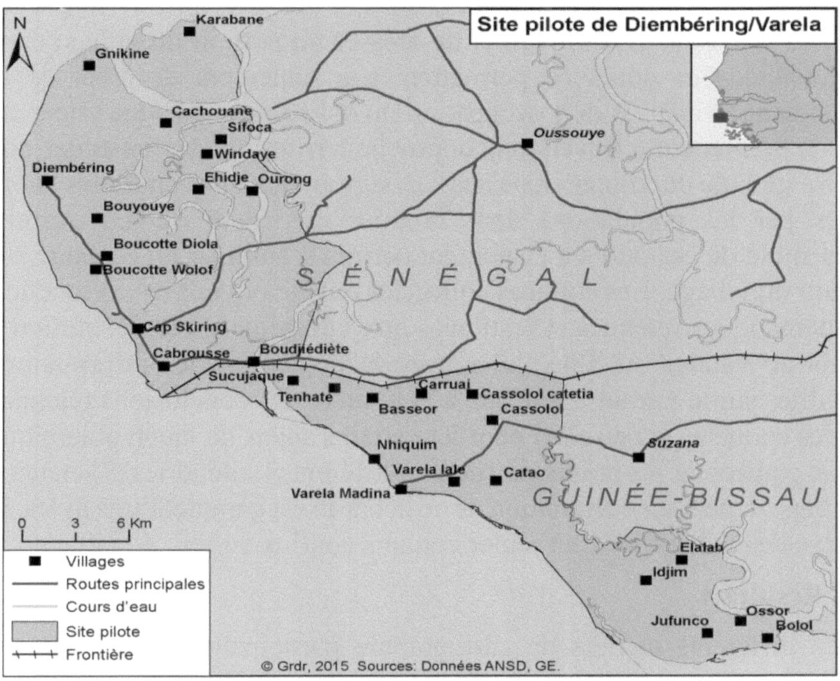

Figure 1 : Présentation du site-pilote de Diembéring

3. Approche méthodologique

Quatre outils ont été élaborés pour recueillir des informations sur les mutations territoriales et les représentations sociales des villages analysés : l'entretien historique, la carte de terroir, le transect du terroir, et les entretiens collectifs. Les informations produites par ces outils d'acquisition d'informations ont permis de créer des connaissances relatives à l'évolution de l'occupation du sol et des systèmes d'activités, de révéler la perception des habitants sur les changements intervenus sur les 50 dernières années, de décrypter les stratégies d'adaptation de ces derniers face à ces mutations et d'amorcer un échange sur l'avenir de ces localités. La carte de terroir villageois permet de représenter, sur un support en deux dimensions, la perception qu'ont les habitants de leur terroir. Cette représentation complétée par le transect, et confrontée à l'histoire du village, donne un aperçu non seulement de l'occupation du sol, mais surtout de ses usages et de ses évolutions. La carte de terroir est un excellent support pour restituer tant l'historique du village que l'évolution de ses activités.

L'ensemble des outils (entretien historique, carte de terroir, transect et enquêtes sur les activités) permet de dresser un portrait du village dans sa globalité. Ces outils ne permettent pas seulement de créer de la connaissance vis-à-vis de l'occupation du sol comme quelque chose de figé, ils permettent à travers une approche territoriale de constituer une histoire globale du village mais aussi et surtout de comprendre les choix opérés par les populations dans la mise en valeur de leur terroir. L'ensemble de ces outils a également permis d'amorcer un échange sur l'avenir du village. Les données collectées ont été organisées en fonction des thématiques retenues et restituées aux villageois. Cette restitution a permis de valider ou d'invalider avec la population les informations recueillies sur le terrain. Le débat, à la lumière des conclusions retenues lors des enquêtes, a permis d'aborder certains sujets de façon polémique afin de confronter les points de vue des différentes catégories d'acteurs[22] du village. Une bonne animation de ce débat-là est garante d'une avancée positive des débats pouvant régler certains conflits au sein du village.

4. Résultats

Les différents ateliers de cartographie participative (figure 3) ont permis de voir des situations analogues de part et d'autre de la frontière (sénégalo-bissao-guinéenne). Des litiges fonciers récurrents sont notés

22 Il y avait des jeunes, des vieux, des femmes et des hommes.

entre village anciens et villages récents dans le site-pilote. Dans la partie sénégalaise, le village de Cabrousse (une localité ancienne) entre souvent en conflit avec les villages de Cap-Skiring et Boucotte Wolof (villages récents). Le même constat est fait dans la partie bissao-guinéenne, où nous avons noté un conflit très sérieux entre le village de Varela Iale (ancien) et celui de Varela Madina (plus récent). Les dénominateurs communs de ces conflits semblent être le contrôle du foncier, mais aussi et surtout la maîtrise des retombées économiques (tourisme, agriculture, pêche, mines, etc.) qu'offre cet espace littoral. Au niveau de la gouvernance territoriale, on se rend compte que malgré les difficultés de mise en œuvre des politiques de décentralisation et l'omniprésence des autorités déconcentrées sur la scène locale (dans les espaces urbains et zones à fortes potentialités économiques), les autorités traditionnelles se sont adaptées face à cette nouvelle donne et continuent plus ou moins à faire valoir leurs prérogatives. Les mutations sur 50 années de ces localités ont été révélées grâce aux différents outils déroulés permettant ainsi de poser un débat constructif sur le devenir de ces terroirs.

4.1. Une vulnérabilité foncière pour les villages de création récente par rapport aux villages anciens

La rivalité entre les villages autour des ressources foncières est une réalité qui ressort des travaux que nous avons effectués avec les habitants. Du côté du Sénégal, les villages de Boucotte Wolof et Cabrousse connaissent régulièrement des litiges autour du foncier. La carte participative d'occupation du sol combinée aux enquêtes de terrains a révélé que le village qui a une plus grande insécurité foncière est celui de Boucotte Wolof dont les habitants reconnaissent que la majorité des terres appartient aux habitants des villages environnants dont notamment Cabrousse[1]. Lors d'une séance de restitution d'enquête, le chef de village village de Boucotte Wolof (Mamadou Ndiaye) a reconnu que la situation de sa localité était délicate. Le village connaît une croissance démographique forte[2] corrélée à l'étalement des surfaces de bâti[3], alors

1 Dont les fondateurs se sont installés avec l'accord des plus anciens villages : Cabrousse, Diembéring, Bouyouye…

2 Cette estimation a été faite par les populations. Un rapport du PEPAM (2007) estimait la population de Boucotte Wolof à 1586 habitants. Le taux d'accroissement démographique se situe non loin de la moyenne du site-pilote entre 30% et 50% sur 25 ans (Etudes monographiques GRDR, 2015).

3 En 1953, l'actuelle commune de Diembéring avait 89 ha contre 738 ha en 2014. Ce qui témoigne de la dynamique de l'urbanisation dans les villages de la commune (Etudes monographiques GRDR, 2015).

que s'accélèrent les confiscations des terres cultivables[1] par les villages environnants. Aujourd'hui les chefs de ménages sont obligés de cultiver sans jachère, certains chefs de ménages assurent cultiver sur la même parcelle depuis plus de 10 ans.

La partie bissau-guinéenne n'est pas non plus épargnée par les conflits fonciers. Un conflit latent existe entre les habitants de Varela Iale et les habitants de Varela Madina (Figure 2). Les premiers se revendiquant comme les ayants-droit des terres qu'occupent les seconds. Pour les gens de Iale, les habitants de Madina sont venus d'ailleurs, ce sont les gens de Iale qui les ont accueilli et installé là en leur cédant donc une partie de leur terroir. Les personnes âgées de Iale racontent que les habitants de Varela Madina ont vendu des terrains que les gens de Iale leur avaient cédé, ce qui a entraîné des conflits entre les deux villages. Selon les habitants de Madina, la mésentente serait survenue à cause de l'exploitation de la paille de chaume des rizières. Les habitants de Madina exploitaient cette paille sur les terres que la population de Iale avait léguées à Ansumane Djatta (fondateur de Varela Madina). Mais, depuis le milieu des années 1990, les habitants de Iale ont refusé que la paille de ces terres soit exploitée par la population de Madina, car il était sous-entendu que l'exploitation de la paille par les gens de Madina était autorisée pour se faire leurs toits ; c'est lorsque les gens de Iale ont compris que les habitants de Madina exploitaient la paille pour la vendre que le conflit serait survenu. Les habitants de Madina auraient alors vu leurs revenus s'effondrer. Selon les dires de la population de Madina, pour pouvoir acquérir des tôles de zinc, certains habitants auraient commencé à vendre certaines de leurs parcelles. A la suite de quoi la population de Iale a interdit l'exploitation des rizières et des palmeraies. A l'inverse, la population de Iale affirme ce sont les ventes de terres qui sont l'origine de l'interdiction de l'exploitation de la paille par les habitants de Madina.

[1] Ce sont essentiellement des terres de plateau. Le village dispose de très peu de rizières.

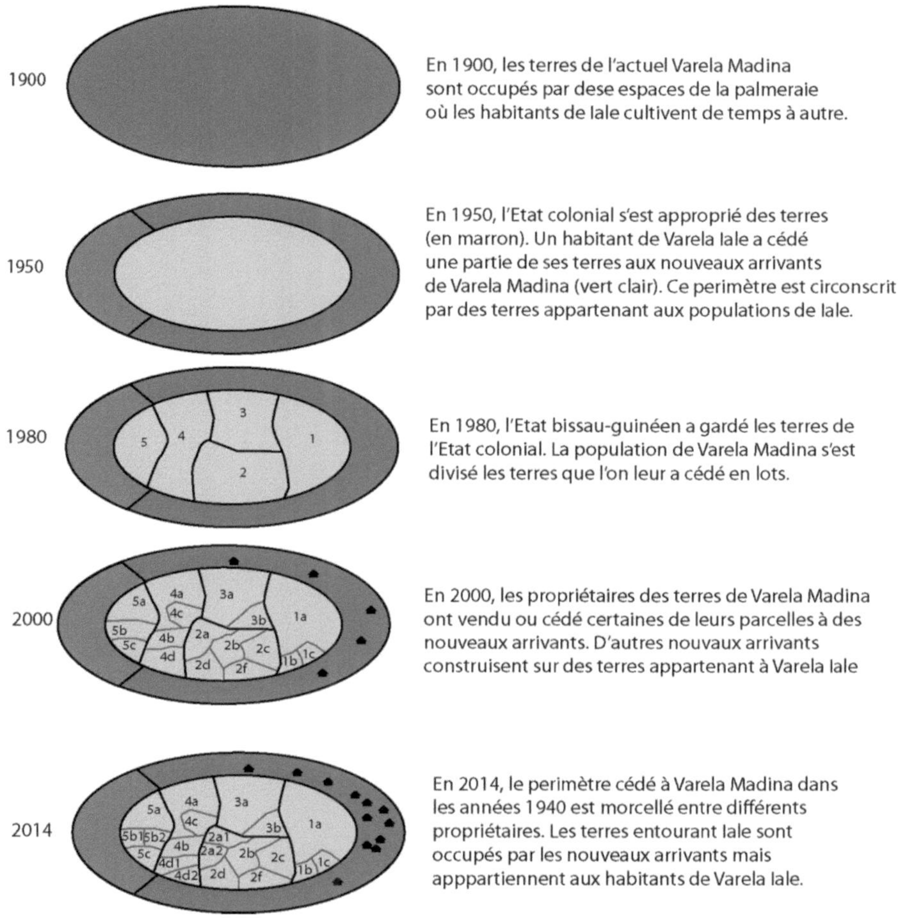

Figure 2 : évolution du foncier à Varela

Source : GRDR, 2015. ©GRDR.

Figure 3 : cartes de terroir du village de Boucotte Wolof en 1950 et en 2014

4.2. Focus sur les « autorités dites traditionnelles » et leur poids dans la gouvernance territoriale

Il est régulièrement fait mention de l'existence « d'autorités traditionnelles » dans les territoires, objets et acteurs du programme, et de leur poids dans la gouvernance territoriale. Elles sont de nature diverse selon le territoire considéré mais partagent un certain nombre de traits communs :

• il s'agit d'autorités non élues et n'ayant pas forcément de reconnaissance légale. Il faut relever toutefois que certaines de ces autorités, comme les chefs de village au Sénégal ou les « » en Guinée-Bissau, jouissent d'une certaine reconnaissance de l'Etat ;

• leur financement et fonctionnement est assez largement indépendant des appuis extérieurs (Etat, ONG, collectivités locales…) ;

• leurs prérogatives concernent au moins la gouvernance foncière : elles octroient des droits sur l'espace, régulent la transmission de ces droits, interviennent en cas de conflits ou de litige à l'échelle du terroir villageois au moins, et quelquefois au-delà ;

• elles ont conservé un poids important dans la gouvernance territoriale mais celui-ci a tendance à s'affaiblir ou du moins à être concurrencé en milieu urbain et dans les zones d'intérêt économique pour l'Etat;

• leur fonctionnement semble dominé par le droit d'aînesse et le patriarcat : les hommes aînés, chefs de famille, issus des familles fondatrices, ont davantage de poids dans les attributions des ressources foncières et le règlement des conflits que n'importe quel autre acteur. Au sein d'espaces plus vastes (collectivités locales et section), la chronologie de création des villages semble déterminante dans le poids politique occupé par les villages. Les villages les plus anciens ont davantage de poids que les autres. Toutefois, on a pu relever une exception à ce qui semble être à ce stade une règle. Début 2014, le chef de village[1], un homme relativement âgé, a été remplacé par un jeune d'une trentaine d'années car il était considéré comme peu réceptif aux demandes des habitants ;

• on observe des situations de « cumul de mandats » où ces autorités néo-traditionnelles sont élues au conseil rural/ municipal (Sénégal) ;

• il est rare que ces notables ne soient pas entourés de conseillers. Dès lors, leurs décisions relèvent bien d'un collectif et passent par une forme de concertation ;

• loin d'être figé, comme le terme « traditionnel » pourrait le laisser entendre, leur fonctionnement est évolutif ; ces autorités ne fonctionnent pas aujourd'hui comme il y a 50 ans et certaines des règles qu'elles appliquent ont beaucoup changé. En effet, sur les 50 dernières années,

---

1 C'est le village de Cabrousse dans le quartier de Mossor. Les habitants ont soutenu que le chef de village n'écoutait pas leurs remarques et doléances. Et il a été remplacé par un jeune.

plusieurs facteurs sont venus modifier les pratiques de gouvernance foncière au rang desquels:

o le développement de certains secteurs économiques : tourisme au Cap Skiring, mines à Varela, l'expansion des vergers (anacardiers en région de Cacheu et de Oïo, fruitiers divers en région de Ziguinchor et Sédhiou ...);

o l'urbanisation des territoires : Ziguinchor, Canchungo mais aussi tous les gros villages dont la population dépasse aujourd'hui les 5 000 habitants ;

o le développement des aires protégées : Parc Naturel de Basse Casamance, Parc National de Cacheu... ;

o la croissance démographique générale bien que différenciée. On peut considérer que la pression foncière s'est déplacée des rizières endiguées, vers les zones plus hautes, notamment le plateau où il est possible de construire des habitations et de planter des vergers.

Un bon exemple de l'évolution des pratiques des autorités traditionnelles est visible à Cabrousse où, devant les opérations de cession de terres à des tiers opérées par le Conseil rural de Diembéring, les autorités néo-traditionnelles ont opéré une « révolution » [2] en acceptant de vendre des terres du village, un acte qu'elles prohibaient il y a encore 15 ans. Dans d'autres localités du Sénégal ou de Guinée-Bissau, elles ont restreint le droit de planter des cultures pérennes (anacardes et autres fruitiers) aux « autochtones » alors qu'il était ouvert à tous il y a de cela 30 ans. Ces évolutions sont liées à la manifestation d'autres acteurs de la gouvernance qui, il y a 50 ans, n'existaient pas ou n'exerçaient pas leurs prérogatives (l'Etat et la communauté rurale) ainsi qu'à la croissance démographique. Dans ce contexte, le recours au terme « autorités néo-traditionnelles » semble plus approprié. Au Sénégal, l'apparition de nouveaux acteurs de la décentralisation (communes) et de l'Etat a changé la donne dans la gouvernance foncière. Sans passer nécessairement par la validation d'autorités traditionnelles, ces acteurs, forts de leurs nouvelles prérogatives, affectent des terres à des personnes morales ou physiques pour un usage déterminé (construction de complexe touristique, etc.). Face à ces nouveaux acteurs, les autorités traditionnelles développent des stratégies pour ne pas se faire doubler.

---

[2] Jusqu'à récemment la terre n'avait jamais été vendue par les propriétaires fonciers de ce village.

Un entretien avec le roi de Varela Sijunke Djata permet de compléter les informations recueillies durant les échanges.

Comment accède-t-on à la terre dans ce village ?

- *La terre est acquise par héritage ou prêt. Mais la terre ne se vend pas.*

Si un étranger arrive et veut créer un campement touristique, comment doit-il s'y prendre ?

- *Il doit en parler en premier au roi, qui va lui montrer le propriétaire des terres ou le campement sera implanté et c'est avec ce dernier qu'il négociera. En général on exige qu'il emploie de la main d'œuvre locale.*

En cas de conflit foncier qui doit-on consulter ?

- *On règle avant tout directement entre les deux familles*
- *Si échec : on va devant le roi*
- *Si échec encore, on va devant la « loi »*

Quel est le progrès le plus attendu dans le village?

- *Goudronner la route de Varela et la construction des infrastructures touristiques. L'apport en numéraire qu'apporterait le tourisme pourrait servir aux habitants à couvrir leur maison de tôle au lieu de la paille. Nous tenons à remplacer la paille par de la tôle pour des raisons de sécurité, le risque d'incendie étant très grand avec la paille. Et celle-ci demande un entretien annuel et quasi constant car la riziculture a un avenir plus qu'incertain vu que les rendements chutent, obligeant les habitants à la diversification.*

Est-ce que le riz local se vend ?

- *Non le riz local ne se vend pas.*

Et si la production de riz décolle un jour, serait vous enclin à vendre le surplus ?

- *Si la production de riz décolle un jour, il est bien clair quoiqu'il en soit qu'elle sera toujours destinée aux cérémonies, et jamais à la vente.*

En cas de substitution partielle dans le calendrier cultural, du riz par manioc, maïs, sorgho, patate douce, il serait possible de le vendre ?

- *oui, l'interdit de vente ne concerne que le riz !! mais à qui pourrait on vendre un surplus alimentaire ? l'idéal serait de le vendre, ainsi que la paille, au Sénégal, mais la douane et l'armée guinéenne sont très fatigantes à la frontière ?*

Peut-on envisager une modernisation des labours dans les rizières ?

- *oui s'il s'agit de motoculteurs, non s'il s'agit de buffles.*

4.3. Ce que nous avons recueilli et ce que nous avons pu mesurer

4.3.1. Un trait de côte qui recul

Parmi les témoignages que nous avons recueillis dans le site-pilote, l'un des plus cités est l'avancée de la mer (Faye, 2010), et dont la conséquence est le recul du trait de côte et des rizières. A Cabrousse comme à Varela les gens disent qu' « auparavant il y avait de grandes rizières, mais l'avancée de la mer fait reculer les rizières. A Cabrousse, la population soutient que la mer était à plus de 600 m et aujourd'hui c'est juste une dune qui fait office de barrage entre les eaux salées et les rizières. Le recul du trait de côte menace ainsi fortement les rizières de bas-fonds de Nhiquim, Varela Iale et Cabrousse. A Varela, l'une des préoccupations majeures des populations est le recul du trait de côte et l'engloutissement par la mer de certaines surfaces continentales. Ce phénomène est observé des deux côtés de la frontière mais est très important du côté bissau-guinéen. Par-exemple, à Varela Madina, entre 2003 et 2013 une rizière a été engloutie par la mer repoussant le trait de côte de 134 m dans les terres par endroit (Figure 4). En 56 ans la plage de Varela aurait reculé de 500 m. L'érosion côtière serait due à des phénomènes naturels et anthropiques. La construction de l'hôtel en bordure de plage à Varela aurait engendré une déstructuration du sol favorisant ainsi l'érosion côtière. L'étude d'impact de l'exploitation de sable lourd du site de Varela considère comme majeur le risque d'altération et d'érosion des sols du fait de la présence de cette exploitation.

Figure 4 : Evolution du trait de côte de la baie de Varela 2003-2013

4.3.2. Une riziculture en perte de vitesse !

Une importante salinisation des rizières est également décrite par les populations locales lors des entretiens. Malgré la relative importance du riz local dans la vie sociale de ces territoires, la riziculture est en déclin. L'activité rizicole connaît plusieurs difficultés. La salinisation des casiers rizicoles de bas-fonds prend de l'ampleur dans tous les villages rizicoles. Cette situation s'explique en grande partie par l'avancée de la mer et par un mauvais entretien des digues de protection. Les jeunes des villages ne s'investissent plus dans la réparation des digues endommagées et les parents les poussent plus à poursuivre des études longues où à trouver des métiers plus lucratifs. A Diembéring, Varela Iale, Sucujaque ou Bouyouye, plusieurs casiers rizicoles ne sont plus mis en valeur du fait de la conjonction de plusieurs facteurs dont la diminution de la main d'œuvre. A Bouyouye, selon les estimations de la population, ce sont ainsi 40% de la surface totale des rizières de bas-fonds qui seraient aujourd'hui inutilisables. Dans les villages, les jeunes partis étudier à Dakar, Saint-Louis ou Ziguinchor ne reviennent plus pendant l'hivernage pour aider leurs parents dans les travaux rizicoles. Et ceux qui sont présents au village (pourtant majoritaire) participent de moins à moins aux activités rizicoles. Cependant, en dépit de ce constat conjugué aux difficultés liées à la diminution de la pluviométrie et à la faiblesse de la main d'œuvre (désintéressement des jeunes), la culture du riz reste une activité très structurante socialement. La réponse à ce paradoxe se trouve dans l'importance du riz dans la tradition et les mœurs de ces communautés. En effet, le riz est incontournable pour l'organisation des cérémonies telles que les funérailles, la circoncision, la lutte, les rites, les mariages ou les danses traditionnelles. Pour toutes ces raisons, le riz local est gardé jalousement dans les greniers.

4.3.3. Une démographie fonction des activités villageoises

Lors des focus group et des entretiens individuels, les habitants ont souligné une augmentation sensible de la population au cours de ces 50 dernières années. Ainsi, nous avons constaté globalement une augmentation importante de la démographie dans les villages qui bénéficient de l'activité touristique et une diminution assez marquée de la population dans les villages à vocation rizicole plus particulièrement dans la partie guinéenne.

L'analyse de la démographie fait ressortir plusieurs groupes de village (figure 5) :

- un premier groupe regroupant les villages les plus peuplés : Cabrousse, Cap-Skiring, Diembéring et Boucotte. Ces villages sont littoraux et bénéficient le plus de l'activité touristique et de la pêche (Cap-Skiring). Leur taux d'accroissement démographique est positif et se situe non loin de la moyenne du site-pilote (entre 30% et 50% sur 25 ans) ;

- Gnikine, Bouyouye, Basseor, Varela Iale, Cassolol, Igim, Jufunco, Bolol et Ossor constituent un autre groupe de villages. Ces villages ont tous connu un taux d'accroissement démographique négatif. Gnikine et Basseor ont une population peu importante (82 et 69 personnes) tandis que le reste des villages ont une population entre 252 et 607 personnes. Tous ces villages ont pour principale activité la riziculture ;

- Tenhate, Boudiediete, Varela Madina et Nhiquim connaissent les taux de variation les plus importants. Ce sont des villages qui ont une population faible ou moyenne (respectivement 521, 99, 748 et 125 habitants). Hormis Tenhate, la croissance démographique de ces villages semble être directement liée à la pêche qui est l'activité villageoise principale ;

- enfin, on peut établir un groupe de villages composé de Karabane, Cachouane, Sifoca, Windaye, Ourong et Ehidge. La population de ces villages oscille entre 43 et 400 personnes, avec des taux de variation compris entre 3% et 5% pour les villages de Ehidge Sifoka et Ourong et entre 23% et 48% pour Karabane, Cachounae et Windaye. Bien que peu peuplés, ces villages insulaires connaissent un relatif dynamisme démographique.

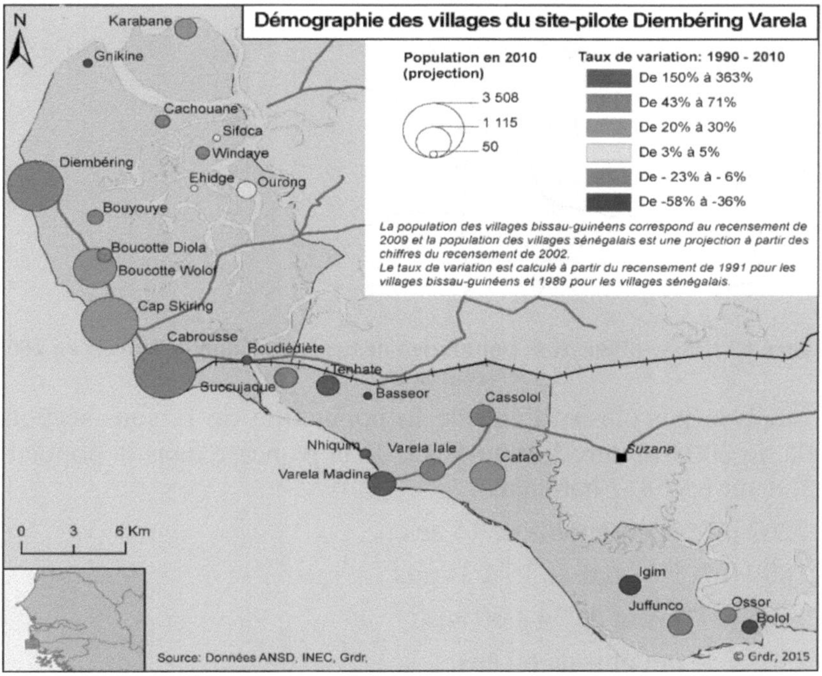

Figure 5 : Démographie des villages du site-pilote Diembéring-Varela

4.3.4. Un désintéressement des jeunes aux activités rizicoles

Selon les habitants, l'exode rural serait un facteur important pour expliquer le recul de la riziculture. Le départ massif des jeunes vers les grandes villes pour les études mais également pour la recherche d'emplois est évoqué pour expliquer cette situation. Notre analyse démontre que la population jeune est bien présente et majoritaire dans la plupart des villages. L'exode rural est bien une réalité, mais la part des jeunes reste très importante dans les localités. Nous avons pu conclure qu'il y a un désintéressement des jeunes pour l'activité rizicole pour deux raisons :

- la pénibilité du travail caractérisée par l'utilisation du *kajendu* mais également des réparations annuelles des digues de protection ;

- Les jeunes préfèrent les activités lucratives (tourisme, pêche, maçonnerie) et font de plus en plus des études longues (Figure 6).

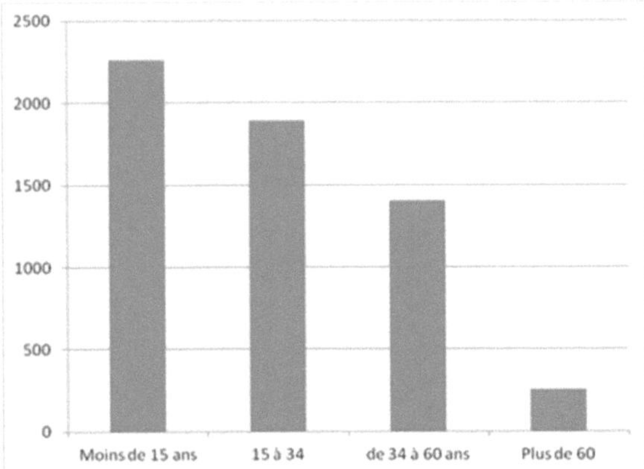

Figure 6 : Classe d'âge de la population de la sous-section de Varela en 2008 (source INEC)

L'analyse par classe d'âge de la population de la sous-section de Varela de 2008 montre l'importance de la jeunesse dans la population. En effet sur les 5812 habitants :

- 2262 (40%) ont moins de 15 ans ;
- 1889 (32,5%) ont de 15 à 34 ans ;
- 1405 (24%) ont de 34 à 60 ans ;
- 256 (4%) ont plus de 60 ans.

4.3.5. La conversion d'espaces de cultures temporaires vers des cultures permanentes

A Varela, de nombreux espaces autrefois destinés aux cultures de plateaux et de rizières de bas-fonds ont été convertis en vergers d'anacardiers, d'agrumes ou de manguiers. Ces conversions, bien que moins importantes que dans le reste de la Guinée-Bissau, sont en lien direct avec l'évolution des habitudes alimentaires, de la monétarisation des échanges et de la démographie des villages.

4.3.6. Les modes de vie en profonde mutation

La scolarisation des enfants ampute les ménages d'une main-d'œuvre autrefois disponible pour travailler dans les champs. La diversification des ressources des ménages a permis l'augmentation de la monétarisation des échanges (même si la pratique du troc existe encore pour certains ménages). Les transferts de fonds de migrants, le salariat notamment dans le secteur touristique, la vente du vin de palme, la production d'anacarde permettent l'achat de nouveaux produits alimentaires. Enfin, les espaces de cultures pérennes (anacardiers, manguiers, agrumes) ont peu à peu remplacé, dans certaines zones, les espaces de cultures vivrières amoindrissant ainsi les récoltes vivrières familiales. Les modes et saveurs évoluent aussi avec le temps. Aujourd'hui, les ménages apprécient de nouvelles saveurs dans leur nourriture (plats à base de vermicelle, de pâtes, des salades composées, etc.). L'arrivée de la télévision au Sénégal, et les campagnes de publicité à la radio ou sur les marchés dans les deux pays, ont aussi permis à de nombreuses sociétés d'imposer leurs produits comme incontournables dans les repas quotidien des ménages (en particulier les bouillons type « cube Maggi »). La production de certains produits comme le riz a accusé une baisse assez importante dans les années 1970 et 1980 à cause des déficits pluviométriques record. Enfin la brisure de riz possède l'avantage d'être plus rapide à préparer que le riz produit localement. Les produits non locaux prennent de plus en plus d'importance dans les habitudes alimentaires des ménages. Toutefois, le riz produit localement reste toujours très consommé dans les ménages au même titre que le citron, le sel, le poisson, l'huile de palme et le piment.

4.3.7. Une monétarisation du foncier

A l'image du Club Méditerranée (1972), le Royal cap, Hibiscus, Hôtel Cabrousse, pour ne citer que ceux-là, les promoteurs hôteliers ont accédé au foncier de façon gratuite. Les familles propriétaires ont refusé d'être payées craignant des représailles mystiques. Aujourd'hui, côté sénégalais, la tendance générale est à la vente. Les ventes se sont accélérées car les Conseillers Ruraux auraient tendance à affecter des terres appartenant aux villageois à des tiers. Craignant d'être davantage spoliés, ceux-ci cherchent à vendre rapidement. Des familles ont cédé leurs droits à des clients (opérateurs touristiques ou touristes eux-mêmes) moyennant paiement. Des parcelles de 300 m² se monnaient pour plusieurs millions de FCFA. Les terres sont vendues par les villageois depuis les années 2000. A l'inverse en Guinée-Bissau, dans la sous-section de Varela, on observe que la vente de terre n'existe simplement que dans le village le plus récemment créé (à Varela Madina) où la population a vendu les terres que leurs ancêtres leur ont cédé. Les villages les plus anciens n'ont pas encore vendu de terre selon les habitants car une relation mystique unit les villageois à leurs terres et la vente de terre pourrait engendrer selon les populations des attaques mystiques de la part des fétiches.

4.3.8. Un bâti en expansion dans le site-pilote Diembéring-Varela

L'expansion des surfaces de bâti que l'on observe entre 1953 et 2014 est particulièrement remarquable mais très différenciée selon que l'on est en Guinée-Bissau ou au Sénégal. Ainsi entre 1953 et 2014, la partie sénégalaise a vu ses surfaces de bâti augmenter de 730 % contre 57 % pour la partie bissau-guinéenne. Cette augmentation se concentre sur la partie littorale de la communauté rurale de Diembéring qui a vu se développer une activité touristique très consommatrice d'espace aux dépens des espaces de cultures de plateau (figure 7).

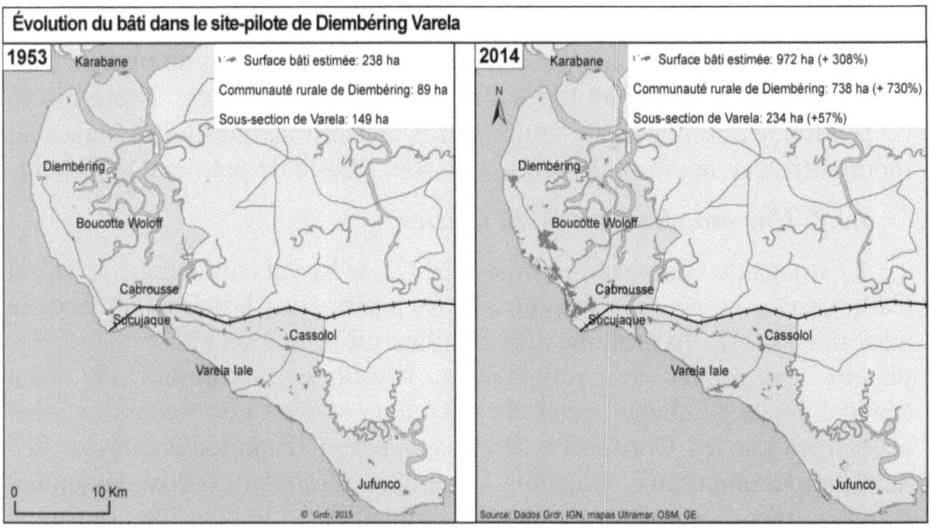

Figure 7 : Evolution du bâti dans le site-pilote de Diembéring Varela

4.3.9. Une diversification des activités au sein des ménages

Le calendrier des activités des membres des ménages démontre une tendance à la diversification. On voit nettement que les revenus du ménages proviennent de sources très diverses (pêche, tourisme, enseignement, commerce, agriculture, etc.).

4.4. Cartographie participative fonctionnelle, une solution pour une meilleure compréhension des dynamiques territoriales

Les ateliers de cartographie participative ont donné des résultats très intéressants. La carte de terroir ancienne (il y a 50 ans) et la carte de terroir actuelle ont permis de voir le comportement des unités paysagères mais aussi et surtout les modes de vie des populations locales. Cependant l'efficacité de la carte de terroir peut être améliorée par l'utilisation d'images satellites de hautes résolutions ou des photographies aériennes pour animer les débats. Le principe consiste donc à faire tirer des images google earth, images satellites ou photographie en grand format et les utiliser comme support pour conduire les échanges avec les populations locales. Cette méthode est très intéressante car elle permet une reconnaissance facile, par les habitants, des différentes unités paysagères de leurs terroirs et des usages qu'ils en font. Cette approche a été testée à Bolol (Guinée Bissau) dans le cadre du suivi participatif de l'évolution de cette localité (figure 8) mais aussi dans le Sine Saloum (Bastien, 2015).

Conclusion

Les séances de restitution ont permis de discuter de l'avenir des villages étudiés à partir des tendances observées. Les résultats obtenus ont montré des similitudes de part et d'autre de la frontière, en termes d'unités paysagères, d'évolution de gestion du foncier, de représentation sociale et de problématique de concurrence. On retiendra surtout :

- il y a continuité des deux côtés de la frontière sur le rôle perçu du tourisme qui permettrait de fournir du travail aux jeunes et donc de les fixer au village. Cependant, à Iale on pense que le tourisme peut sauver la riziculture, alors qu'à Diembéring, on entend de plus en plus dire que c'est la mécanisation qui peut empêcher les jeunes de partir et sauver la riziculture diola. Dans les deux cas, la question peut se poser ainsi : la riziculture peut-elle survivre au tourisme ? Le tourisme est vraiment perçu à Iale comme une source de revenus supplémentaires qui pourrait profiter à tout le village. Il est perçu comme complémentaire et non concurrent à la riziculture ;

- la cartographie est l'une des clés de lecture de la question foncière. Mise en œuvre de manière participative et fonctionnelle, elle permet à des populations de s'approprier d'une nouvelle manière leur territoire et de développer de manière concertée des outils de sécurisation du foncier ;

- Le territoire étudié nous semble représentatif. Nous retrouvons les mêmes réalités dans d'autres zones (Canchungo, Kafountine etc.) à précarité foncière pour une majorité d'acteurs locaux révélée ;

Tableau 1 : Calendrier des activités des membres des ménages

Mois			J	F	M	A	M	J	J	A	S	O	N	D	
Membres	Sexe	Age approximatif													
1er ménage	Chef de ménage	M	40	Enseigne	Enseigne	Enseigne	Enseigne	Enseigne	Enseigne	Agriculture	Agriculture	Agriculture	Enseigne	Enseigne	Enseigne
	neveu	M	25	pêche	pêche	pêche	pêche	pêche	pêche	Agriculture	Agriculture	agriculture	pêche	pêche	pêche
2è ménage	Chef de ménage	M	58					Sarclage	sarclage	pépinière	Agriculture	agriculture	surveillance + Récolte	Récolte du riz	Récolte du riz
3è ménage	Chef de ménage	M	74	repos	repos	sarclage	sarclage	Sarclage	Culture pam-pam et pépinière	Culture pam-pam et pépinière	agriculture	agriculture	surveillance	récolte	récolte
	Fils ainé	M	32	Maçonnerie et électricité	Maçonnerie et électricité	Maçonnerie et électricité	sarclage	Sarclage	Culture pam-pam et pépinière	Culture pam-pam et pépinière	agriculture	agriculture	surveillance	récolte	récolte
4è ménage	Fils ainé	M	42	Menuisier métallique	Menuisier métallique	Menuisier métallique	Menuisier métallique	sarclage	sarclage	agriculture	agriculture	agriculture	surveillance + Récolte	surveillance + Récolte	Récolte+ menuiserie métallique
5è ménage	Chef de ménage	M	45	Cuisinier à l'hôtel	Cuisinier à l'hôtel	Cuisinier à l'hôtel	Cuisinier à l'hôtel	Cuisinier à l'hôtel	agriculture	Agriculture	agriculture		Cuisinier à l'hôtel	Cuisinier à l'hôtel	Cuisinier à l'hôtel
	Femme	F	33	Jardinage et collecte d'huitres	Jardinage et collecte d'huitres	Jardinage et collecte d'huitres	Jardinage et collecte d'huitres	Jardinage et collecte d'huitres	agriculture	Agriculture	agriculture	Collecte des huitres	Jardinage et collecte d'huitres + récolte du riz	Jardinage et collecte d'huitres + récolte du riz	Jardinage et collecte d'huitres + récolte du riz
	Nièce	F	12	École	école	école	école	école	école	ménagère	ménagère	ménagère	école	école	école
6è ménage	Chef de ménage	M	80	Repos	repos	repos	sarclage	Sarclage	agriculture	agriculture	agriculture	agriculture	surveillance	surveillance	Récolte du riz dans les bas fonds
7è ménage	Chef de ménage	M	50	Bénévolat	bénévolat	bénévolat	bénévolat	Bénévolat	sarclage	sarclage	agriculture	agriculture	surveillance	Récolte	récolte
8è ménage	Chef de ménage	M	75	Récolte	récolte	Récolte vin de palme	Récolte vin de palme	Récolte vin de palme	sarclage	Agriculture	agriculture	agriculture	récolte	récolte	récolte
	Femme	F	60	Récolte	récolte	Vente de vin de palme	Vente de vin de palme	Vente de vin de palme	repos	Repos	Repiquage du riz	Repiquage du riz	récolte	récolte	récolte
9è ménage	Chef de ménage	F	50	Commerce	commerce	commerce	commerce	commerce	Amendement des rizières	Amendement des rizières	agriculture	agriculture	surveillance	Surveillance + récolte	Récolte

Source : GRDR, 2015.

Figure 8 : Séance de cartographie fonctionnelle dans le village de Bolol

Source : Projet lho Do Papagaio, 2012 /2013

Les outils éprouvés ont donné satisfaction dans l'ensemble. Ils ont permis d'aborder les réalités des villages de façon systémique et holistique. Il en découle une vision d'ensemble des dynamiques intervenues et en cours dans ce site-pilote. Les séances de restitution ont été des moments de discussions, entre générations, des perspectives des terroirs étudiés. Dès lors, la carte, « instrument classique de manipulation et de domination » technicienne ou administrative, peut aussi présenter des usages différents plus subversifs » (Nonjon, Liagre, 2012), lorsqu'elle offre une médiation qui permet de tempérer, voire de raisonner les enjeux de pouvoirs fonciers ou encore lorsqu'elle permet aux populations à la base de plaider pour l'accès à leurs terres et la gestion durable de celles-ci. La participation aux séances de cartographie participative a pu donner aux acteurs du territoire, notamment les agriculteurs et les jeunes, la possibilité de faire entendre leurs voix. Les autorités locales ont, à partir de là, à intégrer dans leurs actions politiques locales des demandes concrètes marquant la revendication populaire telle que l'affectation et l'aménagement de terres à usage de production maraîchère mais surtout l'élaboration d'un plan d'occupation et d'affectation des sols (POAS)[3]. Les populations locales ont demandé d'avoir une monographie territoriale qui leur servira de support pour porter le plaidoyer auprès des autorités compétentes. Toutefois, comme l'ensemble des approches participatives, ces outils, pour être efficace nécessitent une participation de toutes les classes de la population villageoise. Cela requiert un temps de préparation, de sensibilisation et d'exécution important pendant les enquêtes de terrain aussi bien au niveau des autorités (décentralisées et déconcentrées), des chefs de village, que des populations. Il importe donc que les enquêteurs soient extérieurs au contexte villageois, de façon à pouvoir développer des lectures critiques à l'égard des propos des villageois et ainsi éviter les écueils liés aux discours préconçus, et favoriser ainsi la conscientisation des évolutions de leur terroir par les populations.

Références bibliographiques

Bastien C., 2015. Méthodologie de cartographie communautaire développée pour le PRECEMA dans les mangroves du delta du Sine Saloum avec l'appui d'ADG.

Faye I., 2010. Dynamique du trait de côte sur les littoraux sableux de la Mauritanie a la Guinée-Bissau (Afrique de l'Ouest) : Approches régionale et locale par photo-interprétation, traitement d'images et analyse de cartes anciennes. Géographie, Université de Bretagne occidentale - Brest, 321p.

GRDR, 2015. Monographie territoriale du site-pilote de Diembéring-Varela, 48 p.

3 Commandes recueillies lors de la négociation de la Convention de partenariat entre la Commune de Diembéring et le GRDR en vue de l'élaboration de la monographie communale de Diembéring.

Joliveau T., 2004. Géomatique et gestion environnementale du territoire. Recherches sur un usage géographique des Sig, Mémoire d'Hdr en Sciences Humaines, Université de Rouen.

Nonjon M., Liagre R., 2012. "Une cartographie participative est-elle possible ?", EspacesTemps.net, Travaux, 14.05.2012.

Projet lho Do Papagaio, 2012 /2013. Suivi participatif de l'évolution du terroir du village de Bolol. Explorer de nouveaux outils de gestion et de valorisation du réseau des Aires protégées de Guinée Bissau.

LA CARTOGRAPHIE PARTICIPATIVE COMME OUTIL D'AIDE À LA COMPRÉHENSION DES DYNAMIQUES TERRITORIALES : APPLICATION SUR UN TERRAIN DE BASSE CASAMANCE (SÉNÉGAL)

Tidiane Sané, EH Balla Dièye, Boubacar Demba Ba, Victor Mendy[4]
Marie-Christine Cormier-Salem, Luc Descroix, Mathilde Fabre, Elisabeth Habert[5],
Francis Ehemba, Melig Bodivit[6]

Résumé

L'objectif de cet article est de montrer la contribution de la cartographie participative, réalisée dans la commune rurale de Diembéring au Sud-Ouest du Sénégal, dans la compréhension des dynamiques territoriales dans des zones littorales aux enjeux multiples liés à de fortes contraintes et/ou opportunités. A travers cette méthode, nous avons cherché à connaître l'organisation (passée et actuelle) des espaces villageois et leurs usages à partir des cartes de terroirs réalisées par les populations locales elles-mêmes et des entretiens collectifs et/ou individuels dans les localités de Diembéring et de Cabrousse.

Ce travail a permis de faire émerger les savoirs et savoir-faire traditionnels des communautés villageoises en termes de représentation de leurs espaces mais aussi de connaissances sur des questions difficiles à appréhender avec des enquêtes de terrain habituelles. Couplée avec d'autres outils d'enquêtes (entretiens, transects, profils historiques, calendrier agricole ...), la cartographie participative a permis de mettre en évidence les difficultés que traverse la riziculture en Casamance, une activité séculaire soumise depuis quelques décennies à de fortes contraintes à la fois biophysiques et socioéconomiques.

L'analyse des données collectées sur le terrain a révélé une partie de la longue histoire des terroirs villageois étudiés, leur dynamique en termes d'occupation de l'espace et de ses usages, les grandes questions actuelles et à venir, et conduit à s'interroger sur la viabilité des systèmes

4 Département de Géographie, UFR Sciences et Technologies, Université Assane Seck de Ziguinchor. Laboratoire Mixte International Patrimoines et Territoires de l'Eau, UMR 208, PALOC, MNHN, IRD

5 IRD, LMI PATEO, UMR PALOC IRD/MNHN/Sorbonne Universités

6 ONG Grdr Migrations, citoyenneté, développement, Montreuil, ZIguinchor

à usage multiple. Cette étude de recherche développement vise à aider les communautés locales à formuler et à transmettre leurs savoirs aux autres acteurs et à développer leurs capacités en termes de connaissances de leurs terroirs et de stratégies de plaidoyer (engagement de dialogue multidimensionnel) avec les autorités locales ou déconcentrées et les autres intervenants en matière d'appui au développement.

Mots clés : cartographie participative, dynamique territoriale, riziculture, Commune rurale de Diembéring, Basse Casamance, Sénégal.

Introduction

La zone littorale de la Basse Casamance fait, depuis plusieurs décennies, l'objet d'enjeux économiques, écologiques, sociaux et politiques croissants. Dans un contexte de dégradation des conditions environnementales, de crise des systèmes traditionnels de production et de développement de nouvelles opportunités économiques, cette zone subit de profondes mutations de son environnement biophysique et socio-économique. Des enquêtes de terrain basées sur la cartographie participative ont été réalisées dans la commune rurale de Diembéring (localités de Diembéring et de Cabrousse) afin de mieux appréhender les opportunités, les contraintes et les dynamiques en cours dans cette zone aux multiples richesses naturelles et socio-économiques (voir Ehemba *et al.*, cet ouvrage). Des données ont été collectées lors des travaux de terrain mais nous mettons ici l'accent particulièrement sur la problématique de la riziculture, une activité traditionnelle exercée depuis des siècles par une population qui a su développer, tenant compte des caractéristiques environnementales particulières du milieu, des techniques de production adaptées mais actuellement en souffrance pour des raisons diverses. En restituant les résultats de la mise en œuvre de la cartographie participative sur la compréhension des paysages des terroirs étudiés, notre analyse livre les observations sur la dynamique des terroirs rizicoles et de la riziculture dans la commune rurale de Diembéring.

Quelques définitions de la cartographie participative

La cartographie participative fait appel à plusieurs disciplines car elle est un outil de plus en plus utilisé par les chercheurs, notamment les géographes, les anthropologues et les agronomes. Son utilisation, surtout dans les pays en développement, est d'autant plus intéressante que les dynamiques territoriales y sont fortes et que la question de la gouvernance territoriale s'y pose avec acuité. Elle est d'autant plus utile qu'elle permet de prendre de bonnes décisions, flexibles et adaptées à différentes situations environnementales et socio-économiques. C'est d'ailleurs la raison pour laquelle son intérêt croissant pour l'étude des sociétés et des milieux ruraux, son usage en fonction des activités socio-économiques (agriculture, élevage) et la richesse de ses approches (wikimaps, cartes à même le sol, ébauches de cartes sur papier, SIG participatifs, cartes collaboratives, cartes communautaires, etc.) sont à l'origine de la diversité des définitions qui lui sont consacrées. Il existe d'ailleurs une riche littérature sur son évolution et ses différentes approches (Arnstein, 1969 ; Chambers, 1991 et 2006; Gueye et Schoonmaker-Freudenberger, 1991, Palsky, 2010 ; Burini, 2005 ; Lavigne, 2011; Liagre et Nonjon, 2012 ; Amelot, 2013).

Palsky (2010) définit la cartographie participative comme un processus d'élaboration collective des représentations cartographiques par la base, c'est-à-dire par un ensemble de personnes n'appartenant pas aux milieux de la cartographie professionnelle ou académique ; c'est ce qu'il appelle "cartographie sans cartographes". Pour Burini (2008), il s'agit d'un type particulier de cartographie qui, réalisée par les communautés locales pour représenter leur territoire, permet de faire émerger les savoirs traditionnels et certaines questions qui échappent aux enquêtes traditionnelles. On peut conclure avec Habert (2014) qu'il s'agit de la cartographie d'un territoire produite par un groupe d'habitants encadré par un groupe d'experts.

A travers ces quelques définitions et au-delà des réalités très diverses auxquelles la cartographie participative renvoie, on remarque qu'il se dégage un consensus sur l'objectif poursuivi, qui est de faire participer les populations locales à la représentation de leurs territoires et de produire les connaissances utiles à leur implication dans les actions de développement qui portent sur leurs localités. Elle concerne donc, comme l'atteste Palsky (2010), la production d'une information géographique (ou spatiale) par une communauté d'individus, dans une logique de "bottom-up", c'est-à-dire de la base vers le sommet.

La commune rurale de Diembéring en Basse Casamance, terrain d'application

La commune rurale de Diembéring est située en Basse Casamance (figure 1), dans la région de Ziguinchor au Sud-Ouest du Sénégal. Elle abrite une population de 12 165 habitants au recensement de 2002 (ANSD, 2002), majoritairement composée par les *Joola*, une population dont l'activité socio-économique principale est la riziculture, "fondement de sa civilisation agraire" (Pélissier, 1966).

Son climat sud-soudanien côtier, son réseau hydrographique relativement dense structuré autour du fleuve Casamance et ses affluents, et sa littoralité confèrent à cet espace d'importantes potentialités naturelles. L'omniprésence de l'eau – qu'elle soit pluviale, océanique ou fluviale – et son appartenance à la Basse Casamance constituent les principaux éléments de la construction et de la structuration de la personnalité biophysique et politique de cette commune rurale. Les caractéristiques sociodémographiques sur lesquelles reposent les systèmes traditionnels de production participent fortement à la particularisation de cette entité spatiale.

La commune rurale de Diembéring est choisie pour la diversité de ses ressources naturelles, la richesse de ses ressources démographiques axées sur les traditions culturales, l'importance de la riziculture et les enjeux environnementaux et socio-économiques dans un milieu en évolution.

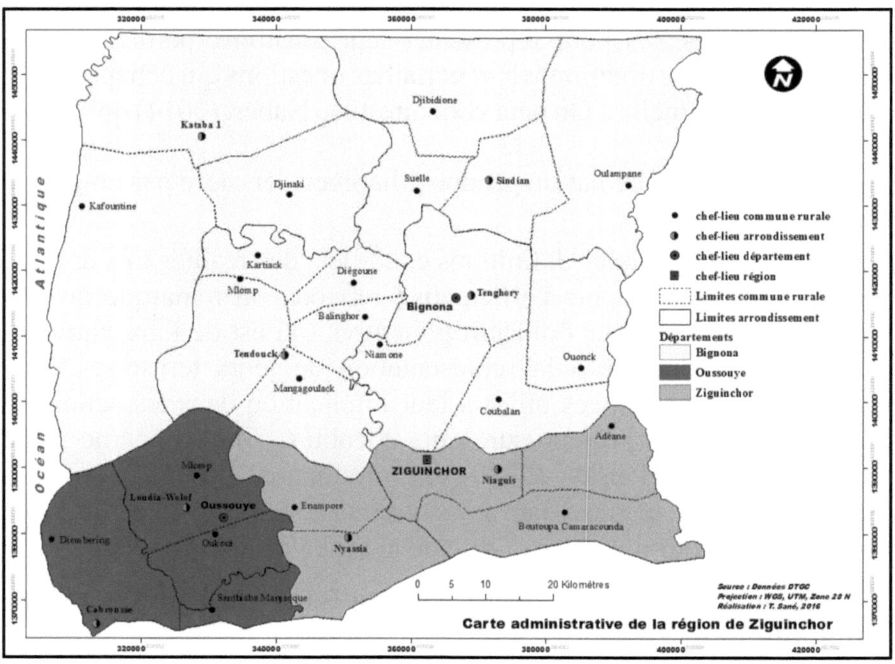

Figure 1 : localisation de la commune de Diembéring

Méthodologie et outils utilisés

La démarche adoptée a consisté à l'élaboration d'un guide d'entretien structuré autour de la problématique de la riziculture. Ce guide comporte des questions pouvant permettre d'évaluer l'importance des rizières dans les terroirs villageois et de mettre en avant les évolutions observées dans ces espaces durant les 50 dernières années. On a cherché à mettre en avant les facteurs ayant conduit à ces évolutions et à la vulnérabilité des espaces rizicoles.

Dans chaque localité retenue (Diembéring et Cabrousse), deux personnes sont choisies comme points focaux c'est-à-dire des personnes ressources et des facilitateurs pour toutes les démarches entreprises dans ces localités. Ils constituent l'interface entre les chercheurs et la population locale. Ils jouent ainsi un rôle déterminant dans le travail du fait qu'ils ont été la porte d'entrée et ont mobilisé la population dans leurs localités respectives.

Hormis la construction de cartes par les populations elles-mêmes, d'autres outils ont été mis à contribution. Il s'agit notamment des entretiens collectifs et/ou individuels (profil historique, calendrier agricole, trajectoire ou itinéraire de vie), des transects, des entretiens au niveau des parcelles des producteurs (voir Ehemba *et al*, dans cet ouvrage). Le profil historique permet de collecter des données relatives à l'histoire de la localité (date approximative de création, gestion du pouvoir, événements les plus marquants). Ces entretiens collectifs et/ou individuels ont été réalisés en ayant comme autres objectifs de susciter des questionnements, d'établir le calendrier saisonnier des activités agricoles, de favoriser l'expression des problèmes et de leurs résolutions, et de mettre en évidence les contraintes et opportunités de développement. Les entretiens menés au niveau des parcelles sont destinés à mieux apprécier tout le processus des opérations culturales, du début jusqu'à la fin de la campagne agricole.

L'élaboration des cartes de chacun des terroirs a favorisé des échanges entre les différentes classes d'âge et entre les sexes. De ces discussions intenses et parfois contradictoires a toujours émergé un consensus ayant permis la réalisation des cartes par les personnes instruites à l'école (en français) mais sous l'œil vigilant des autres personnes qui n'hésitaient pas à les rectifier quand il le fallait. Des cartes d'occupation du sol (forme du terroir, sa configuration, son contenu) ont été ainsi réalisées (une carte d'il y a plus de 50 ans et une autre actuelle). Sur la carte du terroir actuel, deux transects sont tracés. L'intérêt de ce procédé est de visualiser les ressources du village et leur distribution spatiale (organisation/gestion espace) à travers les visites guidées pour observer les différentes unités paysagères et discuter en même temps avec la population sur leur fonctionnement et les usages qui s'appliquent à ces unités.

La dernière étape de la démarche méthodologique est la restitution, une phase très importante car permettant de valider, avec les populations locales, les données collectées sur le terrain.

Résultats et discussions

La démarche méthodologique mise en œuvre et les outils utilisés ont permis d'aboutir aux résultats discutés ci-dessous.

a) - Le profil historique, un outil d'échanges entre générations : l'exemple de Cabrousse

Sur la base des entretiens ouverts (figures 2 et 3), collectifs et, dans une moindre mesure, individuels, cet outil a permis de faire l'historique des terroirs étudiés mais aussi de déterminer les événements les plus marquants qui se sont produits dans le passé au sein du village. Nous retenons ici le cas du village de Cabrousse.

Cabrousse, chef-lieu d'arrondissement, est l'un des villages les plus importants de la commune rurale de Diembéring. Sa proximité avec la station balnéaire du Cap-Skiring et la frontière bissau-guinéenne en fait une des localités où s'observent d'importantes transformations environnementales et socio-économiques. Ce village aurait été fondé par un homme nommé "*Ere*" qui serait venu de l'actuelle Guinée-Bissau à la recherche de meilleures conditions de vie et de terres fertiles. Il trouvera ainsi sur l'actuel site de Cabrousse, auquel il donna d'ailleurs son nom, un environnement propice à la riziculture mais aussi à la pêche et à la chasse. C'est ainsi qu'il s'installa sur le site de Cabrousse, avec sa famille et ses fétiches (*boekin*) pour sa protection, sur autorisation de ses parents laissés en Guinée-Bissau. Le premier nom du village serait donc "*Ere*" et Cabrousse viendrait d'une déformation coloniale à laquelle les habitants donnent deux origines. La première version soutient que le nom Cabrousse fait référence au nom de l'endroit où est érigé le phare, notamment à la frontière sénégalo-bissau-guinéenne, *"Cap-Roxo"*. La seconde version atteste que le terme Cabrousse viendrait de "Cases de brousse" ou "cases dans la brousse", allusion faite à l'environnement forestier qui prévalait sur l'actuel site et marqué par l'omniprésence des bois sacrés dans lesquels se pratiquent jusqu'à présent les cultes traditionnels *joola*.

Le village compte aujourd'hui trois quartiers ou *kelum* en *joola*, résultat de l'évolution démographique et des apports migratoires. Chronologiquement, le premier quartier fondé par "*Ere*" est appelé *Kadiakaye*, du nom de son fils aîné. La croissance démographique et les apports des différentes vagues migratoires, qui se sont succédé dans le village, sont à l'origine de la naissance de deux autres quartiers, *Nialou* et *Mossor*, peuplés successivement par les personnes originaires de Mlomp Kassa et de Loudia Diola, deux localités situées plus à l'est dans le Département d'Oussouye.

La gestion du pouvoir local se fait selon les règles traditionnelles spécifiques. En effet, ne peuvent occuper les fonctions du chef de village que des personnes répondant aux critères très stricts définis conformément aux réalités ancestrales et imbues de certaines valeurs sociales. Le chef de village doit être issu d'une famille aisée, c'est-à-dire possédant assez de terres rizicoles, et autosuffisante en riz ; il doit aussi être une personne influente, patiente et digne de confiance. Ce sont les sages du village qui se réunissent pour choisir la personne appelée à conduire les destinées de la localité et à administrer le principal fétiche du village. Un autre aspect important relevé dans la gouvernementalité de la localité est le rôle des chefs coutumiers c'est-à-dire des gardiens des autels des bois sacrés du terroir. Leur nomination se fait selon les mêmes principes que ceux élaborés pour désigner le chef du village.

Cependant, le village de Cabrousse connaît aujourd'hui une nouvelle tendance qui peut être considérée comme une véritable révolution. Le poste de chef de village n'est plus géré comme par le passé, il est occupé par les jeunes. En effet, ces derniers ont décidé de prendre les rênes de la gestion du pouvoir de leur village car, estiment-ils, le manque d'instruction des personnes âgées et leur ignorance des nouveaux enjeux de développement local ne militent plus en faveur de la gestion traditionnelle du pouvoir local. Cette situation pose du coup le problème de l'avenir des fondements traditionnels de la gestion du pouvoir et de l'exercice des activités ancestrales considérées comme immuables (bois sacrés, fétiches, etc.).

Quant aux évènements les plus marquants, dans l'histoire de Cabrousse, il faut mentionner, parmi tant d'autres bien entendu, l'initiation dénommée *bukut* c'est-à-dire une cérémonie traditionnelle qui marque une étape très importante dans la vie de l'homme *diola*. Elle consacre le passage de l'adolescence à l'âge adulte. La date de la célébration de cette cérémonie est fixée par les anciens du village avec la permission des ancêtres et des *boekin* (fétiches). Cette cérémonie d'initiation s'organise selon une régularité moyenne de 20 à 25 ans. La dernière a été célébrée en 2009 et l'avant dernière en 1978. Auparavant le cycle était plus rapproché, 10-12 ans, sans doute à cause de la production agricole qui était plus abondante. Cet écart de plus en plus important serait un des signes du déclin de la riziculture ou en tout cas de greniers insuffisamment remplis.

A

B

Figures 2 et 3 : Séances d'entretiens collectif à Cabrousse (A) et individuel à Diembéring (B)

b) - Les cartes de terroir villageois, un révélateur des usages : le cas de Diembéring

La construction des cartes de terroirs a été un des moments les plus forts des travaux de terrain (figures 4 et 5). Il était question de produire deux cartes (une ancienne et une autre présentant la situation actuelle du terroir villageois). Ce travail a été précédé par une présentation des objectifs et du cadre dans lequel se déroule la mission, ceci, pour mettre en confiance la population mobilisée pour la circonstance. Le travail de sensibilisation et de mobilisation de la population locale a été réalisé par les points focaux, ce qui a énormément facilité les enquêtes. Précisons que les cartes du terroir villageois ont été réalisées par les populations elles-mêmes sous la supervision des membres de l'équipe de la mission (fig. 6). La carte du terroir d'il-y-a plus de cinquante ans était la première à être réalisée (fig. 6a). La réalisation de cette carte ancienne a été facilitée par la présence de personnes âgées dont le vieux Joseph Diatta, un centenaire considéré comme la personne la plus âgée de l'ensemble de la commune rurale. On lui attribue plus de 100 ans. La présence des femmes et des jeunes a été un élément extrêmement important car leur concours a été déterminant dans la réalisation des cartes, surtout pour le positionnement sur le fond de papier des différents éléments structurant l'espace de Diembéring décrits par les anciens.

Figures 4 et 5 : Les habitants de Diembéring : échanges et construction des cartes de terroir

Les populations ont commencé par tracer la route principale entre Cap-Skiring et Diembéring et délimiter l'Océan Atlantique. Une fois la route tracée, le premier site d'habitation des villageois a été localisée. Ce site s'appelle *Kikinou* et d'après le vieux Joseph, ce site à plus de 200 ans. Ensuite, les villageois ont migré vers un second site appelé *Sangawat* qui abritait le bois sacré des hommes (fig. 6a). Le fromager géant, emblème du village, facilement reconnaissable, a été localisé sur le fond papier, puis les différents quartiers ont été délimités : *Haloudia*, *Niéné*, *Kaïngha*, *Kaoute*, *Houdiabouss*, *Etama* et *Etoune*. Il s'en est suivi la mise en place des unités paysagères comme les forêts, les dunes, la mangrove, les bois sacrés, les *bolong*, la végétation et les rizières.

On peut aisément remarquer sur la carte ancienne que les espaces rizicoles occupaient la majeure partie du terroir de Diembéring, la riziculture étant la principale activité pratiquée par la population. L'élaboration de la carte du terroir actuel (fig.6b) a permis d'apprécier et d'analyser l'évolution de l'espace villageois à travers la comparaison des deux situations. On note ainsi que les anciens sites du village, *Kikinou* et *Sangawat* ont laissé la place à la forêt dans laquelle sont implantés un éco-musée et un éco-parc. En revanche, le bois sacré des hommes y est toujours maintenu.

De manière générale, on constate qu'il y a une forte dynamique dans l'espace villageois. La forêt est de plus en plus occupée par les habitations humaines. La carte du terroir actuel révèle également l'étalement spatial des quartiers et l'implantation des infrastructures. Les écoles, la case de santé, l'église, la mosquée, les campements touristiques, les résidences (secondaires) ont fortement réduit les espaces rizicoles. Sur cette carte, figurent également les rizières abandonnées à cause de la salinisation des sols et de l'exode rural mais aussi et surtout des espaces cultivés temporairement du fait de la diminution de la main d'œuvre locale.

Figure 6 : Les cartes du terroir de Diembéring : A) Carte il y a +50 ans ; B) Terroir actuel

c) – Le calendrier des activités agricoles à Diembéring

L'entretien collectif a également permis d'établir le calendrier des activités rizicoles. Ce calendrier montre l'omniprésence de la riziculture dans le vécu des villageois. De janvier en décembre, mais surtout de juin à novembre, période durant laquelle les activités liées à la riziculture sont présentes et identifiées dans le calendrier agricole. On peut mentionner que la culture du riz nécessite énormément de temps de préparation et de force, depuis la fertilisation des sols, la préparation des champs et des rizières jusqu'aux récoltes. Le tableau 1 donne le détail des opérations culturales dont les principales sont le labour, la mise en place des pépinières, le repiquage, la surveillance des plans d'eau, la lutte contre les prédateurs et la récolte.

d) – Les variétés de riz cultivées à Diembéring

Après l'élaboration du calendrier agricole, les populations locales ont identifié les variétés "locales" de riz cultivées à Diembéring (*O. glaberrima*). La présence des Anciens ainsi que des femmes a été un atout de taille dans la détermination des variétés anciennes et des nouvelles. La liste des anciennes variétés de riz était la première à être donnée. Certaines des anciennes variétés ont aujourd'hui disparu du fait de la longue période sèche de 1968-98 (tab.2). Le tableau 3 donne le détail des variétés de riz actuellement utilisées dans les parcelles rizicoles de Diembéring dont une, nommé *Goana*, n'est plus utilisée pour sa taille jugée trop basse (tab. 3). En effet, sa récolte pose des problèmes aux paysans car il faut bien se courber pour couper les épis. L'acronyme *Goana* qui signifie Grande Offensive Agricole pour la Nourriture et l'Abondance est un programme de développement agricole mis en place sous la présidence d'Abdoulaye Wade.

Tableau 1 : Le calendrier des activités agricoles à Diembéring

Etapes en kuwatay[11]	Etapes en français	Période	Organisation du travail
Elouhène	Engrais vert	Février-Mars	Hommes
Kassiou	Mise en place de nouveaux billons (rizières profondes)	Mars-Avril	Hommes/Femmes
Kaïyane	Fertilisation des rizières (fumier)	Décembre-Avril	Femmes
Boutossine	Défrichage	Avril	Hommes
Kassoufou	Mise à feu des éléments défrichés	Mai	Hommes-Femmes
Boussohine	Enlèvement des résidus de bois brulés	Mai-Juin	Hommes
Eyossene	Semis dans les pépinières	Juin-Juillet	Hommes
Kassissou	Clôture des champs de pépinières	Juin-Juillet	Femmes/Hommes
Boudjoukar	Surveillance des champs en période de germination (oiseaux et autres prédateurs)	Juin-Juillet	Femmes/Hommes
Mouïss	Semis direct (épandage du riz)	Juin-Juillet	Hommes-Femmes
Bahorar	Labour des rizières non inondées	Juillet-Aôut	Hommes
Erodjine	Labour des rizières inondées	Juillet-Aôut	Hommes
Ebonine	Récupération des pépinières	Juillet-Août-Septembre	Hommes/femmes
Bisedio	Transport des pépinières	Juillet-Août-Septembre	Hommes/Femmes
Bouyoyene	Repiquage des plants de riz	Juillet-Août-Septembre	Hommes/Femmes
Boudioukar	Surveillance du niveau d'eau dans les parcelles rizicoles	Septembre-Octobre-Novembre	Hommes/Femmes
Ehotukane	Récolte du riz	Décembre-Janvier-Février	Hommes/Femmes
Kamignou ou Kakobou	Battage du riz récolté (*kamignou*) ou sa mise en bottes (*Kakobou*)	Décembre-Janvier-Février	Hommes/Femmes
Bissedio	Transport du riz des parcelles vers les maisons	Décembre-Janvier-Février	Hommes/Femmes
Bitikiss	Pilage du riz récolté	Janvier-Décembre	Femmes

1 *Kuwatay* est la langue *joola* parlée à Diembéring.

Tableau 2 : anciennes variétés de riz identifiées par la population de Diembéring

Noms locaux	Cycle végétatif	Besoin en eau
*Houfél**	Hâtif (JAS) Epandage	Beaucoup d'eau
Hébane	Hâtif (JAS) Epandage	Beaucoup d'eau
Héfandjé	Hâtif (JAS) Epandage	Beaucoup d'eau
Elokassine ou Yaka	Tardif (JASO) Repiquage/épandage	Beaucoup d'eau
Bacoura	Hâtif (JAS) Epandage	Beaucoup d'eau
*Ali Ngone**	Hâtif (JAS) Repiquage	Beaucoup d'eau
Etabalandia	Tardif (JASO) repiquage	Beaucoup d'eau
*Gnouck**	Tardif (JASO) Repiquage/	Beaucoup d'eau

**Anciennes variétés de riz aujourd'hui disparues*

Tableau 3 : Les nouvelles variétés de riz identifiées par la population de Diembéring

Noms locaux	Cycle végétatif et mode cultural	Besoin en eau
Badiabone	Tardif (JASO)/Repiquage	Beaucoup d'eau
Baboucar	Hâtif (JAS) repiquage/épandage	Pas trop d'eau
Tomora	Hâtif (JAS) repiquage	Pas trop d'eau
Hissandiaye	Tardif (JASO) Repiquage	Beaucoup d'eau
Atouka	Hâtif (JAS) Repiquage/épandage	Pas trop d'eau
Kalounaye	Hâtif (JAS) Repiquage	Pas trop d'eau
France	Hâtif (JAS) Repiquage	Pas trop d'eau
Atourro	Hâtif (JAS) repiquage	Pas trop d'eau
Boudouck	Hâtif (JAS) Epandage	Pas trop d'eau
Assemblée	Tardif (JASO) Repiquage/Epandage	Beaucoup d'eau
Goana	Très hâtif (JA-mis S) Epandage/Abandonnée à cause de sa petite taille	Pas trop d'eau

e) - Le transect, un outil d'observation des unités paysagères et de vérification des connaissances transmises

Une visite guidée par la population locale a été organisée afin de parcourir à pied les transects établis d'amont en aval. Ces transects définis ci-dessous (fig. 7 et 8) décrivent dans l'ensemble les mêmes unités paysagères comme on peut les observer sur la figure 8. On peut y distinguer en gros les unités suivantes en partant du plateau vers l'Océan Atlantique : bolong, mangrove, brousse, quelques habitations et champs, vergers, village de Cabrousse, petite brousse, lignes de fromagers, rizières, mangrove, plage et océan.

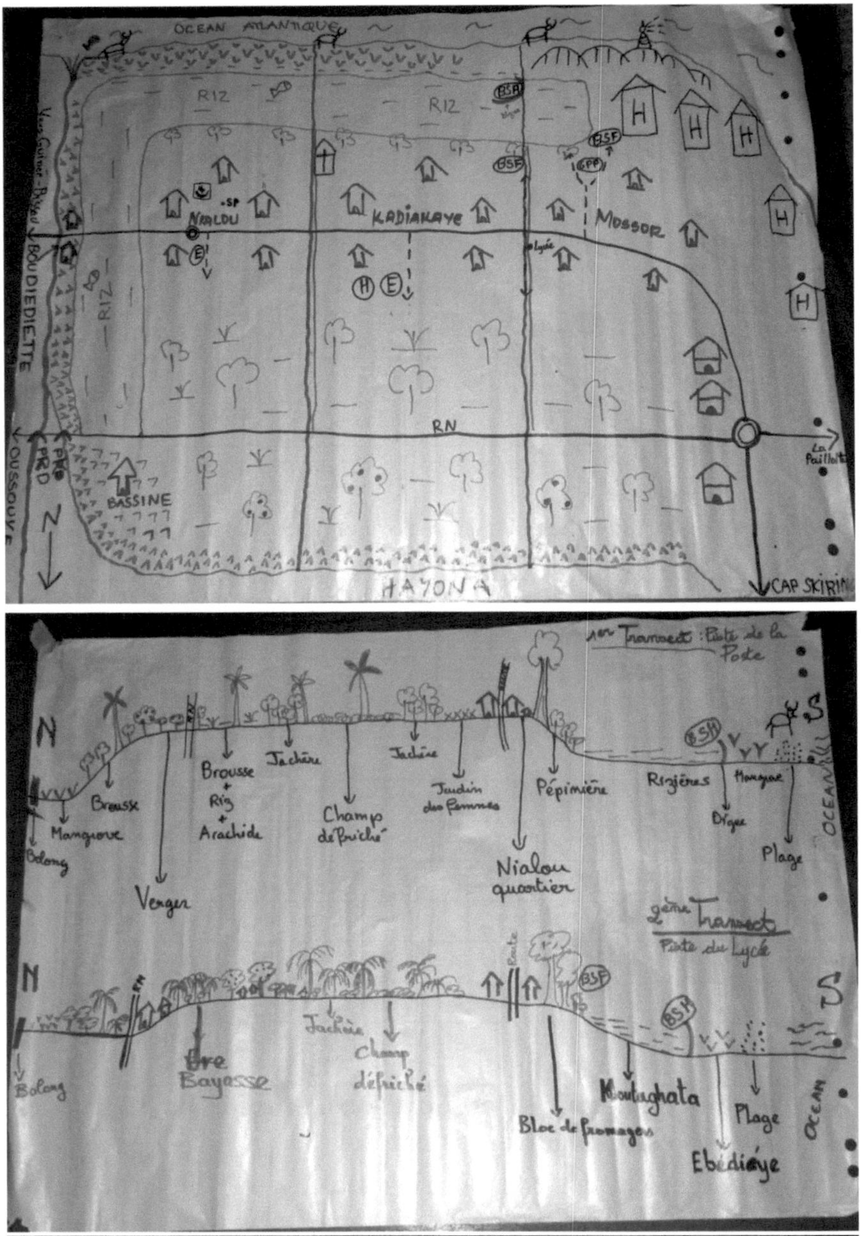

Figure 7 : Transects (lignes rouges) et unités paysagères du terroir de Cabrousse

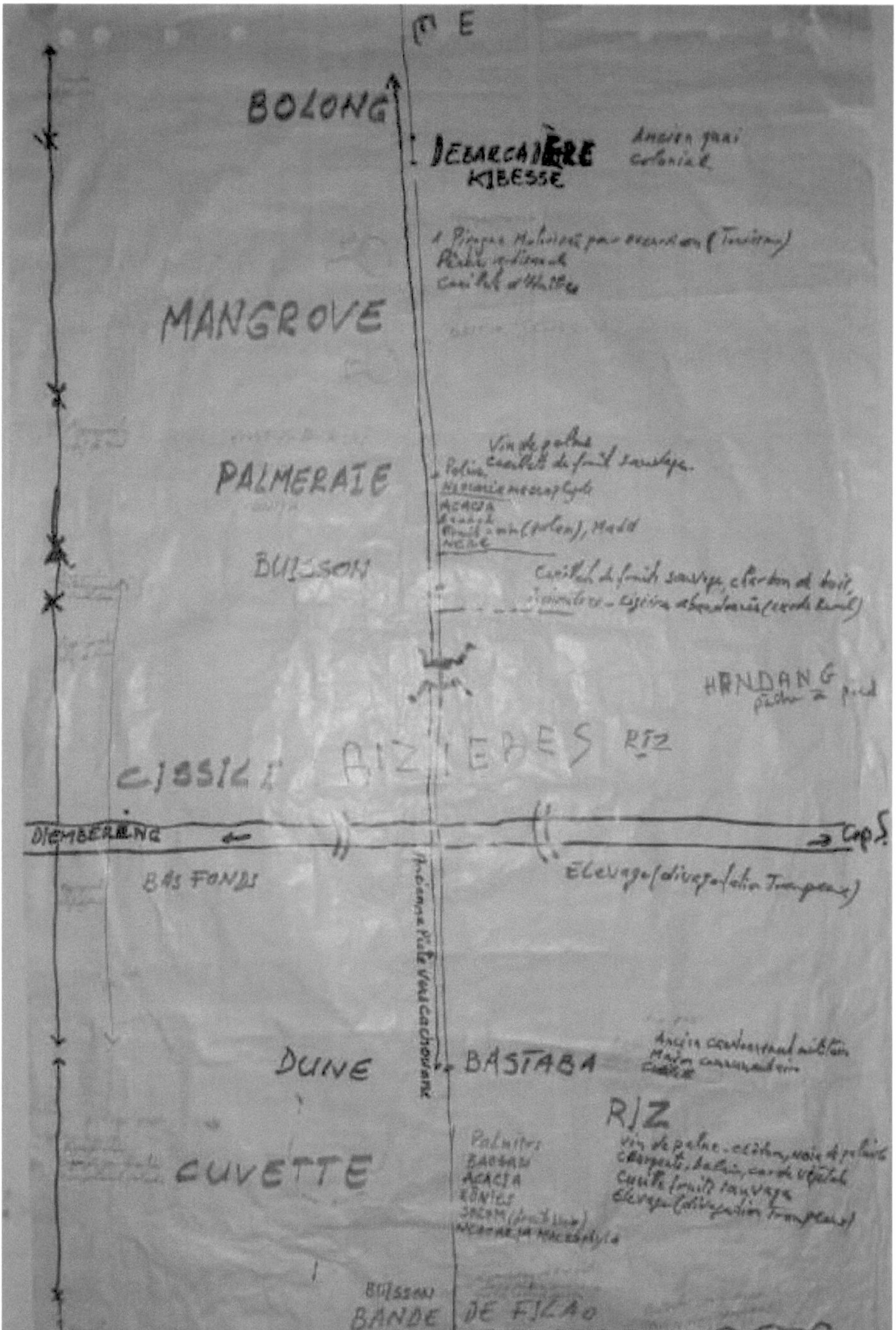
BOLONG
DEBARCADÈRE
KIBESSE
Ancien quai colonial
MANGROVE
PALMERAIE
BUISSON
RIZIERES
RIZ
DJEMBERENG
Cap S.
BAS FONDS
DUNE
BASTABA
RIZ
CUVETTE
BANDE DE FILAO

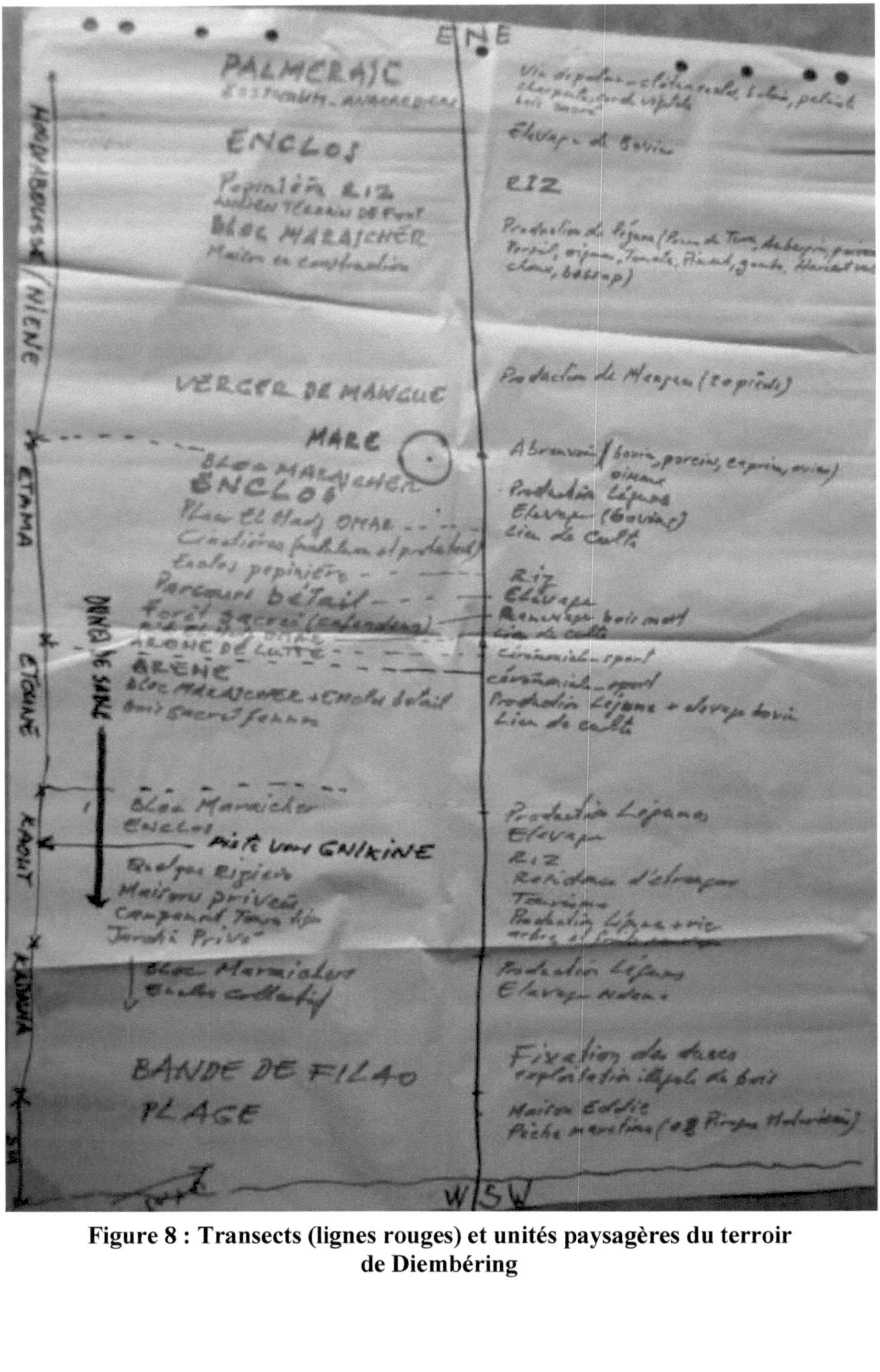

Figure 8 : Transects (lignes rouges) et unités paysagères du terroir de Diembéring

f) - Les entretiens sur les parcelles rizicoles ou caractérisation du processus des opérations culturales

Il est apparu dans les discussions, aussi bien en groupe que sur les parcelles, que le riz occupe et continue d'occuper une place importante dans la société *joola*. Au-delà de son usage alimentaire, le riz a une valeur symbolique. En effet, le riz local produit dans les rizières est utilisé à l'occasion des funérailles, des naissances, des rites initiatiques, etc. Aussi, les rizières façonnent-elles les paysages de la Casamance et les travaux rizicoles continuent de structurer les calendriers de travaux agricoles villageois.

Cependant, à l'image des évolutions observées dans la société *joola*, les rapports des populations au riz et à la riziculture évoluent également. La population a ainsi mis en avant un certain nombre de problèmes qui caractérisent cette activité. Il s'agit, entre autres, de la déprise des surfaces consacrées à la riziculture, surtout de mangrove, et de l'importance grandissante de la consommation du riz importé (brisure de riz asiatique). Toutefois, les pratiques rituelles liées au riz local continuent de structurer la vie socio-culturelle des villages de Cabrousse et de Diembéring.

Compte tenu de cette importance de la riziculture toujours affichée par la population, nous avons effectué des enquêtes au niveau des parcelles rizicoles (figures 9 et 10), aussi bien à Cabrousse qu'à Diembéring, en compagnie des habitants pour mieux comprendre l'organisation du travail et le processus des opérations culturales. Quel que soit l'interlocuteur, homme ou femme, la description des opérations culturales reste, dans les grandes lignes, la même puisque les parcelles prises en considération sont toutes des parcelles de bas-fonds. L'itinéraire technique peut se résumer autour des aspects suivants :

- préparation des pépinières entre juin et juillet (*Eyossene*) ;
- récupération des pépinières de juillet à septembre (*Ebonine*) ;
- transport des plants de riz vers les rizières de bas-fonds (*Bisedio*) ;
- *Bahorar* ou *Erodjine* correspondent au labour des parcelles rizicoles de bas-fonds à l'aide du *kajandu* (outil aratoire) entre juillet et septembre en fonction de l'immersion des parcelles. Pendant le labour, des tranchées sont ouvertes au niveau des diguettes séparant les sous-parcelles pour laisser passer l'eau. Ces dernières sont refermées une fois le labour terminé. Le labour est suivi par le repiquage du riz (*Bouyoyene*). Il est important de souligner que seules les variétés tardives sont mises

au niveau des zones topographiquement plus basses où il y a une présence d'eau en abondance pour une longue période (figure 11) et les variétés hâtives au niveau des zones plus hautes (figure 12) ;

- la surveillance des parcelles de riz repiqué, entre septembre et novembre, est appelée *Boudioukar*. Cette surveillance consiste à réparer les diguettes en cas de rupture, diminuer l'eau en cas d'excès et protéger le riz contre les prédateurs comme les oiseaux et les tortues ;

- enfin intervient la période de la récolte (*Ehotukane*) qui se fait généralement à l'aide d'un couteau en coupant épi par épi. Certaines personnes font la récolte à l'aide d'une faucille. Le riz récolté par cette méthode est mis en sacs après battage.

Il faut souligner que, pour la plupart des opérations culturales, la population utilise parfois la main d'œuvre salariée locale (il faut souligner ici le rôle prégnant des jeunes du village mobilisés en associations à travers leur classe d'âge) mais aussi originaire de la Guinée-Bissau (labour, repiquage, récolte) ou les *Manding* qui interviennent dans la récolte à l'aide des faucilles. La rémunération se fait de façon journalière et le montant est fonction du type de travail réalisé.

Figures 9 et 10: Entretiens sur des parcelles rizicoles à Cabrousse et à Diembéring

Figures 11 et 12 : Deux modèles de rizières de Basse Casamance

g) La restitution, un moment de débat sur l'avenir des terroirs

La restitution a consisté en la présentation des données collectées afin de vérifier si les informations correspondaient aux connaissances fournies par les populations. C'est aussi un moment de discussions générales sur l'avenir des terroirs villageois. Elle constitue en ce sens un formidable outil de discussions et d'échanges intergénérationnels et entre populations locales et chercheurs. Elle a été faite à deux niveaux, d'abord avec les populations locales et ensuite entre les groupes de chercheurs ayant conduit les travaux dans les différentes localités. La confrontation des informations a permis de tirer les grandes lignes du travail réalisé.

Lors des différents échanges, les populations se sont interrogées sur le devenir de la riziculture dans leurs villages et le rôle du riz local en tant que vecteur de continuité des traditions et de la culture. Pour certains, la riziculture reste une activité motrice pour le développement du village, tandis que d'autres la considèrent comme une activité peu porteuse dans le contexte d'aujourd'hui. Pour le premier camp, la pratique de la riziculture restera toujours vivante à Cabrousse comme à Diembéring du fait que le riz est fondamental pour l'organisation de certaines cérémonies et pour les fétiches. Pour le second, la situation actuelle, caractérisée par un environnement biophysique à multiples contraintes (érosion, salinisation, ensablement des terres) et des mutations sociodémographiques et économiques de plus en plus marquées (augmentation de la population, exode rural des jeunes avec des problèmes de mobilisation de la force de travail, notamment pour travaux pénibles de labour et repiquage, rétrécissement des espaces agricoles), ne milite pas en faveur d'un avenir prometteur pour la riziculture. En plus, il est observé un affaiblissement croissant de l'intérêt que la plupart des jeunes manifestent à l'égard de cette activité du fait de la lourdeur des travaux rizicoles, de la scolarisation, de la recherche de conditions meilleures et de la compétition imposée par les autres secteurs d'activités comme le tourisme (emploi des jeunes dans les établissements touristiques par exemple). Ce secteur, malgré les difficultés (fermeture de certains établissements hôteliers du Cap-Skiring) reste un concurrent sérieux pour les activités agricoles qui, pourtant, devaient tirer profit de la présence d'un marché pour l'écoulement de la production agricole, notamment maraîchère.

Conclusion

La mise en œuvre de la cartographie participative dans la commune rurale de Diembéring est concluante. L'étude a révélé que les communautés locales disposent d'un savoir et d'un savoir-faire sur leurs terroirs mais aussi sur les dynamiques en cours qui peuvent s'exprimer en termes soit d'opportunités soit de contraintes. La présence, la disponibilité et la participation des populations locales dans les différentes activités menées étaient remarquables. Les résultats des travaux de terrain sont très intéressants et permettent d'avoir un aperçu assez large de la dynamique des espaces rizicoles.

Cette méthode de cartographie participative, malgré ses limites (règles sémiologiques réduites au strict minimum), a permis de dresser un portrait des localités visitées dans leur globalité, notamment sur le thème privilégié, la riziculture. Elle a aussi autorisé une compréhension globale des dynamiques et enjeux des terroirs rizicoles en termes d'opportunités et de contraintes, et de disposer des éléments de base permettant d'élaborer une monographie sur des terroirs villageois étudiés. Il faut donc en reconnaître la valeur sociale en ce sens qu'elle autorise une compréhension des terroirs représentés par les populations qui y habitent et favorise un processus de communication visuelle ayant pour but de faire émerger des connaissances sur les territoires.

Références bibliographiques

Amelot X., 2013. Cartographie participative pour le développement local et la gestion de l'environnement à Madagascar : Empowerment, impérialisme numérique ou illusion participative ? *L'information géographique*, 77 (4) : 47-67.

ANSD, 2002. Recensement Général de la population et de l'Habitat au Sénégal (RGPH). Région de Ziguinchor, 30p.

Arnstein, S. R., 1969. A Ladder of Citizen Participation. *American Institute of Planners Journal*, 35(4): 216–224.

Burini, F. 2005. La cartographie participative dans la recherche de terrain en Afrique : le cas des villages riverains au Parc Régional W », *Policy Matters*, special edition WRegional Park, IUCN.

Burini F., 2008. *La cartographie participative et la pratique du terrain dans la coopération environnementale : la restitution des savoirs traditionnels des villages de l'Afrique subsaharienne. A traves l'espace de la méthode : les dimensions du terrain en géographie*, Arras, France.

Chambers R., 1991. *Rapid and Participatory Rural Appraisal*, Brighton (R.U.), Institute of Development Studies

Chambers R., 2006. Cartographie participative et systèmes d'information géographique : à qui appartiennent les cartes ? Qui en ressort renforcé, qui en ressort affaibli ? Qui gagne et qui perd ? », *The Electronic Journal on Information Systems in Developing Countries* (EJISDC), 25 (2) : 1-14.

Gueye B. et Schoonmaker-Freudenberger K., 1991. *Introduction à la méthode accélérée de recherche participative [MARP] : rapid rural appraisal, quelques notes pour appuyer une formation pratique,* Londres, International Institute for Environment and Development.

Habert E., 2014. *Cartographie participative : méthodes et outils. Communication Atelier de cartographie participative,* LMI PATEO-Université de Ziguinchor-GRDR, Cabrousse (Casamance, Sénégal), 30 juin-4 juillet, 2014.

Lavigne Delville P., 2011. Du nouveau dans la "participation" ? : populisme bureaucratique, participation cachée et impératif délibératif, in Jul-Larsen, E., Laurent, P.-J., Le Meur, P.-Y., Léonard, E. (eds.), *Une anthropologie entre pouvoirs et histoire. Conversations autour de l'œuvre de Jean-Pierre Chauveau*, Paris/Marseille/Uppsala, Karthala-IRD-APAD : 160-187.

Liagre R. et Nonjon M., 2012. Une cartographie participative est-elle possible ? *EspacesTemps.net*, Textuel, http://espacestemps.net/document9495.html

Palsky G., 2010. Cartes participatives, cartes collaboratives – La cartographie comme maïeutique, *CFC*, 25 : 49- 59.

Pélissier P., 1966. *Les paysans du Sénégal : les civilisations agraires du Cayor à la Casamance*. Paris, imprimerie Saint-Yrieix, 944p.

GOUVERNANCE DES ÉCOSYSTÈMES AQUATIQUES DANS LE DELTA DU FLEUVE SÉNÉGAL : DE L'APPROCHE RESSOURCE EAU À L'APPROCHE ÉCOSYSTÉMIQUE. BASES D'UN *SYSTÈME-EXPERT* POUR LA GOUVERNANCE DU LAC DE GUIERS.

Capitaine Ousseynou Niang*[2]*,
Mouhamadou Mawloud Diakhaté*[3]*,
***Alioune Kane*[4]**

Résumé : Le lac de Guiers, un des défluents du fleuve Sénégal auquel il est lié par le canal de la Taouey, est un écosystème aquatique d'une envergure nationale de par sa fonction de plus grande réserve d'eau douce du pays. De nos jours, le lac et sa zone d'influence immédiate sont exploités par différentes catégories d'usagers dont des agroindustriels, des usines de production d'eau potable, des exploitants individuels agricoles, des éleveurs, des pêcheurs, etc. A cela s'ajoute, une volonté permanente des autorités du pays, d'aménager la zone autour du lac, particulièrement depuis la mise en place des barrages de Diama et de Manantali sur le fleuve Sénégal, pour développer la culture irriguée dans cette partie du territoire. Depuis, les aménagements hydro agricoles se sont développés à un rythme très soutenu en périphérie du lac, laissant apparaitre une certaine désorganisation dans l'occupation de l'espace autour du lac (DHI/Tropis, 2005). D'où une situation complexe qui rappelle l'un des défis majeurs qui se posent aux aménageurs de nos jours, à savoir la mise en adéquation optimale entre les besoins de nos sociétés et les réponses offertes par la nature.

Dans l'approche préconisée qui part d'un constat propre à la recherche opérationnelle «soft», nous retenons la nécessité, pour optimiser l'efficacité d'une décision d'action sur une unité spatiale (le lac de Guiers par exemple) de tenir compte de l'environnement géographique dans lequel elle est insérée et dont elle partage plus ou moins les caractéristiques géographiques.

---

[2] Capitaine Ousseynou NIANG, doctorant EDEQUE/UCAD, Conservateur Réserve N.C. TOCC TOCC.

[3] Enseignant chercheur à l'Université Cheikh Anta Diop de Dakar.

[4] Enseignant chercheur à l'Université Cheikh Anta Diop de Dakar.

En effet, si nous prenons l'exemple de la ressource eau dans le lac de Guiers, les usagers émanent certes de la zone immédiate propre au lac, mais aussi des zones voisines, en fonction des moyens de transport, de la concurrence et de l'attrait qu'exercent les eaux. Ainsi, le lac participe à la fois aux caractéristiques de l'espace dont il fait entièrement partie mais aussi, à des degrés divers, aux caractéristiques des espaces voisins.

Dans la démarche d'aide à la décision, nous avons cherché à garder et à tenir compte de cette spécificité, au sein du système-expert, dans la mesure où elle correspond à la réalité. En conséquence, nous considérerons que chaque unité spatiale est en fait intégrée dans un «espace flou » dont elle partage (à des degrés divers) les caractéristiques, en même temps d'ailleurs que cet environnement participe plus ou moins des caractéristiques de l'unité considérée.

Mots clés : *Gouvernance, écosystèmes aquatiques, services écosystémiques, lac de Guiers*

Introduction

La prise de conscience née des conséquences des fléaux naturels tels que les sécheresses récurrentes qui ont frappé l'humanité au cours du 20ème siècle, a eu comme effet majeur, la création d'un consensus autour de la prise en compte de la question environnementale dans le développement des nations. C'est ainsi que depuis 1972, en passant par Rio 92 qui a vu la popularisation de la notion de développement durable, la question environnementale est devenue un point important dans l'agenda de la communauté internationale.

Suite à cette prise de conscience qui amène les nations à rechercher un développement plus durable, d'autres notions telles que les services écosystémiques refont surface et deviennent rapidement une préoccupation majeure surtout après la publication en 2005 du document sur l'évaluation des écosystèmes pour le millénaire commandité par les Nations Unies.

Du point de vue environnemental, l'Evaluation des écosystèmes pour le Millénaire (EM) a conclu que la dégradation des services écosystémiques est en bonne partie liée à la manière dont nous exploitons les écosystèmes et plus globalement à la non durabilité de nos systèmes de production.

Le Sénégal, pays sahélien de l'Afrique de l'Ouest, est caractérisé par l'existence d'une diversité d'écosystèmes aquatiques qui fournissent de nombreux services écosystémiques, allant de la fonction de régulation des phénomènes naturels à la fourniture de biens et services environnementaux à la population.

Cependant, la diversité des contextes environnementaux et socio-économiques autour des écosystèmes aquatiques du pays, tend à remettre en cause la position de l'Etat dans sa volonté de gouverner de façon convenable l'ensemble de ses écosystèmes. Le constat est le même, partout l'iniquité de la gouvernance des ressources en eaux tend à favoriser les pratiques non durables et les activités illégales qui portent atteinte aux principes d'usages multiples, augmentent les conflits et réduisent la capacité des systèmes de valorisation des ressources en eau à répondre efficacement aux besoins humains (UICN, 2013).

Le lac de Guiers situé dans le delta du fleuve Sénégal dont il constitue un des défluents, est à bien des égards, un espace d'observation intéressant de ces dynamiques. En effet, on peut constater autour du lac la coexistence et l'intervention sur un même territoire d'une pluralité d'acteurs aux logiques parfois divergentes et où chaque acteur n'a pas toujours une connaissance claire des interventions de l'autre, ce qui conduit à des duplications voire des ''**conflits**''.

Cet état de fait exacerbe, non seulement les inégalités et les rapports de force déjà inéquitables, mais surtout génère une certaine conflictualité particulièrement dans l'exploitation des ressources en eau du lac.

Dans un tel contexte, la question qui se pose est : comment les gestionnaires de cet écosystème aquatique arrivent-ils à prendre « la bonne » décision ?

Dans cette perspective, nous savons que de nombreux outils de représentation des dynamiques autour de l'eau, incluant partiellement leur impact sur les ressources naturelles, ont été réalisés[5], mais peu sont intelligibles par les acteurs eux-mêmes.

C'est pourquoi, la question principale que l'on se pose dans la cadre de nos travaux de recherche est : comment accompagner les acteurs de la gouvernance du lac de Guiers dans leur processus de prise de

---

5 Voir les modeles CLUE a http ://www.dow.wau.nl/clue ; Klaus Bellmann, « Towards to a system analytical and modelling approach for integration of ecological, hydrological, economical and social components of disturbed regions », Landscape and urban planning, vol. 51, 2000, p. 75-87 ; ou Dawn Parker et al, « Multi-agent systems for the simulation of land-use and land-cover change: A review », Annals of the Association of American geographers, vol. 93, n° 2, 2003, p. 314

décision par le développement d'outil d'aide à la prise de décision qui soit approprié par les acteurs eux-mêmes ?

Cette question de recherche que nous nous sommes donnée, nous a amenés à explorer le vaste champ des systèmes experts d'aide à la prise de décision développés à l'origine par l'Ecossais Ian McHarg dans son ouvrage repère ''*Design with Nature*'' publié en 1969.

D'où la spécificité de la problématique de notre recherche qui a pour ambition de développer un outil d'aide à la prise de décision qui soit intelligible par les acteurs eux-mêmes et qui, non seulement, représente les dynamiques autour de l'eau, mais détermine les incidences possibles de ces dynamiques sur l'écosystème.

Dans cette optique nous posons comme hypothèse principale que la mise en place d'un système expert d'aide à la prise de décision permet aux acteurs de la gestion du lac de pouvoir détecter eux-mêmes les incohérences liées à la localisation des activités autour du lac et les incidences de ces dernières sur l'écosystème.

Ainsi, l'objectif principal de cette recherche est d'identifier et d'analyser les dynamiques environnementales et socio-économiques autour du lac, de même que leurs incidences sur l'écosystème aquatique du lac de Guiers.

De façon plus spécifique, cette recherche vise à :

⇒ Déterminer les principales caractéristiques de l'écosystème aquatique du Guiers ;

⇒ Identifier autour du lac, les différents secteurs d'activités et acteurs en présence, tout en évaluant les conflits qui les opposent, ainsi que leurs incidences sur l'écosystème du lac de Guiers ;

⇒ Concevoir et tester un système expert pour aider à l'amélioration du système de gouvernance du lac de Guiers.

L'idée directrice de notre travail consiste à aborder la question des rapports entre les dynamiques autour du lac de Guiers et le système de gouvernance grâce aux possibilités offertes par les systèmes d'information à référence spatiales dont le système expert.

Le résultat final attendu de ce travail est de poser les bases conceptuelles de la mise au point d'un système expert d'aide à la prise de décision permettant aux acteurs de la gouvernance du système écologique, de préserver de façon durable les services écosystémiques du lac de Guiers. C'est dans ce cadre, que cette recherche prend une option méthodologique qui cherche à rendre compte de la pertinence d'une combinaison entre les dynamiques à l'œuvre et l'évolution et leurs incidences sur l'écosystème, pour une amélioration de la gouvernance autour du lac de Guiers.

1. Protocole de recherche

Le lac de Guiers, de par son caractère stratégique et les enjeux qu'il représente pour le Sénégal, a été un écosystème aquatique largement étudié dans ses diverses composantes particulièrement dans la double problématique de sa gestion (Leroy, 2006 ; Sène, 2008 ; Fall *et al.,* 2001 ; Champetier, 1999), d'une part et, de son système hydrologique d'autre part, (Cogels *et al*., 1981 ; Cogels *et al.,* 1983 ; Cogels, 1984 ; Cogels *et al*., 1985 ; Coly, 1996 ; DGPRE, 2000 ; etc.). C'est pourquoi, nos travaux se sont principalement basés sur les résultats de ces nombreuses études scientifiques et techniques (Cogels *et al.* 1981 ; Cogels *et al.* 1983 ; Cogels, 1984 ; Cogels *et al.* 1985 ; Dia, 1986 ; Coly, 1994 ; DGPRE, 2005 ; Gaye, 2010 ; Cissé, 2011 ; Niang, 2011 ; OLAG, 2014 ; OLAG, 2015) réalisées sur le lac de Guiers pour jeter les bases d'un système expert.

Pour autant, nous pouvons distinguer différentes phases qui ont rythmé nos travaux de recherche :

☞ La recherche documentaire sur les concepts clés du sujet dont les services écosystémiques, le système-expert ;

☞ La collecte des données sur l'écosystème du lac et sur les dynamiques à l'œuvre ;

☞ Le traitement et l'analyse de ces données.

L'application de ces trois phases du protocole de recherche a permis d'une part de mieux comprendre et de mieux expliciter le concept de services écosystémiques et d'autre part, d'obtenir un ensemble de résultats qui ont permis de dresser des scénarii et de jeter les bases de la construction du système expert pour le lac de Guiers qui n'est rien d'autre qu'un système d'aide à la prise de décision. Il est la transcription logicielle de la réflexion d'un expert (ou d'un ensemble d'expert) dans un domaine donné et est capable de déduction logique (Belfort, 2010).

2. Synthèse bibliographique

2.1. Concept de services écosystémiques

La littérature qui aborde le sujet des services écosystémiques (SE) a crû de manière très importante dans les dernières décennies (de Groot *et al.* 2002; Fisher *et al.* 2009) et avec elle, les différentes dénominations et définitions se sont aussi multipliées. Ainsi, plusieurs termes, tels que services environnementaux, services naturels, services des écosystèmes et écoservices, sont soit synonymes de services écosystémiques, soit reliés de près au concept.

De façon générale, les SE correspondent à ce que la nature apporte aux humains en termes de bien-être. D'ailleurs, la définition du MEA (Millenium Ecosystem Assessment) le montre bien : « *The benefits people obtain from ecosystems* » (MEA, 2005a, p. V). D'autres auteurs ont aussi proposé des variantes qui exposent le fait que les bénéfices que les humains retirent des écosystèmes proviennent des processus et des fonctions des écosystèmes (Fisher *et al.* 2009).

Fisher *et al.* (2009) ont passé en revue les différentes définitions et ont proposé la suivante : «*the aspects of ecosystems utilized (actively or passively) to produce human well-being* » (*ibid*., p. 645). Les SE doivent provenir de phénomènes écologiques et ne sont pas nécessairement utilisés directement (*ibid.*). Il est important de mentionner que les SE ne peuvent être appelés ainsi que lorsque les fonctions ou les processus écologiques bénéficient à des humains (*ibid.*). Donc, sans humains, les SE n'existent pas.

Partant de ces considérations, la définition de SE utilisée ici sera une traduction libre de celle de Fisher *et al.* (2009). Les SE sont : « les composantes des écosystèmes utilisées directement ou indirectement pour contribuer au bien-être humain.». Comme le suggère de Groot *et al.* (2002), seuls les SE qui peuvent être utilisés de manière durable, de façon à maintenir les fonctions écosystémiques de même que les processus et les structures, vont être considérés.

Les nombreux SE fournis par les écosystèmes ont été organisés de différentes manières selon les auteurs, mais la classification la plus utilisée reste celle du MEA (Fisher *et al.* 2009) qui résulte d'un « travail collectif de confrontation et d'élaboration de consensus sans précédent » (Chevassus-au-Louis *et al.* 2009, p. 216). Le MEA a divisé les SE en quatre grandes catégories illustrées à la figure qui suit avec des exemples.

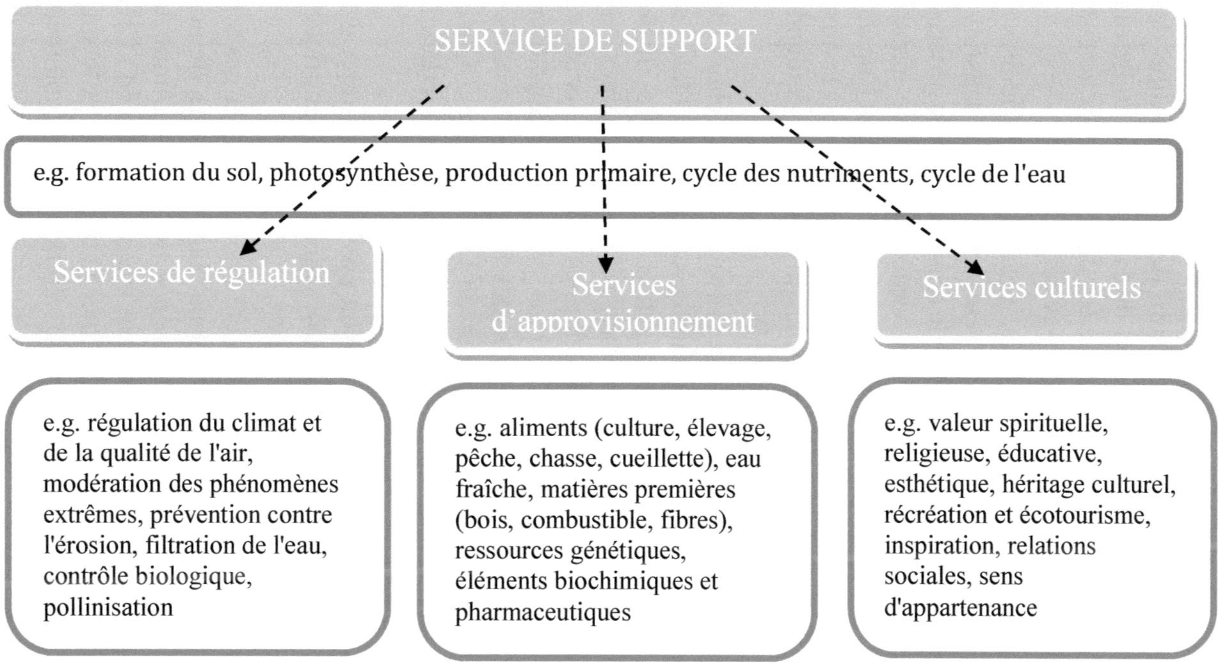

Figure 1 : Classification des SE selon le MEA (MEA, 2005)

2.2. Concept de système expert

Le système expert est à l'origine développé par l'Ecossais Ian McHarg dans son ouvrage repère ''*Design with Nature*'' publié en 1969 et qui avait eu une influence jamais égalée à l'époque, dans le développement et l'application des systèmes d'information géographique (SIG).

Le choix d'un système expert dans le cadre de la préservation des services écosystémiques du lac de Guiers part du fait qu'il y a un besoin réel d'une mise en adéquation optimale entre les demandes des acteurs autour du lac et les réponses offertes par l'écosystème.

Cette adéquation comporte de multiples facettes et difficultés : l'identification des besoins, le choix de ceux qui seront satisfaits, l'affectation de sites selon un certain nombre de contraintes et de critères. Toutes ces questions donnent lieu à de vastes débats de nature environnementale, économique, sociale et politique et rappellent l'un des défis majeurs qui se posent aux aménageurs de nos jours, à savoir la mise en adéquation entre l'offre de services environnementaux et la demande de la société.

Le souci majeur qui nous anime à ce niveau, est le choix de localisation optimale, au regard des contraintes environnementales et socio-économiques. Ce problème d'organisation spatiale des divers services devant répondre aux besoins des sociétés humaines est d'actualité aussi bien dans les pays développés que dans ceux en développement. Concrètement, les réflexions sur les localisations spatiales consistent à résoudre les problèmes suivants : faut-il modifier les localisations actuelles des activités autour de l'écosystème ? Quels services écosystémiques doit-on favoriser ? Que gagne t-on à redéfinir les zones occupées par les aménagements ?

A ces différentes questions, il est maintenant possible d'apporter des éléments de réponses fiables, grâce aux nouvelles méthodes scientifiques d'aide à la décision, comme les systèmes expert.

Bien que son raisonnement de départ ait été appliqué sur la gestion urbaine (l'étalement urbain plus précisément par Ian Mc Harg), de nos jours, son application intéresse divers domaines de la vie comme la médecine avec l'apparition en 1970 du célèbre système expert MYCIN dont le but était d'aider les médecins à effectuer le diagnostic et le soin des maladies infectieuses du sang (Malek, 2008), mais également quelques applications en chimie, en droit, en éducation et maintenant de plus en plus en géographie et sciences de l'espace, avec une application concrète sur le développement local (Ruffray, 1995) et la gestion des territoires.

Cette méthode dite " Méthode de McHarg " décrit comment à partir d'une analyse approfondie et pluridisciplinaire des sensibilités écologiques d'une région, différentes informations peuvent être superposées et combinées pour identifier géographiquement les convenances pour différents types de développement et d'utilisation. McHarg a mis en avant l'argument selon lequel la forme doit suivre plus que la fonction ; elle doit aussi respecter l'environnement naturel. Qu'il s'agisse de prendre en compte la dimension environnementale des problèmes de gestion de l'espace et d'aménagement ou de proposer une approche à la fois globale et localisée dans l'espace d'un problème d'environnement, ce contexte nécessite toujours une approche territoriale, caractérisée par une négociation d'acteurs autour d'enjeux environnementaux spatialisés (Barge, 1996). Ce contexte est celui de procédures ou de démarches très diverses : gestion de la déprise agricole, mise en œuvre de mesures agro-environnementales, opérations de restructurations foncières, plans paysagers, schémas d'aménagement et de gestion des eaux, schémas directeurs, etc. Dans tous les cas, les organismes gestionnaires les plus divers (chambres d'agriculture, parcs nationaux, comité de gestion, collectivités locales,...) doivent répondre aux mêmes exigences : faire fonctionner des structures de concertation avec l'ensemble des partenaires et représenter spatialement à la fois l'espace du problème et les territoires des acteurs. Dans ce contexte quel pourrait être l'apport de cet outil ''système expert'' dans la description de la réalité et l'évolution prévisible de cette réalité dans le temps et dans l'espace ?

Cette perspective d'approche exige de prendre en compte la complexité des écosystèmes aquatiques d'eau douce en question, d'étudier cette complexité, la représenter, la modéliser, ce qui constitue naturellement autant d'enjeux pour les recherches actuelles.

C'est pourquoi notre présente recherche s'inscrit dans cette perspective et vise à développer un système expert spécifique pour améliorer la gouvernance du lac de Guiers, en s'intéressant à la gestion de l'eau et de l'espace autour du lac, en vue de la préservation durable des services écosystémiques du lac de Guiers. Dans cette optique, notre travail de recherche s'inspire de la démarche de Ruffray (1995) dans sa thèse sur le système expert flou dans le cadre de la mise en œuvre d'une politique de développement local, qui s'approche le mieux du contexte de gestion du lac de Guiers.

3. Résultats

3.1. Connaissances de l'écosystème du lac de Guiers

L'étude du lac de Guiers, en tant qu'écosystème aquatique continental qui a subi un long processus d'artificialisation par la mise en place historique d'un dispositif d'aménagement sur l'ensemble de son espace pertinent[6], a révélé quelques éléments majeurs :

⇒ une suppression presque totale des aléas de la sécheresse sur le plan d'eau du lac de Guiers. En effet, si la sécheresse constituait auparavant un facteur majeur qui influençait l'évolution du plan d'eau du lac, de nos jours, elle n'a que peu d'effets sur la disponibilité de l'eau dans le lac. Le véritable facteur qui influence l'évolution du plan d'eau du lac actuellement demeure, le dispositif d'aménagement sur l'espace pertinent du lac de Guiers.

⇒ le dispositif d'aménagement, bien qu'efficace pour la maîtrise du plan d'eau du lac, a favorisé le développement de fléaux dont les plus remarquables restent :

- le problème des plantes aquatiques qui ont envahi une bonne partie du lac de Guiers ;
- l'appauvrissement de la biodiversité dans et autour du lac de Guiers, avec une diminution drastique des peuplements itchyofauniques et aviaires ;
- l'émergence de maladies d'origine hydrique telle que la bilharziose.

⇒ une situation de plus en plus douteuse sur la qualité des eaux du lac sur laquelle, les informations disponibles restent muettes.

Cet ensemble d'éléments caractéristiques de l'écosystème du lac de Guiers, nous a permis de constater que le lac de Guiers est passé d'un écosystème aquatique à fonctionnement naturel avec alternance d'eau douce/d'eau salée selon les saisons, à un écosystème aquatique complètement artificialisé avec une permanence et une abondance de l'eau douce.

---

[6] Terme emprunté de Coly, 1996.

3.2. Connaissances des dynamiques de l'écosystème du lac

Sur les dynamiques autour du lac de Guiers, il est à signaler l'existence d'une multiplicité d'acteurs et d'usagers autour du lac. Ainsi, le lac de Guiers est devenu un écosystème aux usages multiples : réserve pour l'alimentation en eau potable de Dakar, réserve pour l'alimentation en eau des populations environnantes, réserve pour l'irrigation, réserve pour l'alimentation en eau de la dépression du Ndiaël (zone humide classée site RAMSAR), réserve pour la remise en eau de la basse vallée du Ferlo, zone de pêche, zone de culture de décrue, zone humide avec une grande diversité biologique.

Dans cette situation, la problématique de la gestion de la ressource eau dans le lac de Guiers s'articule autour de la coexistence d'usages de l'espace devenus plus antagonistes que complémentaires (Dare *et al.* 2007). Le développement rapide de l'agriculture irriguée exerce une pression accrue rendant difficile l'accès ancestral du bétail aux pâturages (Gaye, 2010). On trouve également dans la zone autour du lac, une expansion rapide de l'agrobusiness avec, notamment, la Compagnie sucrière sénégalaise (CSS) qui exploite près de 8 200 ha de canne, la société sénégalo-italienne SEN-Huile récemment installée et attributaire de 20 000 hectares dans la périphérie du Ndiaël pour dit-on, la production de biocarburant (entretemps, l'investisseur italien s'est semble-t-il retiré).

La fourniture en eau potable pour les populations des villes, imposée par l'Etat, se traduit par le prélèvement de quantités de plus en plus importantes auxquelles s'ajoute les défis liés d'une part au traitement de plus en plus difficile de l'eau qui baisse en qualité et d'autre part, à l'équité sociale entre les populations riveraines et celles des villes lointaines destinataires de l'eau potable.

Ces nombreux développements autour du lac ne sont malheureusement pas accompagnés par une coordination adéquate. Ce qui accentue la conflictualité autour de l'eau et des autres ressources de l'écosystème.

Cette mutation rapide et non coordonnée des dynamiques autour du lac impactent négativement l'écosystème aquatique du point de vue des prélèvements et des rejets qui s'effectuent dans le lac dans des proportions de plus en plus importantes. Ce qui met le l'écosystème du lac de Guiers en face de trois risques principaux :

- ☞ Le risque de stress hydrique pour le lac de Guiers
- ☞ Le risque de pollution des eaux du lac
- ☞ Le risque d'eutrophisation

3.3. Discussions des résultats sur l'écosystème

La discussion sur ces résultats de notre recherche, à travers notre propre analyse de la situation, mais également au travers des échanges avec les experts du domaine, ont permis d'affiner notre propre compréhension de l'écosystème du Guiers. Ainsi, nous avons vu que le risque de stress hydrique pour le lac de Guiers signalé depuis les années 90, s'est fortement aggravé.

En effet, en dépit d'un contexte actuel largement favorable avec la mise en place d'un dispositif d'aménagements pour garantir la maitrise des eaux dans le lac, les différents bilans hydrologiques (Cogel *et al.*, 1981, Cogel *et al.*, 1982 ; Cogel *et al.*, 1985 ; Coly, 1992 ; SGPRE, 1999 ; Faye, 2009, Niang, 2016) réalisés jusque-là, montrent que plus de 60 % (indice OMM-UNESCO, 1997) des eaux mobilisables sont régulièrement utilisées par les différents usagers autour du lac.

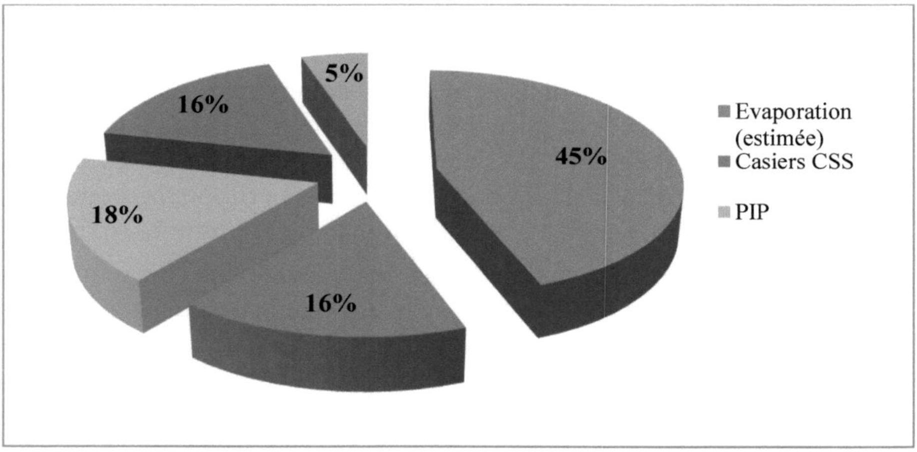

Figure 2 : Bilan hydrologique du lac de Guiers en 2016

A la différence des bilans hydrologiques antérieurs réalisés sur le lac où les différentes sorties (demande des usagers + évaporation) étaient de loin inférieures à l'offre disponible, cette figure (figure 2) montre qu'en 2016, la demande autour du lac consomme 55 % de l'offre d'eau disponible dans le lac.

Aussi, avec une perte annuelle due à l'évaporation de l'ordre de 550 à 650 Mm^3 (soit 45 % à 80 % du volume du lac selon les sources bibliographiques), la situation de stress hydrique au niveau du lac de Guiers signalée depuis les années 90, est en train de se transformer en situation véritable de pénurie d'eau.

Aux prélèvements pour l'irrigation agricole avec la montée en puissance des agroindustriels dans la zone et les usages AEP, aux besoins de revitalisation des milieux écologiques aux abords du lac, s'ajoute un important projet qui vise à amener l'eau dans le Ferlo (PREFERLO) en cours de négociation ; ces usages vont occasionner des sorties d'eau de plus en plus importantes et concurrentielles au niveau du lac de Guiers.

C'est pourquoi, il est nécessaire dans cette perspective, d'accorder une priorité particulière à la protection durable et à la sauvegarde de l'ensemble des services écosystémiques du lac de Guiers.

S'agissant, du risque de pollution, on a noté que les principaux facteurs de dégradation de la qualité des eaux sont liés à la pollution par les rejets agricoles et industriels (les eaux de drainage de la CSS principalement), les activités agricoles et domestiques des populations riveraines (pollution diffuse d'origine agricole et domestique) et la prolifération de la végétation aquatique.

Il ressort de nos analyses que l'état des connaissances actuelles concernant la contamination du milieu aquatique [Entrée fleuve Sénégal - Taouey - Guiers] est très insuffisant pour évaluer l'état du milieu vis-à-vis des pollutions chimiques : absence de données qualitatives et quantitatives récentes et représentatives de l'ensemble des composés organiques utilisé par CSS les autres activités agricoles. La revue documentaire que nous avons effectuée sur ce point, combinée aux échanges avec les principaux acteurs de la gestion du lac, ne fait état pour le moment d'aucun niveau de pollution inquiétant pour le lac de Guiers.

Enfin, pour le risque d'eutrophisation, c'est-à-dire la fertilisation excessive (hyperfertilisation) des eaux en sels nutritifs et en matières organiques (rejets urbains, industriels, agricoles, etc.), nous avons constaté qu'au lac de Guiers même si des signes avant-coureurs d'eutrophisation sont parfois notés (efflorescence algale), la situation demeure encore acceptable et le risque d'en arriver à une situation extrême est quasi nul du fait du temps de séjour théorique en moyenne inférieur à 1 an (entre 182 et 289 jours en 1997 et 1998 d'après les données de la DGPRE et les travaux de C. Faye, 2009) et du rétablissement des conditions d'une bonne hydraulicité du lac (connexion avec le Ndiaël et le bas Ferlo).

Sur la base de l'ensemble de ces éléments de la discussion, nous retenons le ***risque de stress hydrique*** comme étant la situation la plus plausible et constitue de ce fait, notre entrée principale pour la construction du système expert pour le lac de Guiers.

3.4. Les bases du système expert « flou » du lac de Guiers

L'application d'une méthode de gestion pour le maintien ou la restauration de la dynamique globale des écosystèmes vise trois objectifs majeurs :

- assurer l'équilibre interne de l'écosystème ;
- assurer une durabilité des fonctions et services de l'écosystème ;
- assurer l'intégration de plusieurs éléments ayant trait au court et au long terme, aux aspects quantitatifs et qualitatifs, suivant les principes d'efficacité économique, d'équité sociale et de protection de la nature.

Il en résulte trois caractéristiques majeures interdépendantes qui forment une «heuristique spatiale», teintées de deux vecteurs que sont l'imprécision et l'incertitude, dont on doit tenir compte. En effet un écosystème :

– correspond à une zone géographique donc à une micro-échelle spatiale ;

– présente une échelle temporelle très aléatoire pour l'avenir qui rend inopérantes les probabilités ;

– et enfin, nécessite la prise en compte, du fait de l'échelle humaine, d'informations qualitatives et quantitatives.

Pour respecter cette situation d'imprécision et d'incertitude spécifique aux écosystèmes, il est nécessaire d'élaborer un outil d'aide à la décision spécifique qui fait appel (fig. 3) :

- à une technique particulière, les systèmes-experts, connus pour leurs capacités à résoudre les problèmes de diagnostic, de planification et de gestion et pour leurs avantages dans le traitement des informations qualitatives et quantitatives ;

- à une mathématique adaptée, la logique« floue».

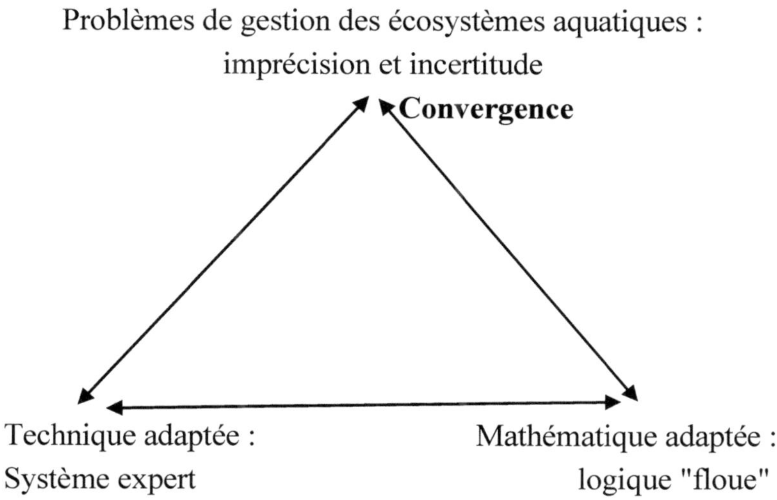

Figure 3 : Convergence entre les problèmes de gestion des EA (écosysytèmes aquatiques), une technique et une mathématique

L'objectif ici est de proposer un *système-expert «flou»* qui répond à la spécificité et aux vecteurs d'imprécision et d'incertitude de l'approche par écosystème des milieux aquatiques. Nous présentons l'architecture spécifique et le fonctionnement général du prototype.

3.5. La spécificité d'un système expert « flou »

La spécificité du système-expert « flou » est marquée par le choix de la conception de l'espace géographique « flou » (Rolland-May, 1984), par l'écriture unifiée des connaissances qualitatives et quantitatives et enfin par l' élaboration d'un modèle sémantique d'évaluation.

3.5.1 Le flou et l'espace : la notion de « voisinage flou »

La notion de « voisinage flou » fait appel à la topologie et plus précisément à la topologie floue. Elle a pour principe de pouvoir faire bénéficier une unité spatiale donnée, de certaines caractéristiques des unités spatiales de son environnement géographique, proche et lointain.

- **Les contraintes de l'espace géographique flou pour la gestion de l'espace**

Dans l'approche préconisée qui part d'un constat propre à la recherche opérationnelle «soft», nous retenons la nécessité, pour optimiser l'efficacité d'une décision d'action sur une unité spatiale (le lac de Guiers par exemple) de tenir compte de l'environnement géographique dans lequel elle est insérée et dont elle partage plus ou moins les caractéristiques géographiques.

En effet, si nous prenons l'exemple de la ressource eau dans le lac de Guiers, les usagers émanent certes de la zone immédiate propre au lac, mais aussi des zones voisines, en fonction des moyens de transport de l'eau, de la concurrence et de l'attrait qu'exercent les eaux. Ainsi, le lac participe à la fois aux caractéristiques de l'espace dont il fait entièrement partie mais aussi, à des degrés divers, aux caractéristiques des espaces voisins.

Dans la démarche d'aide à la décision, nous chercherons à garder et à tenir compte de cette spécificité, au sein du système-expert du lac de Guiers, dans la mesure où elle correspond à la réalité. En conséquence, nous considérerons que chaque unité spatiale est en fait intégrée dans un « espace flou » dont elle partage (à des degrés divers) les caractéristiques, en même temps d'ailleurs que cet environnement participe plus ou moins des caractéristiques de l'unité considérée.

La notion de « voisinage flou »

Compte tenu de la définition et des caractères induits de l'espace géographique flou, celui-ci constitue un ensemble organisé en niveaux successifs et hiérarchisés d'unités spatiales de taille et de complexité croissante. Il s'agit ici de réaliser « l'intégration » d'une unité spatiale dans l'ensemble des unités et de « faire bénéficier » cette unité, de certaines caractéristiques de son environnement géographique.

La notion de voisinage flou est basée sur trois axiomes :

– Un espace géographique est un groupe d'unités spatiales. Chacune d'elles est définie par ses coordonnées en fonction d'un espace référentiel et par ses caractéristiques, comme des variables quantitatives ou/et des attributs sémantiques.

– Chaque caractéristique d'un espace géographique a un impact plus ou moins important qui traduit le fait qu'il influence l'endroit concerné et son environnement.

– Le caractère global d'un écosystème est provoqué par ses propres caractéristiques mais aussi celles de son environnement proche ou lointain.

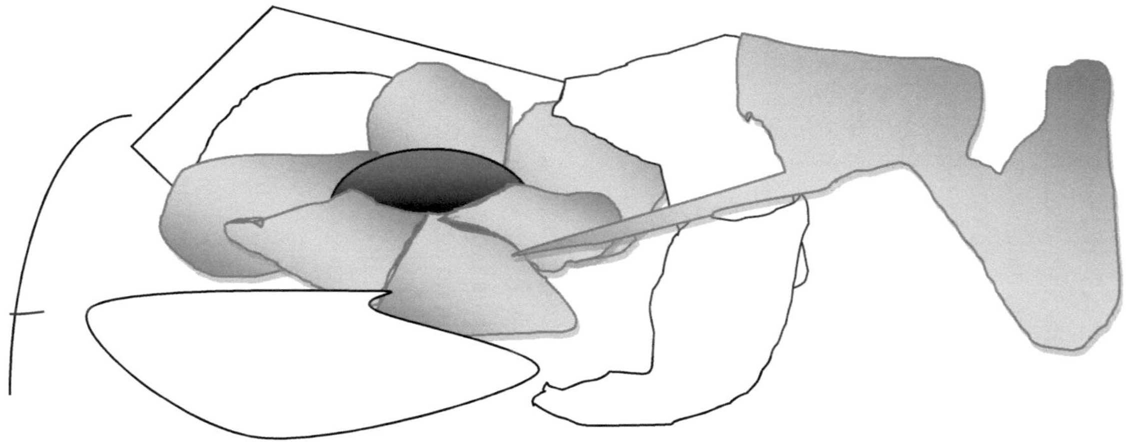

Voisinage topologique

- Lac de Guiers
- Localité voisine et proche
- Localité voisine lointaine

Figure 4 : Voisinage «flou » du lac de Guiers (figure Adapté de C. Rolland-May)

Dans notre exemple ci-dessus, il est possible d'insérer le lac de Guiers dans un ensemble de couronnes plus ou moins larges. Comme le montre la figure 4, le lac représente le «cœur» de l'ensemble ; les localités voisines proches ou lointaines (communes environnantes comme voisines proches et Dakar comme voisin lointain du lac) en représentent les « franges ». Ainsi, le lac doit être défini par ses propres caractéristiques, mais on pourra lui associer les caractéristiques de son voisinage flou dans la mesure où celles-ci ont un impact spatial important. Ainsi, on peut citer le cas de Dakar et d'autres grandes villes du pays qui sont des localités lointaines du lac, mais leurs caractéristiques démographiques spécifiquement et socio-économiques en général, ont un impact spatial réel sur le lac de Guiers du fait du transfert d'eau qui s'effectue vers ces localités lointaines certes mais voisines au lac.

3.5.2. Le «flou» des connaissances : écriture unifiée des connaissances qualitatives et quantitatives

L'imprécision cognitive concerne les connaissances qui consistent non seulement en informations quantitatives précises, mais également en un ensemble d'informations imprécises. En effet, la plupart des connaissances spatiales sont mal ou incomplètement définies par des facteurs qualitatifs, des expressions linguistiques, des approximations non directement quantifiables.

Pourtant, pour répondre aux problèmes de l'aide à la décision, le système-expert doit être capable de traiter outre des informations quantitatives, des informations énoncées en langage naturel, exactement comme le fait un expert ou plus concrètement un agent de développement local. Ainsi, le processus d'aide à la décision ne doit pas être alimenté abusivement par des données numériques. Du fait qu'il sollicite de la part des décideurs des tâches concrètes de raisonnement dans un environnement humain, il doit s'appuyer sur des évaluations plus ou moins bien exprimées, sur des appréciations subjectives et des connaissances incertaines.

En d'autres termes, l'aide à la décision requiert autant des informations quantifiées ou quantifiables que des informations qualitatives, difficilement formalisables en termes quantitatifs. Dans le cadre de notre système-expert, il s'agit donc :

- de définir une écriture unifiée de l'ensemble des connaissances (qu'elles soient quantitatives ou qualitatives),
- de pouvoir les traiter,

- et enfin de pouvoir les comparer à des «modèles».

Si nous prenons l'exemple des volumes d'eau annuels du lac de Guiers, le technicien local de surveillance des eaux du lac ou un quelconque gestionnaire doit pouvoir, à la demande du système, entrer les éléments qui caractérisent ce volume d'eau, notamment les différents apports (canal de la Taouey, les pluies directes dans le lac, le ruissellement, le drainage direct des usagers agricoles, etc.), leur qualité physico-chimique (turbidité, conductivité, salinité, taux de nutriment, charge polluants, etc.), leur provenance qui peut être à la fois de l'environnement immédiat ou lointain du lac et peut, selon son choix, saisir :

- une valeur numérique,
- un intervalle de données,
- ou un terme linguistique (faible, moyenne, importante, très importante...).

Il s'agit alors de formaliser et de traiter en une écriture unifiée des données quel que soit le mode de saisie.

Plus généralement, compte tenu des caractères de l'espace flou, les connaissances relatives à cet espace revêtent, elles aussi, un caractère d'imprécision et d'incertitude. Faisant appel à la théorie des possibilités (Dubois *et al, 1985*), il nous est possible de formaliser des connaissances spatiales imprécises, exprimées en langage naturel (appelées variables linguistiques), dont la qualité et/ou l'intensité plus ou moins grande sont énoncées par des termes déclaratifs.

Nous expliciterons successivement les notions d'alphabet linguistique, de support de la variable linguistique et de fonction de possibilité.

L'alphabet linguistique

Selon C. Rolland-May (1987), dans un espace référentiel noté E, il existe un certain nombre de variables linguistiques. Chacune d'entre elles, par exemple « le niveau de pollution des eaux du lac de Guiers », peut être définie par son alphabet composé de quatre termes linguistiques :

- faible,
- moyen,
- important,
- très important.

Le support de la variable linguistique

A partir de la théorie des possibilités, qui offre un cadre formel particulièrement adapté à la représentation de ce type de connaissance, on peut définir le support de la variable, c'est -à-dire, l'intervalle de la droite des réels dans lequel sont prises toutes les valeurs possibles qu'on pourra attribuer à la variable linguistique, compte tenu de nos connaissances propres et des travaux réalisés par ailleurs. D'une manière générale, l'intervalle est normalisé et le plus souvent défini par les bornes [0,100].

Si la variable n'est pas normalisée, le support est défini par l'intervalle [MIN, MAX], où MIN est la plus petite valeur possible définie, et MAX, la plus grande valeur possible définie.

La fonction de possibilité

De même, on peut aussi définir la fonction de possibilité Π_{tk} de chaque terme linguistique utilisé, qui associe à chaque valeur du support de la variable, la possibilité qu'a cette valeur d'appartenir à ce terme (fig. 5) :

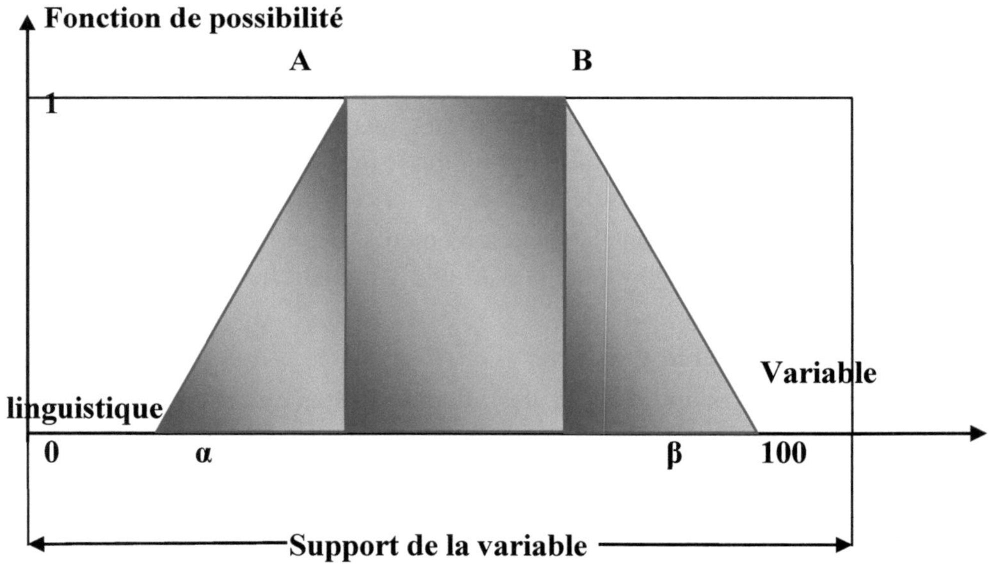

Figure 5 : Représentation de la fonction de possibilité d'un terme d'une variable linguistique (selon C. Rolland-May)

Cette fonction est considérée comme :

- maximale dans l'intervalle [A, B] du support. Si ce maximum est égal à 1, alors la variable linguistique est dite normalisée ;

- linéaire et croissante à gauche de cet intervalle, soit dans l'intervalle [A-α, A], avec (A-α, A)>=0 ;
- linéaire et décroissante à droite de [A, B], soit dans l'intervalle [B, B+β], avec (B+β)<=100;
- nulle dans [O, (A-α)] et dans [(B+β), 100].

Une fois normalisée, il en résulte que chaque terme t_k d'une variable linguistique V sera défini par sa fonction de possibilité Π_{tk} et que celle-ci sera résumée par son profil sémantique, à savoir le quadruplet (A, B, α, β). On notera P_{tk} = (A, B, α, β) sachant que «A» et «B» signifient respectivement « abscisse de A sur le support de la variable » et « abscisse de B sur le support de la variable ».

Exemple pour la variable "volume d'eau annuel reçu dans le lac de Guiers"

Dans le système-expert, quel que soit le mode de saisie de chacune des variables, on adopte une écriture unifiée. Reprenons l'exemple du volume d'eau annuel reçu dans le lac de Guiers. Le technicien local ou tout autre décideur choisira de rentrer le volume exact d'eau qui arrive directement par le canal de la Taouey, dont il aura une connaissance précise. Mais, il pourra préférer un intervalle ou même un terme linguistique (parmi la liste proposée) pour qualifier les apports d'eau dus à la pluviométrie marquée par une variabilité interannuelle, au drainage direct des industriels et PIV installés dans la zone contigüe au lac. Ainsi, n'importe quelle variable nécessaire au diagnostic du système-expert pourra être traitée, qu'elle soit quantitative ou purement qualitative comme la variabilité des volumes annuels, la qualité de l'eau ou l'inexistence d'un système de drainage adéquat, etc.

Tableau 1 : **Mode d'écriture unifiée d'une variable**

Variable volume annuel d'eau reçu par le lac de Guiers	**Valeur imprécise**	**Ecriture unifiée (profil sémantique)**	**Représentation graphique**
Volume annuel (variable mesurable)	Mesure 720 Mm^3	(720, 720, 0, 0)	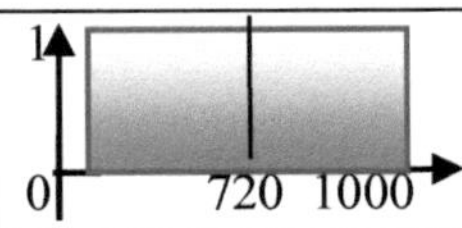
Volume annuel (variable intervalle)	Intervalle (450 Mm^3 et 720 Mm^3)	(450, 720, 0, 0)	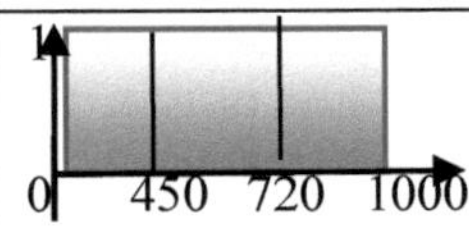
Volume annuel (variable linguistique)	Variable linguistique imprécise "faible"	(450, 720, 225, 225)	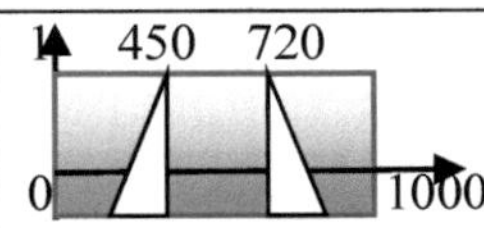

Le tableau présente ainsi, pour la variable « volume annuel du lac de Guiers », trois types différents de la connaissance formalisables de façon uniforme.

Généralisation

Nous traduisons la connaissance que nous avons de la variable j pour l'observation i, par un quadruplet (A, B, α, β) :

Dans le cas général, le quadruplet A, B, α, β représente le profil sémantique d'un terme de type :

+ variable linguistique ;

+ variable quantitative pour laquelle on ne dispose, pour l'observation i considérer, que de l'appréciation qualitative de son intensité ;

+ variable-intervalle dont la valeur pour 1' observation i, n'est connue que sous forme linguistique.

Dans des cas particuliers, le quadruplet prend la forme :

– A, B, O, O. Ce quadruplet est relatif :

+ à une variable-intervalle,

+ à une observation quantitative dont on ne dispose, pour l'observation i, que de l'intervalle noté,

+ à une variable linguistique dont, pour 1' observation i, la connaissance est plus précise que celle apportée par un terme linguistique et se présente sous forme d'intervalle.

– A, A, O, O. Ce quadruplet est relatif :

+ à une variable quantitative classique, mesurable,

+ à toute variable-intervalle ou linguistique pour laquelle on dispose exceptionnellement, pour l'observation i, d'une valeur précise.

En définitive, l'écriture unifiée des connaissances spatiales permet ainsi d'accepter à la fois des types de variables précises et imprécises et même des variables hétérogènes contenant à la fois des valeurs relatives à des mesures, des ratios, des intervalles et des termes linguistiques. Cette écriture emprunte la formalisation la plus faible car la plus imprécise de l' information spatiale.

3.5.3. Les modèles d'évaluation

Pour respecter un des objectifs du système-expert qui consiste à faire une évaluation et élaborer une stratégie d'action, il faut se doter d'une méthode d'évaluation du système d'action.

Les modèles sémantiques que nous présentons ici, constituent les règles du système-expert, c'est-à-dire les éléments d'une aide à la décision pour trouver les solutions aux problèmes d'aménagement.

Fondés sur l'heuristique d'une longue étude de terrain, à partir des nombreuses expériences de gestion des écosystèmes aquatiques menées dans le monde et répondant à une problématique cohérente, ils sont fondés sur des concepts spatiaux « flous », proches de la complexité du monde réel et marqués par l'imprécision et l'incertitude.

Nous présentons tout d'abord les fondements de l'évaluation. Ils reposent sur l'état des relations entre chaque composante du système d'action pour diagnostiquer les convergences comme les ruptures et les dysfonctionnements et qui nécessitent une connaissance du système d'action.

Cette évaluation nécessite l'élaboration de modèles sémantiques dont nous exposons les principes. Enfin, nous présentons la méthode adoptée pour la formalisation mathématique et le traitement des modèles sémantiques qui est cohérente avec les concepts d'imprécision et d'incertitude.

Les fondements de l'évaluation d'un système d'action : le rôle majeur des relations dans le système d'action

Nous retenons que l'aménageur agit sur un ensemble complexe d'éléments en interrelations que nous définissons par l'expression «système d'action» ou « système Hommes Espace-Décisions », concept élaboré par C. Rolland-May (1989) qui constitue un véritable modèle de représentation du complexe géoéconomique sur lequel l'aménageur est amené à travailler. Nous insistons, dans le cadre de cette thèse, sur le fait que la connaissance du système d'action doit être la plus exhaustive possible puisqu'il s'agit d'une «grille de lecture» pour diriger la connaissance et la recherche d'informations.

On peut cependant aller plus loin et estimer que cette connaissance permet d'énoncer un diagnostic sur l'état du système d'action et, en conséquence, d'une part, d'évaluer la qualité de ce dernier et, d'autre part, de valider telle ou telle action.

Notre thèse est que la qualité du système d'action est directement, et en premier lieu, induite par la qualité des relations entre les composantes du système. Elle le sera, en second lieu, par la qualité des relations entre le système d'action et son environnement.

La problématique est donc celle de l'évaluation de la qualité de ces relations. Nous nous sommes intéressés à la mise au point d'un modèle d'évaluation de ces relations limitant volontairement le propos à l'évaluation des relations endogènes du système d'action. Chaque composante du système d'action est en relation avec les autres composantes et les influence.

Nous allons définir les types de relations du système d'action en les qualifiant par des variables sémantiques (fig. 6) : par exemple la relation 1-2 entre les hommes et les structures décisionnelles officielles que nous identifions par la qualité de la représentation. Il s'agit d'évaluer si les structures décisionnelles officielles tiennent compte des vœux, espérances et besoins de la population et les énoncent le plus fidèlement possible.

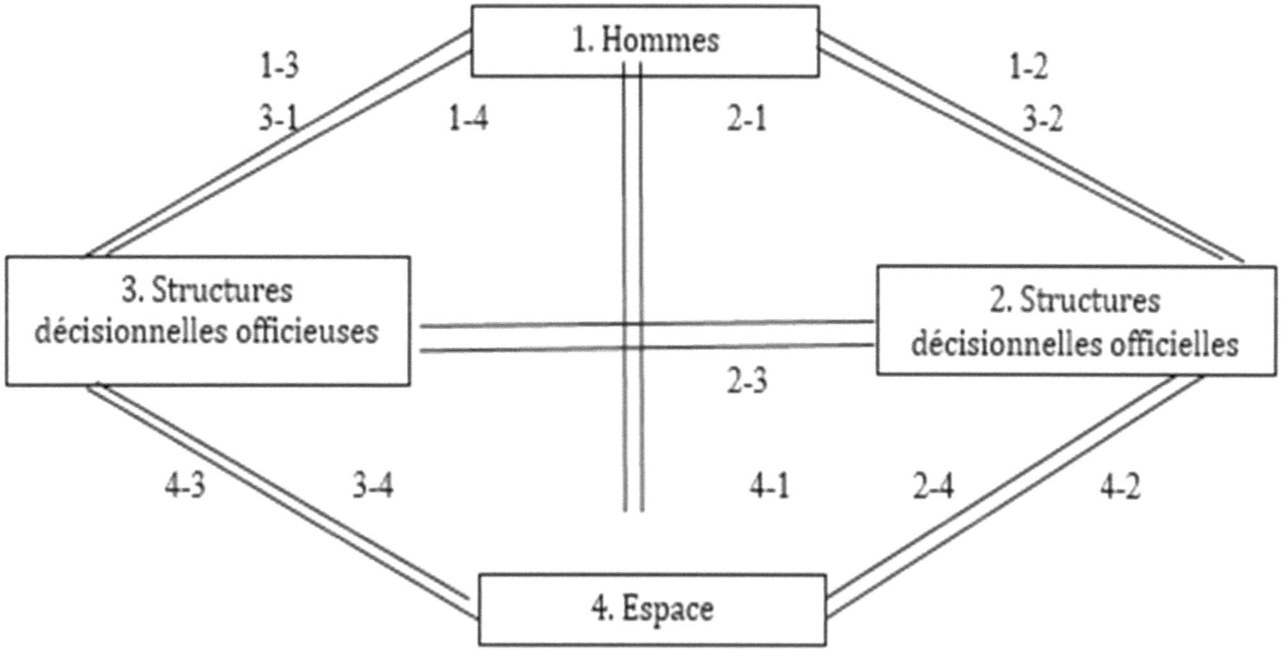

<u>Figure 6</u> : Identification des relations entre les composantes du système d'action

Principes des modèles sémantiques

Un modèle sémantique correspond à la formalisation de la relation entre deux composantes du système d'action. Il constitue un modèle pour la mise au point des règles du système-expert puisque l'évaluation repose sur la comparaison d'une situation donnée par l'exemple traité avec un ensemble de « modèles référentiels ».

Le principe est d'associer une fiche d'explication à chaque modèle sémantique, qui désigne une relation du système d'action.

Chaque relation implique la définition d'indicateurs implicites qui la caractérisent le mieux possible, tâche difficile qui nécessite la synthèse de longues expériences de terrain. Ces indicateurs implicites peuvent être définis par un nombre, un intervalle ou un terme linguistique.

Le problème est alors de trouver la meilleure réponse possible pour qualifier avec un seul terme linguistique, la qualité d'une relation globale, définie par plusieurs variables implicites. Il s'agit donc de créer une formalisation mathématique la plus rigoureuse possible (cf.§ suivant).

A chaque modèle sémantique est associé :

– un alphabet unique de six termes linguistiques, « d'intensité croissante » qui peuvent être par exemple : très mauvais, mauvais, très moyen, moyen, bon, excellent ;

– un certain nombre d'indicateurs implicites, qui seront qualifiés par un terme linguistique choisi dans l'alphabet, par un intervalle ou par un nombre.

Formalisation mathématique des modèles sémantiques

La formalisation mathématique doit répondre, à la fois, à la rigueur mathématique d'une méthode de calcul et qualifier le mieux possible la relation globale définie par plusieurs variables implicites.

La méthode que nous proposons pour la formalisation et le traitement mathématique est celle du terme moyen. On lui affecte un coefficient de crédibilité correspondant aux amplitudes entre le terme moyen et les termes minima et maxima (fig. 7).

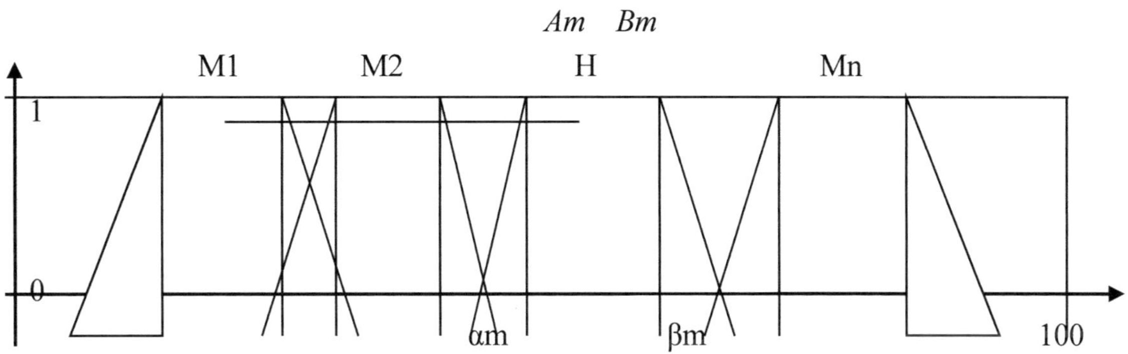

<u>Figure 7</u> : Représentation du terme moyen affecté du coefficient de crédibilité

Par généralisation, calculons le terme moyen de n termes linguistiques :

Nous posons :

Mn = (An+Bn)/2, milieux des trapèzes représentatifs des termes tn, soit les milieux des segments AmBm.

H = (Ml+M2+Mn)/n

Le point H est le milieu du segment Ml Mn.

On définira par terme moyen des n termes linguistiques concernés, le terme $t_{m(i,j,n)}$ défini par le profil sémantique suivant :

$$Pt_{m(i,j,n)} = (Am,Bm,\alpha m,\beta m,\mu)$$

et par le trapèze Am, Bm, Cm, Dm ou toute figure géométrique dérivée dans les cas particuliers que nous avons détaillés plus haut, tels que :

- K. La longueur de sa petite base est égale à la moyenne des longueurs des petites bases des trapèzes (ou toute figure dérivée) représentatifs des deux termes, soit :

$$K = ((Bl-Al)+(B2-A2)+(Bn-An))/n$$

- L. La longueur de sa grande base est égale à :

avec :

$$L = \alpha m+K+\beta m$$

$$\alpha m= (\alpha l+\alpha 2+\alpha n)/n$$

$$\beta m = (\beta 1+\beta 2+\beta n)/n$$

- μ : coefficient de crédibilité

μ =l-(H-Ml/100)

Exemple pour une relation simple : « la qualité de la représentation »

L'exemple que nous proposons est celui de la qualité de la représentation, entre la composante « hommes » et la composante « structures décisionnelles officielles » du système d'action (tableau 2).

<u>Tableau 2</u> : Réponse du système-expert pour la qualité de la représentation par un terme linguistique pris dans l'alphabet sémantique en fonction des indicateurs implicites

Libellé de la variable linguistique Qualité de la représentation	
Sommet 1	Hommes
Sommet 2	Structures Décisionnelles Officielles
Type de la relation	Relation Simple
Alphabet sémantique (6 termes qui ne varient pas quelles que soient les relations) dans l'ordre d'intensité croissante	- nulle - médiocre - moyenne - assez bonne - bonne - très bonne
Indicateurs implicites - population totale autour du lac - volume d'eau pour l'agriculture irriguée (CSS, SEN-HUILE, PIV, autres) - volume d'eau pour l'alimentation de Dakar (usines d'eau de Ngnith et de KMS) - Nombre de têtes de bétail qui s'abreuvent dans le lac - dynamisme de l'organe de gestion du lac - structures locales	L'utilisateur peut saisir : - un nombre - un intervalle - un terme linguistique

Ainsi, l'état du système d'action et plus spécialement des relations entre ses composantes peut être mesuré et servir d'aide à l'évaluation pour mieux connaître les convergences ou les « lignes de force » comme les ruptures ou les dysfonctionnements et mener à terme une action globale de développement.

3.6. L'architecture spécifique du système expert

L'architecture générale du système d'aide à la décision, pour la mise en œuvre d'une action de gestion d'un milieu aquatique, selon une approche écosystémique, est à la fois classique et spécifique, du fait du « flou » (fig. 8).

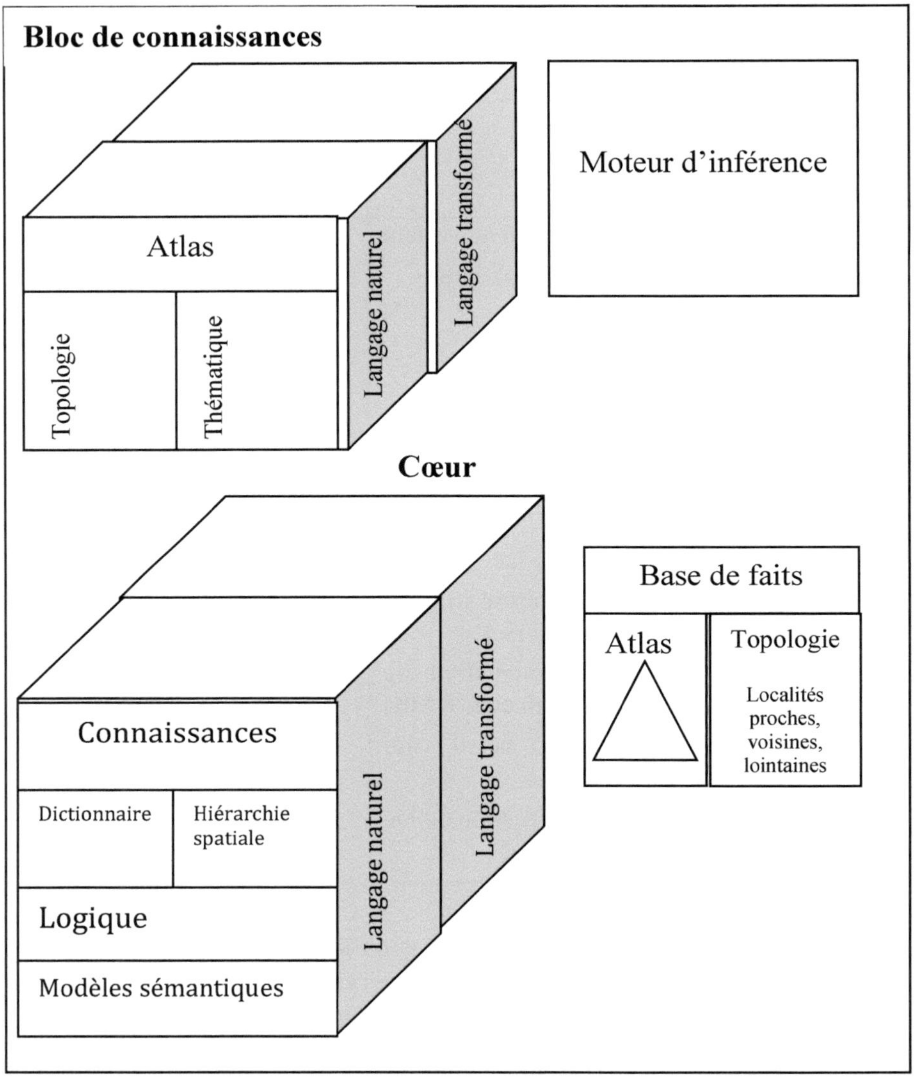

Figure 8 : Schéma de l'architecture générale du système-expert

3.6.1. La structure générale classique

Comme tout système-expert, il comprend une base de connaissances, un moteur d'inférence, une base de faits et une interface utilisateur.

La base de connaissances

La base de connaissances qui stocke et organise l'ensemble des connaissances sous la forme de faits et de règles comprend deux parties :

- la partie topologie désigne l'identification des localités autour du lac, de leurs voisines proches et lointaines ;

- la partie thématique caractérise les connaissances relatives aux localités, aux voisines proches et lointaines pour les composantes humaine, spatiale et décisionnelle de leurs systèmes d'action respectifs.

Le moteur d'inférence

Le moteur d'inférence, coeur du système d'aide à la décision assure le fonctionnement du système. Il permet de trouver un ou des éléments appropriés à la résolution du problème posé. Il est construit pour le moment sur une structure de chaînage arrière. Il fonctionne sur la base d'une logique d'ordre 1, c'est-à-dire «raisonne» sur des variables non instanciées.

La base de faits

La base de faits est utilisée dans le cadre d'une session et présente la même structure que la base de connaissances avec une partie topologique et une partie thématique. Une fois la session effectuée, les résultats vont enrichir automatiquement la base de connaissances. Le système est donc doté d'une capacité d'auto-apprentissage, qui en augmente la performance et l'efficacité à mesure qu'il traite des cas successifs.

L'interface-utilisateur

L'interface-utilisateur, outil permettant le dialogue entre l'homme et la machine se présente de la manière la plus conviviale possible, avec des menus successifs orchestrés par le moteur d'inférence de telle sorte que n'importe quel utilisateur puisse s'en servir.

Ainsi, le système-expert présente une architecture « classique » sur laquelle s'articulent des éléments spécifiques, plus particulièrement dédiés aux connaissances spatiales, en particulier topologiques et thématiques. L'ensemble forme la « première couche » du système ou « Couche immédiate ».

3.6.2. La structure « floue »

La structure « floue » correspond aux caractéristiques profondes et spécifiques de notre système-expert et forme la « seconde couche » ou « couche profonde » du système.

Il s'agit, en premier lieu, de la particularité de la base de connaissances qui se présente plus sous la forme d'un « bloc de connaissances » que sous celle d'un simple fichier de règles de production : chacune des règles de la base de connaissances fait appel à cette « couche profonde », dans laquelle sont spécifiés tous les concepts « flous » utilisés.

Ainsi, dans l'exemple suivant, on voit qu'une règle simple devra, pour être activée par un cycle d'inférence, « appeler » des éléments « flous » dans la couche profonde (dictionnaire).

Tableau 3 : Processus d'activation d'une règle simple à partir de la couche profonde

Couche immédiate	Couche profonde	
	1	2
S'il y a une eau en quantité suffisante dans le lac (important)	Variable «quantité suffisante» et son alphabet	Profil sémantique «important»
et en qualité (bonne)	Variable «qualité de l'eau» et son alphabet	Profil sémantique «bonne»
alors attractivité du lac (forte)	Variable «attractivité de» et son alphabet	Profil sémantique «forte»

De façon plus complexe, on a vu plus haut que l'activation d'un modèle sémantique exigeait, non seulement cette référence à des variables linguistiques et aux profils sémantiques des termes utilisés, mais encore et surtout le déclenchement d'une procédure complexe de recherche du terme moyen (fig. 8).

En deuxième lieu, il est nécessaire d'avoir recours pour les indices statistiques flous, à un module externe de calcul qui correspond aussi à l'utilisation d'un langage informatique plus approprié pour le traitement mathématique.

Le «bloc» de connaissances

Le «bloc» de connaissances est constitué, quelles que soient les parties :

- d'une structure en langage naturel pour l'interface utilisateur,
- d'une structure sous la forme de quadruplets qui formalisent le type de connaissances pour le traitement (couche profonde).

La première partie de la connaissance concerne l'espace avec la topologie des localités autour du lac, des localités voisines proches et lointaines et la thématique qui regroupe l'ensemble des connaissances.

La deuxième partie est constituée de la connaissance «brute» c'est-à-dire :

- d'un dictionnaire de termes linguistiques qui contient le nom du terme linguistique et le profil sémantique équivalent (ou plus concrètement le quadruplet). Il peut être enrichi en permanence ;
- un module de hiérarchisation de la connaissance qui distingue les connaissances exigées respectivement pour les localités contigües au lac (zone centre), les voisines proches et les voisines lointaines, de moins en moins précises pour établir un diagnostic ou des propositions d'aménagement.

Enfin, la troisième partie réunit l'ensemble des modèles sémantiques, base de la logique du système-expert.

Le module externe de calcul

Même s'il s'agit d'une structure particulière, le module externe de calcul permet de faire appel à un langage informatique approprié pour le traitement des indices statistiques flous. Dans notre cas, nous avons choisi un module en Fortran.

3.7. Le fonctionnement du système expert

Le fonctionnement du système-expert, au cours d'une session de travail, comporte deux parties distinctes (fig. 9) :

- la saisie des données, qui répond aux problèmes spécifiques de toute action de gestion d'un écosystème aquatique : chaque utilisateur entre, à la demande du système, les données de l'écosystème concerné, des localités autour de l'écosystème et celles de ses voisines. Ainsi, les données concernant «le terrain» sont prises en compte par celui qui le connaît, avec toute sa subjectivité !
- l'évaluation de la qualité des relations entre les composantes humaine, spatiale et décisionnelle de l'écosystème concerné, en tenant

compte des localités voisines proches et lointaines par référence aux modèles sémantiques développés.

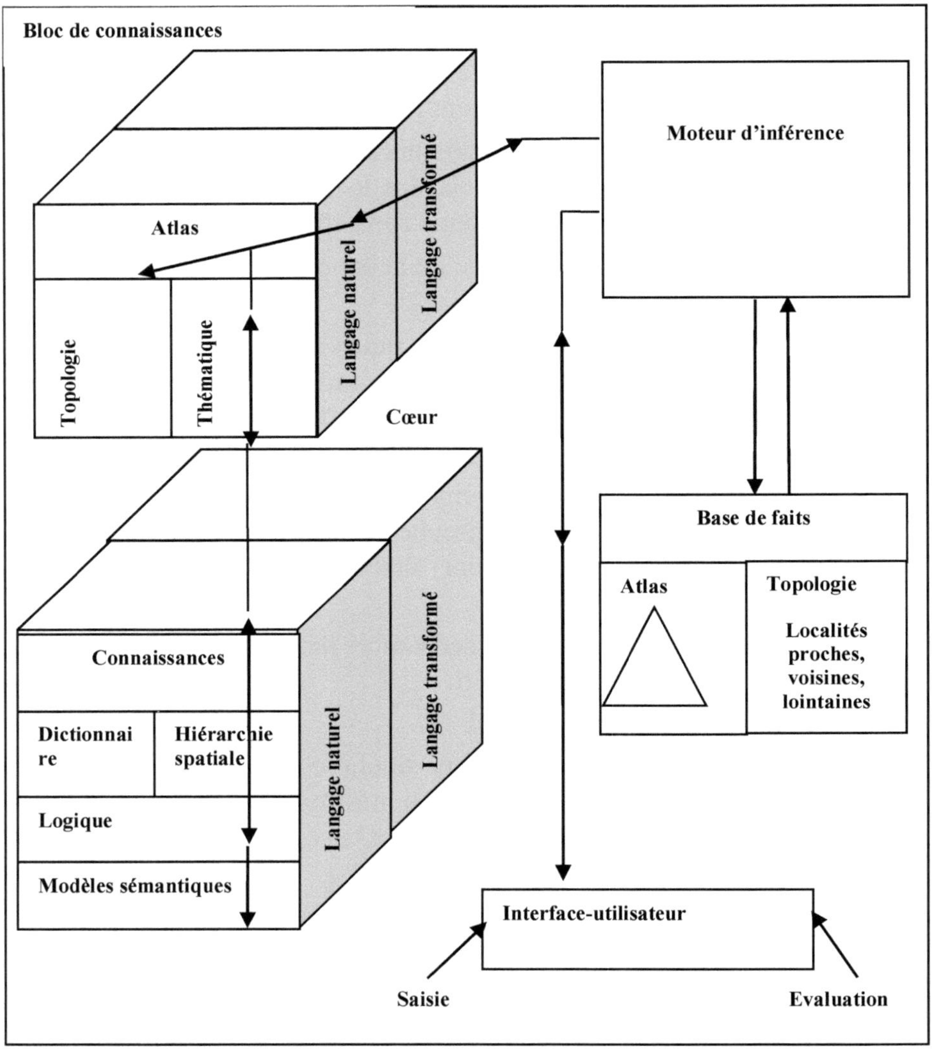

Figure 9: Schéma général de fonctionnement lors d'un processus

Conclusion

Compte tenu de la spécificité de la gestion du lac de Guiers, nous avons élaboré un système-expert flou qui répond à la mise en œuvre d'une approche écosystémique en respectant les contraintes du monde réel, tout particulièrement l'imprécision et l'incertitude qui caractérise les écosystèmes.

Fondé sur une structure hiérarchisée, le système présente des caractéristiques particulières du fait du «flou» avec un bloc de connaissances où l'on retrouve les concepts «flous» de l'espace, des connaissances qualitatives et quantitatives et de la logique.

Ainsi, nous avons jeté les bases du système expert du lac de Guiers avec comme perspective l'implication d'un ingénieur des connaissances informatiques pour implémenter le système.

Références bibliographiques

Chevassus-au-Louis, B., Bielsa, S., Martin, G., Pujol, J.L., Richard, D. et Salles, J.M., 2009. Approche économique de la biodiversité et des services liés aux écosystèmes - Contribution à la décision publique. *In* Centre d'analyse stratégique. *Centre d'analyse stratégique.* http://www.strategie.gouv.fr/content/rapport-biodiversite-%C2%AB-l%E2%80%99approche-economique-de-la-biodiversite-et-des-services-lies-aux-eco (Page consultée le 19 octobre 2012).

Cissé, B., 2003. Les eaux de drainage des périmètres irrigués du delta du fleuve Sénégal : systèmes d'évacuation et qualité des eaux. Thèse de doctorat de 3ème cycle de Géographie, FLSH, UCAD, 310 p.

Cogels, F.X. et Gac, J.Y., 1983. « Circulation et salinité des eaux du lac de Guiers. Problème de développement et modèle de gestion ». *in* I.S.E (1983) : 25-40.

Cogels, F.X. et Gac, J.Y., 1982. « Le lac de Guiers : fonctionnement et bilans hydriques - évaporation d'une nappe d'eau libre en zone sahélienne (Sénégal) ». *Cahiers ORSTOM, série géologie* (FRA), vol.12 (1) : 41-60.

Coly, A., 1996. Le système fluvio-lacustre du Guiers : études hydrologiques et gestion quantitative intégrée. Thèse de doctorat 3ème cycle, Faculté des lettres et sciences humaines, Université Cheikh Anta Diop de Dakar (UCAD), département de Géographie, 306 p.

DHI/TROPIS, 2005 : Elaboration du plan de gestion du lac de Guiers. PLT (Projet Eau Long Terme), Rapport Diagnostic. Version provisoire, 222 p.

de Groot, R.S., Wilson, M.A. and Boumans, R.M.J., 2002. A typology for the classification, description and valuation of ecosystem functions, goods and services. *Ecological Economics,* 41, (3) :393-408. (In essai de Boyer JP, 2013)

Fisher, B., Turner, R.K. and Morling, P., 2009. Defining and classifying ecosystem services for decision making. *Ecological Economics,* 68 (3) : 643-653. (In essai de Boyer JP, 2013)

Gaye I.D, 2010. Savoirs écologiques traditionnels et approches normatives de l'environnement au Sénégal : un cadre d'analyse du comportement écologique des producteurs du lac de Guiers. Thèse de doctorat 3ème cycle, Faculté des lettres et sciences humaines, Université Cheikh Anta Diop de Dakar (UCAD), FASTEF, 349 p + annexes.

Goodchild M. F., Kemp K. K., Theriault M., Roche Y., 1996. Systèmes d'information géographique : notions de base, notes de cours, volume 1, LATIG, Département de géographie, Université Laval, Québec.

MEA, 2005b. Ecosystems and human well-being: wetlands and water. Synthesis. *In* MEA. *Millenium Ecosystem Assessment.* http://www.maweb.org/documents/document.358.aspx.pdf (Page consultée le 10 octobre 2012).

Molines N., Chevalier J.J., 2001. "SIG et analyse multicritère : une association novatrice au service du processus d'évaluation des grandes infrastructures linéaires". in AMCDA-Aide Multicritère à la décision, A. Colorni, M. Paruccini, B. Roy ed, Joint Research Center, EUR Report, 2001 : 195-212.

Rolland-May, C., 1984. *Les espaces géographiques flous.* Thèse de Doctorat d'Etat, Université de Metz, 464 pages.

Rolland-May, C., 1987. *Fuzzy data processing part 1 : concepts, formalization and statistical indices,* Sistemi Urbani.

Rolland-May, C., 1986. «Knowledge representation in an expert-system for space management», Proc. *Workshop on Expert Systems on PC's,* European Institute for Advanced Studies in Management.

Rolland-May, C., 1987. «Soft operational research in geography», *Proc. 5th European Congress of Quantitative and Theoretical Geography.*

Rolland-May, C., 1988. «2/3D constraints in an ES building tool for space management», *Proc. Euro IX-TJMS XXVIlth Congress,* Paris.

Rolland-May, C., 1989. «The concept of declarative data base and its application in operational research in geographical space management», *Proc. 6th European Colloquium of Theoretical and Quantitative Geography,* Chantilly.

Rolland-May, C., 1989). *G-SO FT, expert-system building tool for space management,* Sistemi Urbani, 1 : 69- 83.

Rolland-May, C., 1989. Géostratégie de la recomposition de territoires. Cas particulier en espace fortement métropolisé : l'espace ''médio-lorrain'' autour de Port-à-Mousson (Lorraine). *Revue Géographique de l'Est* 40 3-4 : 1-25.

Ruffray, S., 1995. *Problématique, concepts et méthodes de développement local: application à la Lorraine,* Thèse de Géographie, Université de Metz, 611 p.

Union internationale pour la conservation de la nature (UICN), 2013. Capitalisation de bonnes pratiques en matière de gouvernance autour des grands barrages : cas de Niandouba et du Confluent, Dakar, Sénégal, 28 p.

CONFÉRENCE INVITÉE

LES DISPOSITIFS DE VALORISATION DES ARRIÈRE PAYS MÉDITERRANÉENS ET DE LEUS SPÉCIFICITÉS LOCALES ? QUELQUES RÉFLEXIONS À PARTIR DU CAS MAROCAIN.

Bruno Romagny[7]

Introduction

Dans le contexte actuel de changement global et climatique[8], de mondialisation des échanges et de crises systémiques à répétition, les pays du pourtour méditerranéen sont engagés dans une période de mutations profondes et particulièrement rapides dont les conséquences à moyen et long termes restent très incertaines. Depuis plusieurs décennies déjà, les sociétés locales « de la marge », et en particulier celles des arrière-pays des rives sud et est de la Méditerranée, sont confrontées à la nécessité de s'adapter à une forte accélération[9] des transformations. Parmi celles-ci, on notera :

[7] Aix Marseille Univ, IRD, LPED, Marseille, France. Économiste à l'IRD, co-directeur du Laboratoire mixte international *MediTer « Terroirs méditerranéens, patrimoine, mobilité, changement et innovation sociale »*, Rabat, Maroc

[8] Le dernier rapport d'évaluation du GIEC annonce des difficultés majeures au sud de la Méditerranée : aridification et élévation des températures, baisse sensible des pluies et des écoulements, aggravation des phénomènes extrêmes (sécheresses et inondations), changement de la géographie agricole, accès limité à l'eau d'irrigation, perte de productivité agricole, de biodiversité et transformation des systèmes alimentaires, etc. Le Maghreb sera d'autant plus affecté par le stress hydrique qu'il pourrait subir d'ici 2050 une baisse des apports réguliers d'eau de l'ordre de 30 % du fait du changement climatique.

[9] Pour Hartmut Rosa (2010), le temps et son accélération permettent de comprendre la dynamique de la modernité. Sa théorie de l'accélération sociale insiste sur trois dimensions du changement dont le rythme s'accroit vertigineusement depuis les années 1970 : l'accélération technique (informatique, communications, transports…), l'accélération du changement social (structure familiale, style de vie, remise en cause des identités, des affiliations politiques et religieuses, etc.) et enfin celle du rythme de vie. L'auteur montre que la désynchronisation des évolutions socioéconomiques et la dissolution de l'action politique font peser une grave menace sur la possibilité même du progrès social.

➢ l'accentuation de l'exode rural dans certaines zones en lien avec la migration et la mobilité des hommes[10] en âge de travailler à la recherche d'emplois mieux rémunérés ;

➢ l'augmentation concomitante de la part des femmes dans la population active du secteur agricole, bien que ce travail productif reste largement sous-estimé et peu reconnu ;

➢ le chômage massif des jeunes, même s'ils sont diplômés ;

➢ le vieillissement de la population ;

➢ la redéfinition des relations rural/urbain autour des mobilités (tourisme…) et des innovations sociales (circuits courts, paniers paysans, etc.) ;

➢ la montée en puissance de la notion de patrimoine et des revendications territoriales identitaires ;

➢ l'importance croissante des acteurs « extérieurs » (migrants, touristes, investisseurs privés et entrepreneur agricoles urbains) souvent soutenus par les pouvoirs publics ;

➢ l'évolution des rapports à l'État suite au « printemps arabe » et à la décentralisation.

L'analyse des dynamiques socio-territoriales et écologiques en cours dans les arrière-pays méditerranéens, et plus particulièrement au Maghreb, est au cœur des préoccupations scientifiques du Laboratoire mixte international[11] (LMI) *MediTer*. L'objectif de nos recherches est

---

10 Les femmes, selon leur âge et leur statut matrimonial, sont aussi concernées par les stratégies de mobilité et de pluriactivité des ménages ruraux. Elles peuvent émigrer avec leurs maris, une fois que les hommes se sont fixés dans les lieux vers lesquels ils ont émigré. Les femmes peuvent aussi émigrer temporairement vers des régions agricoles du Maroc ou d'Europe, ou par alliance matrimoniale. Des jeunes filles et adolescentes sont envoyées par leurs familles travailler en ville comme domestique.

11 Un LMI est une structure opérationnelle implantée physiquement dans les locaux de partenaire(s) du Sud et dédiée à la réalisation de projets conjoints de recherche et de formation. Son objectif est de consolider les communautés scientifiques et académiques du Sud, tout en renforçant les partenariats Nord-Sud et Sud-Sud. Parmi les 34 LMI en activité dans le monde en 2016, *MediTer « Terroirs méditerranéens »*, a été le premier LMI en sciences sociales, créé en 2011 pour 4 ans puis renouvelé jusqu'en 2020 suite à son évaluation positive, sous réserve des résultats d'une évaluation à mi-parcours du second mandat. Il dispose d'une double implantation au Maroc (Rabat et Marrakech) et désormais d'une antenne en Tunisie avec l'arrivée d'un nouveau partenaire fondateur qui lui donne une réelle dimension régionale, au-delà des échanges bilatéraux franco-marocains.

d'interroger les processus d'intégration, ou, au contraire, de marginalisation des sociétés et des territoires ruraux suscités par la mise en place des « stratégies de terroir » dans un contexte de transformations globales, rapides et profondes. Au Maroc, les politiques de terroir découlent d'une volonté d'inclure dans la stratégie agricole nationale 2008-2020, dénommée Plan Maroc Vert (PMV), un « pilier 2 » consacré à l'agriculture familiale et au développement solidaire des zones rurales défavorisées : montagnes, oasis, steppes semi-arides.

Nous étudions les effets sur ces espaces des politiques dédiées à leur revitalisation qui misent sur les terroirs et leurs atouts spécifiques pour permettre de relever les défis majeurs du développement rural, de la réduction de la pauvreté, de la conservation des ressources, mais aussi de l'adaptation au changement climatique. Ce positionnement nous permet de tester l'hypothèse, émise par différents acteurs, à savoir que dans ces arrière-pays s'inventent et s'expérimentent de nouveaux modèles de développement durable qui pourraient conduire à une meilleure gouvernance des territoires et des ressources. Dans cette hypothèse optimiste, où authenticité et spécificité deviennent des supports de création de richesse et d'innovation, les arrière–pays qui ont échappé aux grandes transformations productivistes ne sont plus perçus comme des milieux arriérés et immobiles, mais au contraire comme des laboratoires d'innovation territoriale[12].

Connaissant les vulnérabilités des sociétés méditerranéennes, mais aussi celles des écosystèmes de la région, et surtout le poids démographique des populations rurales concernées, la question du devenir du monde rural dans ces pays est devenue un vrai sujet de géopolitique et un enjeu de stabilité nationale. La vague de révoltes qui a secoué le monde arabe à partir de 2011 est partie d'une des zones rurales trop longtemps délaissée par le pouvoir tunisien. C'est à Sidi Bouzid, une ville de 40 000 habitants fortement marquée par l'agriculture - un secteur dévasté par le désengagement de l'État, le détournement des aides, voire l'accaparement des terre - que la « révolution » tunisienne a commencé. En quelques semaines, alors que les hôtels et les sites touristiques se vidaient, les tunisiens des régions

---

[12] Le LMI *MediTer* a répondu avec succès à plusieurs appels à projets. Les réflexions développées dans cette communication sont largement issues des travaux collectifs réalisés dans le cadre du programme « *Innovations autour de la valorisation des spécificités locales dans les arrière-pays méditerranéens* » (Med-Inn-Local, 2013-2017, http://www.medinnlocal.net/), qui bénéficie de l'appui financier de l'Agence Nationale pour la Recherche (ANR-12-TMED-0001).

plus prospères du pays (le littoral est) découvraient l'extrême pauvreté d'une Tunisie de l'intérieur, dont beaucoup ignorait tout. Depuis longtemps au Maroc, la perspective d'une année avec un fort déficit pluviométrique, comme cela a failli être le cas pour la campagne agricole 2015-2016, fait très rapidement planer des menaces d'instabilité dans des territoires où la majorité des exploitations agricoles n'a pas accès à l'irrigation. A l'échelle de la Méditerranée toute entière, le drame des migrants et des réfugiés fuyant la misère et leurs pays en guerre illustre la nécessité de revoir les mécanismes de la solidarité euro-méditerranéenne, dans un climat peu favorable de montée du nationalisme et de repli identitaire exacerbé par les scandales politico-financiers, ainsi que par la défiance grandissante envers les élites « hors sol ». Dans une Europe en crise, où le taux de chômage de certaines catégories de la population, dans certains lieux, n'est pas très éloigné de celui des arrière-pays du Sud, la question des migrants a été désignée comme un des arguments qui aurait influencé le vote historique du 23 juin 2016 en faveur d'une sortie des anglais de l'Union européenne (Brexit).

Plusieurs études prospectives (Benoit & Comeau, 2005 ; CIHEAM, 2008 ; Collectif CIRAD-INRA, 2009 ; Royaume du Maroc, 2009) prêtent aux arrière-pays méditerranéens un futur préoccupant, fait de ruptures écologiques et sociales majeures : maintien ou aggravation des inégalités, de la pauvreté et du chômage, dégradation des ressources, en particulier en eau, déforestation et désertification accrues[13], érosion de la biodiversité. Ces perspectives interrogent les déséquilibres flagrants entre avant et arrière-pays, et rappellent la faible intégration des petites exploitations agricoles méditerranéennes qui ne parviennent pas à satisfaire les besoins alimentaires des espaces urbains et peinent à subsister à travers l'agriculture. Si ces tendances sont réelles, peut-on pour autant parler de crise généralisée et inéluctable des arrière-pays en Méditerranée ? Certains arrière-pays sont effectivement en stagnation ou en régression économique, alors que d'autres ont vu ces dernières années des évolutions favorables, faites d'initiatives collectives et d'innovations, ce qui invite à relativiser le propos. Ces dynamiques expliquent une extrême diversité des situations, ainsi que l'émergence de territoires ruraux originaux (Campagne & Pecqueur, 2012).

---

[13] D'après le Plan Bleu (www.planbleu.org/themes/espaceRural.html), 80 % des terres arides au sud et à l'est de la Méditerranée sont engagées dans un processus de désertification.

A partir d'études de cas au Maroc issues des activités du LMI *MediTer* et sur la base des réflexions qui se sont déroulées lors d'un séminaire[14] organisé à Marrakech dans le cadre du programme « Med-Inn-Local », cette communication s'intéresse aux dispositifs dont le but est la mise en avant et la valorisation économique, socioculturelle, territoriale ou politique des spécificités locales et des patrimoines ruraux des arrière-pays méditerranéens. Quelles sont les modalités d'émergence et de fonctionnement des dispositifs de valorisation des produits et des territoires ? Quelles sont leurs retombées ? Dans une première partie, nous discuterons les principaux concepts sur lesquels se fondent nos recherches (spécificité, arrière-pays, dispositifs de valorisation) puis, dans un second temps, nous présenterons quelques enseignements issus de nos travaux.

1. La valorisation des territoires ruraux et des produits spécifiques : un processus d'autant plus complexe que les définitions ne sont pas fixées

Une des étapes clés d'un processus de valorisation perçu comme un « projet de territoire[15] » concerne la façon dont on s'y prend pour permettre et faciliter l'appropriation de concepts complexes, souvent polysémiques et « importés », par les divers acteurs locaux concernés, publics et privés. Parmi les concepts rencontrés, on relève : gouvernance territoriale (Lazarev, 2009), ressource territoriale (Landel & Senil, 2009), intelligence et résilience territoriale, panier de biens et services (Pecqueur, 2001), paiement pour services écosystémiques, terroir, qualité liée à l'origine, économie circulaire, patrimoines naturels et culturels, matériels et immatériels, etc. Sur les questions de promotion des spécificités locales pour le développement alternatif des arrière-pays méditerranéens, la position du chercheur doit se démarquer de celle de l'expert et invite à adopter un regard critique sur les concepts qui fondent les démarches, leur contenu, leur utilisation et leur mise en œuvre par diverses catégories d'acteurs. Ceci est encore plus important quand on se

---

14 « *Les dispositifs de valorisation des produits et des territoires : identification et trajectoires* », 11-12 novembre 2015, université Cadi Ayyad de Marrakech, faculté des lettres et des sciences humaines.

15 En référence à la distinction entre « territoire de projets » et « projets de territoire » qui font l'hypothèse que les acteurs du territoire seraient dotés de suffisamment d'autonomie pour devenir les acteurs de leur propre projet. Le projet de territoire renvoie à la notion de gouvernance territoriale (Landel, 2011 ; Aderghal et *al.*, 2013).

situe dans un contexte comme celui du Maroc où ces concepts sont transférés depuis des cultures où ils ont acquis un contenu historique et opérationnel, vers des cultures où ils n'ont été que peu mobilisés jusqu'à présent mais dans lesquelles on leur donne un nouveau contenu, où on les affuble de qualités putatives et où ils sont instrumentalisés pour l'action et le développement. Nos réflexions ciblent deux principaux éléments : un produit et un territoire ou plus précisément une spécificité locale et un arrière-pays (méditerranéen), en liaison avec un dispositif de valorisation et les multiples acteurs impliqués dans une démarche d'action collective.

Par spécificité locale, nous entendons une production culturelle territorialisée, attachée à un groupe social, dotée de qualités remarquables dans la culture locale et reconnue comme telle par tout un ensemble d'acteurs (producteurs, consommateurs, pouvoirs publics, ONG, etc.) à différentes échelles : locale, nationale, internationale. Les spécificités locales peuvent être alimentaires, artisanales, architecturales, territoriales, paysagères, techniques, ou encore organisationnelles et touchent aux différentes dimensions des relations entre sociétés, ressources et espaces. Elles impliquent également les relations entre sociétés locales et extérieur. Leur émergence peut relever de logiques aussi bien endogènes qu'exogènes. Leur valorisation s'inscrit dans des processus ambivalents qui évoquent à la fois un rapport patrimonial et marchand (Boisvert, 2013).

Le territoire est un concept géographique et pas économique. Comme le souligne Denis Requier-Desjardins (IRAM, 2015), l'apport principal des économistes en s'emparant de ce concept a été de le ramener à la question de sa spécificité. Le territoire, en particulier rural et agricole, produit des ressources spécifiques, non reproductibles ailleurs, qui peuvent être définies en termes de connaissances ou de processus d'innovation. C'est comme cela que se détermine l'identité territoriale telle qu'elle est définie par les travaux de « l'école de Grenoble », représentée par des auteurs comme Bernard Pecqueur. C'est également ce qui rend possible la qualification de biens et services disponibles sur ce territoire. « *Cette question de la spécificité intéresse particulièrement les économistes car elle renvoie au fonctionnement des marchés. En effet, cette spécificité peut conduire à la création d'un monopole ou d'un quasi-monopole mais elle permet de construire des trajectoires de développement sur cette base. Très apparente dans l'approche des paniers de biens mais pourtant peu rappelée, cette notion conduit à l'idée que la qualification spécifique du territoire doit être reconnue sous la forme d'une valorisation de ces biens et services territoriaux Ainsi, il faut que les producteurs et les consommateurs se mettent d'accord sur la définition de cette qualité territoriale qui sera au fondement du développement économique du territoire* » (IRAM, 2015, p. 41).

Ceci nous amène à la notion d'arrière-pays qui recouvre des réalités plurielles et variables selon les points de vue et les périodes de l'histoire. L'arrière-pays comprend les sociétés, les ressources et les territoires qui le constituent. Il s'agit des zones rurales qualifiées de « difficiles », « fragiles » ou « marginales » se prêtant moins que d'autres à la mise en œuvre des politiques de développement et de modernisation. Sous cette acception, les arrière-pays représentent environ trois-quarts des zones rurales dans les pays du sud et de l'est de la Méditerranée. Au Maroc, ils concentrent 70 % des exploitations agricoles et 80 % de la population rurale (CGDA, 2009). Les sociétés qui vivent dans ces espaces ont en commun des savoir-faire originaux permettant d'exploiter une diversité de ressources à travers une gestion élaborée des risques. Les arrière-pays sont souvent définis en opposition à des avant-pays, plus développés, qui sont constitués par les littoraux, les villes, les plaines irriguées et certains piémonts (Hervieu & Thibault, 2009). Ces territoires ont très largement puisé dans les ressources humaines et naturelles des arrière-pays pour leur développement et continuent à le faire. Les avant-pays deviennent de plus en plus urbanisés et côtiers, ce qui accentue leur pouvoir d'attraction mais aussi leur vulnérabilité face aux risques naturels (hausse du niveau de la mer, glissements de terrain, etc.) et augmente les conflits intersectoriels pour l'accès aux ressources foncières et en eau, de plus en plus menacées.

Derrière cette opposition entre avant et arrière-pays se profilent les défis du dualisme agraire, très marqué au Maroc. Une telle vision renvoie dos à dos une agriculture moderne irriguée, bien connectée aux marchés, dégageant une forte valeur ajoutée, et une agriculture familiale ou traditionnelle de subsistance. Les nouvelles fonctions globales attribuées à cette dernière (séquestration de carbone dans les sols et maintien de services écosystémiques) pourraient venir modifier cette perception duale. C'est en effet l'agriculture du « pilier 1 » qui contribue le plus aux émissions de gaz à effet de serre du secteur, et ce sont les agriculteurs du « pilier 2 » qui souffriront le plus des conséquences du changement climatique. Le PMV considère l'agriculture comme un secteur économique à part entière et l'exploitation familiale comme une entreprise. Pourtant, il est bien connu que la rationalité de l'exploitation familiale n'est pas qu'économique. Mais le PMV affirme vouloir dépasser ce dualisme structurel de l'agriculture marocaine en incitant les petits producteurs à se comporter comme des entrepreneurs (Inter-Réseaux, 2016). Pour certains, ce type de politique agricole, avec deux piliers assumés, est une opportunité à saisir pour la petite agriculture du fait de l'existence d'outils d'accompagnement et de financement propres. D'autres ne cachent pas leurs craintes de voir l'agriculture familiale confinée au seul domaine de la solidarité, avec le risque à terme d'une absorption des « petits » par les « gros », les premiers devenant au mieux les salariés mal rémunérés des seconds.

La situation actuelle des arrière-pays de part et d'autre de la Méditerranée s'explique par des trajectoires historiques et des contextes différents. La rive européenne a connu un important processus d'exode rural et des ruptures territoriales, puis une requalification progressive sous l'influence croissante des villes, à travers de nouvelles constructions patrimoniales et territoriales impliquant une diversité d'acteurs. « *De fait, nos montagnes de l'Europe méditerranéenne ont-elles souvent perdu plus du 4/5ème de leur population et leur espace est toujours aujourd'hui, pour une bonne part, laissé à la friche, aux sangliers et au feu. Dans le même temps, la population comme l'économie, sous l'effet de la mondialisation et de l'exode rural, se sont fortement littoralisées. Les espaces ruraux méditerranéens des collines, des montagnes, des vallées et des plateaux, autrefois fondements mêmes des sociétés méditerranéennes, sont donc devenus des arrière-pays* »[16].

Sur la rive sud, les arrière-pays ont subi de fortes pressions au cours du XXe siècle en relation à un essor démographique sans précédent qui devrait perdurer encore près d'un demi-siècle, quoiqu'à un rythme plus lent. Au Maghreb, les continuités géographiques et les solidarités sociales ou économiques ont été bouleversées, notamment lors de la colonisation, et supplantées par l'émergence des centralités urbaines littorales. Les arrière-pays connaissent aujourd'hui sous-emploi et précarité. On y trouve des trajectoires agraires et socio-écologiques variées, reposant sur des formes spécifiques d'organisation sociale et territoriale ou de relations à l'État, ainsi que des savoirs productifs et des institutions communautaires originales. La situation sur la rive sud est

---

16 Cette citation est extraite de la postface rédigée par Guillaume Benoit dans le cadre de l'ouvrage collectif coordonné par Geneviève Michon et Mohamed Berriane proposant une synthèse de l'ensemble des travaux du LMI MediTer (2011-2015), à paraître dans la seconde moitié de l'année 2016 (IRD éditions, avec le soutien de l'AUF).

donc assez différente de celle de la rive nord. Les populations agricoles et rurales restent souvent très nombreuses, notamment dans les arrière-pays du Maroc et les possibilités de migrer ou d'émigrer ne sont plus comparables à celles qui s'offraient aux ruraux de l'Europe méditerranéenne ou du Maghreb dans les années 1960. Les trajectoires d'évolution régionale montrent ainsi des différences, ancrées dans de multiples variations (passé colonial au Sud par exemple), mais aussi des convergences : décentralisation, chômage massif des jeunes, revendications identitaires et territoriales, changement global, etc.

La notion de dispositifs, telle que nous l'entendons, doit également être précisée. Au sens philosophique du terme, elle renvoie à un mode de gouvernance stratégique de l'action. « *Associé à la notion de qualification, on considère comme dispositif ce qui permet, ici à un produit ou un territoire, d'être valorisé, c'est-à-dire d'acquérir une valeur aux yeux des parties prenantes. Au sens contemporain du terme, les dispositifs en tant que producteurs de normes et de valeurs peuvent être considérés comme des instruments qui cherchent à promouvoir des pratiques partagées en vue d'atteindre un objectif plus ou moins bien identifié par les uns et les autres. Leur existence implique une pluralité d'acteurs et repose sur des procédures visant à définir des accords et à organiser des actions. Dans ce cadre, le produit ou le territoire deviennent des objets de gouvernement grâce aux dispositifs qui les qualifient (outils ou/et technologies de gouvernement qui articulent formes de savoirs, relations de pouvoir et processus de subjectivation)* » (Pinton et *al*., 2015).

Le recours à la notion de dispositifs renvoie à des opérations qui encadrent et réalisent la valorisation de produits et de territoires dans des contextes très diversifiés. Cette notion désigne l'ensemble des éléments mis en œuvre ou actionnés de façon intentionnelle (acteurs, discours, chaines de traduction, savoirs, outils) pour valoriser des produits et des territoires. Les dispositifs sont généralement entendus comme un agencement ou un réseau de relations, de pouvoirs, de savoirs et de techniques ayant vocation à guider la construction des choix collectifs à l'échelle du groupe social mobilisé et du territoire concerné.

2. Quelques enseignements issus des travaux passés et en cours du LMI *MediTer*

A travers l'étude des dynamiques actuelles dans les arrière-pays du sud de la Méditerranée, nous cherchons à comprendre ce que sont aujourd'hui les « marges » et comment la marginalité est définie et perçue par les différents acteurs. Nous analysons aussi comment l'intégration à l'économie marchande, qui vise à réduire cette marginalité en renforçant le rôle de l'État et du marché dans certaines zones, peut produire parfois de nouvelles marginalisations. Nous sommes partis de l'idée que la situation qui a longtemps pénalisé les économies et les territoires des arrière-pays peut, dans le contexte actuel, devenir un atout, et ce pour un certain nombre de raisons.

La marginalisation a permis de préserver des modes de production fondés sur des logiques d'internalisation des risques et des coûts environnementaux. Même fragilisés, ces systèmes productifs ouvrent encore des alternatives face aux incertitudes liées au renchérissement attendu des intrants et des énergies carbonées, aux craintes qu'inspire le changement climatique et aux menaces qui pèsent sur la sécurité alimentaire. La diversité et la typicité (des produits, des territoires, des espèces et variétés végétales ou animales, etc.), la flexibilité et la forte intégration entre relations productives, lieux et ressources, doivent aujourd'hui être redéployées, renforcées et revalorisées.

Les productions locales, notamment alimentaires, dans la mesure où leur spécificité tient à l'incorporation de valeurs aussi bien patrimoniales que nutritives et environnementales, répondent aux nouvelles attentes de certains consommateurs liées à la recherche d'authenticité, de qualité, de protection de l'environnement et de justice sociale (commerce équitable). Un point souvent négligé dans la mise en place des Indications géographiques (IG) au Sud ou lors de la construction de circuits courts est celui de la demande et des consommateurs : qui achète et consomme ce type de produits ? Où sont localisés ces consommateurs ? Quelle part de leurs dépenses peuvent-ils consacrer à une alimentation saine ? Les marchés, même globalisés, peuvent-ils faire de la place à toutes les IG déjà constituées au Nord et au Sud, et à celles en projet, dans un contexte de concurrence entre des territoires qui veulent être de plus en plus compétitifs et attractifs ? A priori, l'urbanisation[1] joue un rôle important

---

[1] « *Les consommateurs, aujourd'hui majoritairement urbains, ont en effet quelque part besoin de racines et ils apprécient la qualité du terroir - celle des produits de l'agriculture ou de l'artisanat, celle des recettes culinaires locales et celle des*

à ce niveau, avec l'essor d'une classe moyenne et éduquée, plus sensible à la qualité sanitaire[1] et à l'origine des aliments consommés. Parmi les facteurs qui impactent le mode de consommation, il y a aussi la transition démographique et les modifications de la structure familiale. Le développement de la consommation de produits qualifiés territorialement est donc lié à l'évolution sociale et démographique des territoires, aux préférences des consommateurs, au degré de confiance qu'ils accordent aux produits alimentaires de différentes filières, labellisées ou pas, et bien évidemment à leur pouvoir d'achat.

La mobilité des hommes (migration, tourisme, etc.), des marchandises et des idées, qui atteint un niveau jamais égalé, permet d'introduire des innovations (techniques, organisationnelles, sociales), ouvre à de nouvelles pratiques, initie de nouveaux modes de production et de nouveaux marchés pour les produits locaux. Les gouvernances territoriales sont en pleine évolution, avec une montée en puissance de formes variées de démocratie locale se traduisant par la prééminence des projets de développement dits « participatifs ». Ceux-ci sont soutenus par les interventions des pouvoirs publics et des bailleurs de fonds, l'émergence des acteurs associatifs, ou la création de nouvelles élites locales à travers le retour au village d'anciens migrants ou de jeunes diplômés. Enfin, la valorisation des spécificités des arrière-pays, considérées aujourd'hui comme des atouts, constitue sans doute l'un des seuls moyens pour les populations locales de pouvoir exprimer une

---

paysages, fruits de la nature comme des savoir-faire locaux -, du moins lorsque cette qualité est bien au rendez-vous. Et ils l'apprécient d'autant plus que la mondialisation/littoralisation tend à standardiser et affadir nos environnements et consommations. Le terroir est donc aussi un objet convoité ». Cette citation est extraite de la postface rédigée par Guillaume Benoit précédemment mentionnée.

[1] Au sein du LMI *MediTer* et suite aux travaux initiés à l'École nationale d'agriculture de Meknès en 2014, des études sont actuellement consacrées à la menthe au Maroc. Il s'agit d'un produit « symbolique », étroitement associé à la consommation de thé, intéressant pour tester la mise en place d'une filière nationale en agriculture raisonnée ou biologique. L'étude de la menthe et des relations de confiance entre consommateurs, commerçants et producteurs offre des pistes pour la filière des légumes et des fruits. Des agriculteurs de la région de Settat, proche de Casablanca, produisent pour l'export de la menthe certifiée biologique. De plus, la menthe ne représente pas un budget important pour les ménages marocains. La plupart des marocains sont informés des problèmes sanitaires que pose la consommation de menthe : utilisation excessive de produits phytosanitaires, présence de résidus, arrosage avec des eaux usées non traitées. Un projet « Pilier 2 » d'IG pour la menthe « *El Brouj* » est en cours, associé à la création d'une usine d'emballage de la menthe proche de Settat.

identité, des savoir-faire, une histoire sans pour autant remettre en cause de façon frontale leurs relations avec l'État par des revendications foncières ou politiques.

On constate donc un profond renouvellement des rapports entre arrière-pays et centres de développement proches ou lointains, entre sociétés rurales, acteurs privés et État. Un des points essentiels est « *de ne jamais oublier de prendre en compte l'influence de la société englobante sur les formes d'un développement territorial très localisé* » (IRAM, 2015, p. 42). L'hypothèse d'un développement « différent » révélant et valorisant des qualités spécifiques liées aux lieux, aux ressources, aux sociétés locales et à leur histoire implique de mieux cerner cette notion de spécificité locale à partir de l'analyse des processus d'émergence et de transmission de ressources territoriales ou patrimoniales, et d'évaluer les dispositifs qui valorisent ces nouvelles ressources. Quelles sont les conditions de la durabilité sociale, environnementale et économique de ces processus, leur robustesse face à des situations de crise ? La création de ressources territoriales et patrimoniales nouvelles contribue-t-elle à renforcer les identités claniques, tribales et communautaires [1] qui structurent aujourd'hui encore, dans une large mesure, les arrière-pays ? Ou bien, le processus participe-t-il à recomposer de nouvelles identités territoriales sous l'égide des institutions nationales et internationales ?

Au Maroc, l'avènement du « terroir » depuis le lancement du PMV et la multiplication des approches patrimoniales en même temps que marchandes qui lui sont liées, ont été bien renseignés lors des travaux de la première phase du LMI. Nos recherches ont produit une analyse critique sur la façon dont le terroir est mobilisé par la puissance publique pour réinvestir les territoires ruraux marginaux. Elles ont aussi mis en évidence l'appropriation de cette notion de « terroir » par les ruraux, dans leurs stratégies de compétitivité, et l'interdépendance étroite entre développement des produits de terroir et tourisme rural. Elles ont enfin montré comment la demande grandissante pour les spécificités des terroirs auprès des consommateurs urbains et des touristes pouvait reformater les spécificités locales et reconfigurer les relations entre rural

---

[1] La question est d'une brûlante actualité en Tunisie et en Libye où les révolutions de 2011 se sont accompagnées d'une résurgence assez explosive des identités communautaires et tribales, mais aussi au Maroc dans un contexte de réforme territoriale, avec la montée en puissance des questions liées au fédéralisme et aux identités amazighe et sahraouie. Cette question est aussi prégnante au Liban caractérisé par l'équilibre plus ou moins instable des identités confessionnelles.

et urbain. Le terroir a été introduit au Maroc (et aussi dans d'autres pays) par les politiques publiques et se qualifie surtout par ses produits et ses paysages, plus que par son ancrage socio-territorial ou historique. Le succès de ces politiques se traduit par une liste toujours plus longue de produits labellisés, l'émergence de filières dédiées, et la création de plusieurs centaines de coopératives, souvent féminines. Mais en matière de développement social ou de conservation des ressources bio-culturelles, objectifs affichés des politiques de terroir, les pouvoirs publics ont-ils réellement les moyens de leurs ambitions ?

Le Maroc, ces dernières années, s'est donc rapidement et fortement engagé dans la reconnaissance et la promotion de ses produits de terroirs. Il dispose dans ce domaine d'un exceptionnel potentiel de diversité et de qualité. Après avoir inscrit les stratégies de terroir dans ses politiques agricoles, le pays multiplie les projets liés aux terroirs avec une approche très centrée sur les filières (plantation d'oliviers, d'amandiers, de dattiers, élevage bovin, apiculture, huile d'argan, etc.), « en silo », insuffisante pour relever les défis d'un développement territorial inclusif et durable. « *De 2008 à 2011, la très grande majorité des projets Pilier 2 a été élaborée par les services de l'État. Par la suite, des collectifs d'agriculteurs ont proposé des projets, dont certains ont été acceptés. (...) Certains observateurs ont noté des progrès dans ce domaine ces dernières années, mais soulignent que les directions provinciales d'agriculture ne disposent pas des compétences et des ressources humaines suffisantes pour accompagner les collectifs d'agriculteurs ayant de faibles capacités dans la conception de projets de développement* » (Inter-Réseaux, 2016).

Ces nouvelles stratégies semblent en relative contradiction avec les politiques agricoles menées jusqu'alors qui privilégient le développement des exportations agricoles dans le cadre de la négociation d'accords de libre-échange, notamment avec l'Union européenne. Ces politiques sont aujourd'hui incarnées dans le « pilier 1 » du PMV qui reçoit la majorité des financements dans le but de développer la contractualisation (projets d'agrégation des petits producteurs) et l'agriculture d'entreprise. Des termes comme terroir[1] ou patrimoine

---

[1] « *Pour l'économiste, la fabrique du terroir, c'est l'historique de la formation d'externalités issues de l'hybridation des produits et des aménités liées à un lieu, à une histoire, à un patrimoine. (...) [Le terroir] rend compte d'une modalité originale de création de valeur dans un monde d'économie 'située'* » (Pecqueur, 2011).

viennent aujourd'hui qualifier positivement des lieux, des produits ou des objets longtemps négligés ou dénigrés par la puissance publique ou les acteurs eux-mêmes. Ils sont liés à un système de reconnaissance et de labellisation qui les investit de valeurs nouvelles en changeant leur statut et leur fonction. On peut constater une prolifération à la fois d'objets ainsi requalifiés, et de dénominations recouvrant peu ou prou les mêmes notions. Les problèmes soulevés également par la traduction des termes terroirs et patrimoine en anglais ou en arabe, sont, à ce titre, significatifs. Les projets « pilier 2 » portent ainsi sur des produits et des traits culturels jusqu'à présent considérés comme archaïques et concernent des sociétés encore peu au fait des potentialités qu'offrent les différentes formes de valorisation. Dans le domaine de la valorisation des spécificités locales plus encore que dans d'autres, les questions concernant les enjeux et les modalités de transfert des concepts, des outils d'analyse et des méthodes, ou des dispositifs de développement conçus au Nord se posent avec acuité. Une réflexion critique sur la construction « en train de se faire » est indispensable.

Que peut-il résulter de ce revirement dans l'action publique ? Les sociétés locales peuvent-elles s'approprier cette nouvelle vision et la décliner selon leurs besoins ? Ou bien ces dynamiques de terroir ne représentent-elles qu'une nouvelle tentative d'intégration des sociétés rurales à l'économie de marché, avec des répercussions socio-économiques et environnementales incertaines ? Ces questions intéressent directement tous les pays du Sud engagés dans le même genre de dynamiques, d'autant que le PMV est de plus en plus cité comme « modèle à suivre » en Afrique de l'Ouest, au prix de certaines adaptations aux contextes nationaux différents. Détenu à 95 % par l'État marocain, l'Office chérifien des phosphates (OCP) développe actuellement un plan ambitieux pour approvisionner les marchés africains en engrais (Inter-Réseaux, 2016).

Étonnamment, l'hypothèse fondée sur la valorisation des spécificités locales, à dimension circonscrite, est favorisée par des changements globaux : accroissement des mobilités, consommateurs tiraillés entre des aliments bon marché – du fait de la crise du pouvoir d'achat – et des préoccupations éthiques qui les attirent vers des achats de produits à contenu de sens (consommation responsable, commerce équitable, produits locaux…), instrumentalisation des terroirs par la grande distribution ou certaines entreprises. On constate souvent un glissement progressif vers des « produits de terroir » standardisés et parfois a-territoriaux, au moins dans une des phases de la valorisation. Ce glissement s'accompagne en général de la confiscation d'une grande partie du processus de valorisation au profit d'acteurs extérieurs (en aval de la filière), ou de la marginalisation des acteurs les plus vulnérables. Les produits de terroir peuvent ainsi servir de support à des stratégies marchandes qui suivent une logique capitaliste souvent fort éloignée de celle des producteurs locaux. L'exemple de l'huile d'argan est emblématique de cette dé-territorialisation liée à la valorisation. La mise en œuvre de l'IG « Huile d'argan » s'inscrit dans une démarche dissociative peu apte à prendre en considération les productions liées (huile et chevreau de l'arganeraie par exemple), ainsi que l'action structurante des trames cognitives sur les systèmes productifs locaux. La réputation de l'huile d'argan, en liaison étroite avec son ou ses terroirs, apparaît comme un patrimoine collectif qu'il faudrait transmettre intact aux générations futures et partager entre les différents acteurs du territoire. Reste à savoir qui sont les véritables détenteurs et les bénéficiaires de ce patrimoine (Linck & Romagny, 2011).

L'IG « Huile d'argan », attribuée fin 2009 à l'Association marocaine de l'indication géographique de l'huile d'argane (AMIGHA), visait en premier lieu la protection de ce produit phare de la politique marocaine en matière de terroirs vis-à-vis des fraudes et des contrefaçons, notamment sur les marchés internationaux les plus rémunérateurs. Un second objectif ambitionnait un meilleur partage de la valeur ajoutée créée par l'essor commercial fulgurant de cette filière, au profit des acteurs locaux et notamment des ayants droit de l'arganeraie. Ces derniers, au titre d'une législation datant de 1927, bénéficient du monopole de la collecte des noix de l'arganier et donc de leur mise en marché. Pourtant, ils ne sont représentés dans les arènes de l'argan que depuis quelques années, avec la création de la Fédération interprofessionnelle marocaine de l'argane (FIMARGANE) en 2011 au sein de laquelle ils disposent d'un collège. Le cahier des charges de cette IG ne met pas particulièrement en avant les savoirs locaux liés à la production de l'huile et encore moins ceux liés à l'arganier, reconnus par l'UNESCO en 2014.

Aujourd'hui, les unités modernes de production d'huile d'argan, de statut coopératif ou privées, n'ont conservé qu'une des étapes du mode traditionnel de fabrication, nécessitant un savoir-faire réduit à sa plus simple expression : le concassage manuel des noix d'argan et le tri des amandons par les femmes. Toutes les autres opérations ont été mécanisées. Les avantages de cette mécanisation sont nombreux : amélioration des rendements, des volumes produits, de la qualité (en réponse aux standards de l'exportation), diminution de la pénibilité du travail des femmes (même si le concassage reste une des étapes les plus laborieuses), etc. L'image de la production mécanisée est mise en avant comme garante de l'hygiène, de la conservation et de la « pureté » du produit, particulièrement pour l'huile cosmétique (Simenel et *al*., 2014). Le processus mécanique mis en place s'avère certes plus efficace, mais les femmes de l'arganeraie n'y jouent qu'un rôle ingrat qui sollicite bien peu leurs savoir-faire, écartés au profit de nouvelles connaissances techniques et managériales détenues par d'autres personnes comme certaines gérantes des coopératives. La concurrence entre producteurs d'huile au sein de la filière se traduit par une volonté de minimiser les coûts de production, en particulier celui de la main d'œuvre féminine utilisée pour le concassage des noix.

Entre les premiers projets de coopératives qui ont démarré à la fin des années 1990, dont l'objectif était d'assurer l'*empowerment* des femmes à partir d'une transformation localisée des noix d'argan, respectueuse de la forêt et des savoirs locaux, et l'omniprésence actuelle des producteurs privés, de profonds changements ont eu lieu. Ceux-ci se sont traduits par la transformation d'une huile originellement polyvalente, expression de l'histoire séculaire des communautés berbères et de leurs relations à l'environnement, en un produit standardisé (l'huile cosmétique) issu d'un *process* industriel uniforme à l'échelle de l'ensemble de l'arganeraie, déconnecté des territoires et des terroirs locaux, des sphères familiales et communautaires. La mécanisation des coopératives de production d'huile d'argan et surtout l'arrivée des transformateurs industriels ont conduit à la mise en place d'un marché des noix d'argan et des amandons dans lequel les liens aux terroirs de l'arganeraie, ainsi qu'aux connaissances locales sur les qualités des différentes variétés et provenances, s'estompent progressivement.

Le projet « Approche d'économie circulaire pour la conservation de l'agro-biodiversité dans la région du Souss Massa » (sud-ouest du Maroc) s'inscrit dans le cadre de la coopération entre le Royaume et le Programme des nations unies pour le développement (PNUD). Prévu pour durer cinq ans, il a été initié en juin 2014 à travers un partenariat regroupant de multiples acteurs dont l'Agence pour le développement agricole (ADA), l'Agence nationale pour le développement des zones oasiennes et de l'arganier (ANDZOA), le Fonds pour l'environnement mondial (FEM) ainsi que d'autres partenaires institutionnels au niveau régional et national. L'objectif à long terme de ce projet est d'introduire un système du type « Paiement pour les services écosystémiques » (PSE) en tant que mécanisme innovant permettant d'inverser la dégradation de l'écosystème arganier. Cela sous-entend d'abandonner les pratiques d'occupation et d'exploitation des écosystèmes causant leur dégradation et donc de généraliser les « bonnes pratiques ». Cette optique de préservation est associée avec la valorisation, via les systèmes de labellisation et de commercialisation, de deux produits emblématiques issus de cet écosystème : l'huile d'argan et le miel. Dans ce contexte, les PSE sont perçus comme un levier de développement rural, durable au sens où ils permettraient de mettre en avant le pilier environnemental en plus des aspects sociaux et économiques.

A ce stade des réflexions, plusieurs types de PSE ont été identifiés : (i) bonnes pratiques de gestion de l'arganier, (ii) bonnes pratiques de gestion des plantes aromatiques et médicinales (PAM), (iii) plantation d'arbres fruitiers et entretien des terrasses, (iv) préservation du paysage. Ainsi, par exemple, le PSE « bonnes pratiques de gestion de l'arganier » vise à préserver l'ensemble des services écosystémiques fournis par ces formations forestières endémiques. Les « bonnes pratiques » envisagées sont le système d'*agdal* (mise en défens périodique de certaines zones d'arganiers) et les petits aménagements traditionnels permettant une meilleure infiltration de l'eau à proximité des arganiers. Les fournisseurs des services écosystémiques sont les ayants droit des arganiers. Les pratiques détaillées dans le cahier des charges, considérées comme des services intermédiaires, contribuent à la régénération des arganiers, à l'amélioration de l'infiltration de l'eau pluviale et à la réduction de l'érosion des sols. Les services écosystémiques qui en découlent *in fine* sont la production de fruits (amandons) et de fourrage, la réduction du risque d'inondation et l'amélioration de l'irrigation en aval. Le maintien d'un peuplement d'arganiers contribue également à la valeur esthétique et spirituelle du territoire.

Les conditions de réussite de ces PSE doivent être étudiées avec précaution. Outre la nécessité d'un montage clair, d'une collaboration et d'une confiance solide entre les acteurs impliqués, certains éléments doivent pris en compte. Les promoteurs du projet ont identifié différents risques au niveau de la mise en œuvre des PSE dans l'arganeraie. Si l'on reprend le cas du PSE « bonnes pratiques de gestion de l'arganier », les risques envisagés concernent le manque d'intérêt des ayants droit pour la pratique de l'*agdal* dans un contexte de forte concurrence autour des produits de l'arganier, ou encore la remise en cause de l'*agdal* liée à la pression des troupeaux transhumants qui encourage les ayant droit à pratiquer le gaulage pour récupérer les fruits avant le passage des troupeaux.

Selon Jeanne Chiche[1], la définition des « bonnes pratiques » dans l'arganeraie nécessite au préalable que les responsables des politiques territoriales et environnementales de la région arbitrent entre différentes options : intensification de l'exploitation des arbres (voire des terres) pour la production d'huile, contrôle du pâturage et de la circulation pastorale, valorisation paysagère et touristique, pure protection de la nature. Les groupes économiques et sociaux, tout comme les acteurs institutionnels ayant des intérêts dans l'arganeraie se sont multipliés avec l'intensification de l'émigration, la constitution de la réserve de biosphère de l'arganeraie (créée en 1998) et l'essor de la filière de l'huile d'argan à partir des années 2000. S'il advient un jour une « crise de l'argan », les industriels n'auront pas de mal à se retourner vers le jojoba, le karité, l'huile de pépin de figuiers de barbarie, ou tout autre substance « naturelle » utilisée comme argument de vente. On pourrait donc considérer, de façon un peu provocante, que c'est l'évolution du marché des cosmétiques et des paysages qui orientera les négociations sur les PSE dans l'arganeraie.

Jeanne Chiche fait l'hypothèse que pour les ayants droit, l'arganeraie n'a pas de véritable valeur écologique ou économique, voire patrimoniale, mais une simple valeur d'opportunité. Dans les faits, les ayant droit proposent que les paiements leur reviennent pour qu'ils puissent engager des ouvriers et des gardiens qui travailleraient à l'entretien de la forêt. Si les occupants d'un lieu sont rémunérés par une tierce partie ayant un souci pour l'avenir de la planète, pas forcément en adéquation avec les stratégies des acteurs locaux, sont ils des bénéficiaires ou de simples exécutants ? Un risque important demeure, qui n'est pas vraiment pris en compte dans les études, celui de voir les conflits fonciers s'aggraver dans l'arganeraie. En effet, la diffusion de l'existence d'un système de type PSE, se traduisant par l'attribution de subventions à des bonnes pratiques, est susceptible de provoquer des réclamations de la part d'acteurs urbains qui se sont détournés de l'arganeraie, et qui redeviendraient soucieux de revendiquer leurs droits indéfectibles et ancestraux sur ces terres et leurs arbres au nom de liens historiques et/ou tribaux. Au final, la gestion des arbres et des sols de l'arganeraie sur la base de relations contractuelles semble très complexe en raison du statut des parties concernées qui ne disposent pas de

[1] Cf. sa présentation lors de l'atelier de Marrakech, http://www.medinnlocal.net/

véritables droits de propriété complets sur les ressources foncières et forestières.

Conclusion

Nous sommes confrontés à une forte hétérogénéité des trajectoires de développement des territoires ruraux. Les divergences entre territoires seraient finalement beaucoup plus importantes que les divergences entre pays. « *Ce constat interroge sur la définition des politiques et la réplicabilité des actions mises en œuvre. Ainsi, même si tous les éléments responsables du succès d'un territoire sont repris, la réplication dans un autre territoire ne donnera pas le même résultat, ou ne sera pas un succès* »[2]. P.-A. Landel (2011) s'interroge aussi sur les conditions de la transposabilité du modèle de « projet de territoire », qui confère aux acteurs, selon leurs aptitudes, la capacité de développer des solutions qui leur sont propres. Ici, c'est l'autonomie territoriale qui est visée à travers trois entrées : les capacités humaines, les ressources financières et les aptitudes organisationnelles mobilisables au niveau des territoires. Or, c'est justement cette autonomie territoriale qui fait défaut dans les pays du Maghreb. Certes la déconcentration des services de l'État est bien avancée en termes de transfert des compétences de l'administration centrale vers des échelles locales ou régionales subordonnée. Mais dans ces pays, la décentralisation, entendue comme un transfert de compétences et de moyens (financiers, humains, techniques ; etc.) vers des collectivités locales dotée d'une certaine forme d'autonomie reste inachevée. La régionalisation, conçue comme un transfert de compétences à un échelon intermédiaire entre l'État et les municipalités, est plus avancée au Maroc que dans d'autres pays du Maghreb, comme la Tunisie par exemple qui rattrape actuellement son retard dans ce domaine.

En guise de conclusion, nous évoquerons quelques points saillants abordés lors du séminaire de Marrakech sur les dispositifs de valorisation. A partir d'un ensemble de résultats micro-situationnels, peut-on dégager une combinaison de traits spécifiques ou un ensemble d'enseignements fondamentaux caractérisant les dispositifs de valorisation des arrière-pays méditerranéens et de leurs spécificités ? Quelles sont les conditions pour que la révélation et l'exploitation de

---

2 Lecture de la journée IRAM par Denis Requier-Desjardins en tant que « grand témoin » (IRAM, 2015).

nouvelles ressources territoriales constituent un levier de développement à la fois économique, social et identitaire ?

Dans le cadre du séminaire de Marrakech, les dispositifs étudiés comprennent les labellisations liées à l'origine et à la qualité, les formes de tourisme alternatif au « tout balnéaire », le développement de filières de produits spécifiques comme les produits « de terroir », « de parcs », l'artisanat (tapis...), les produits naturels basés sur des savoirs locaux (plantes aromatiques et médicinales, miel). On constate une grande diversité de dispositifs analysés : labels (IG, bio, équitable), règlements internes (auto-certification), événements (foires…), réseaux d'acteurs, partage de pratiques, chartes informelles. Il s'agissait d'en proposer une lecture analytique en trois étapes : trajectoires, modalités de mise en œuvre, acteurs clés. Cette caractérisation était couplée à une réflexion sur les retombées de ces dispositifs en termes de développement local (ou durable). Quels impacts des dispositifs de valorisation sur la gestion de la ressource, la traçabilité, la production de valeur économique, la lutte contre la pauvreté, l'exclusion et les inégalités, l'innovation sociale, l'ancrage territorial et/ou identitaire ? Quelle robustesse des dispositifs ? Nous avons cherché à comprendre comment la valorisation consolidait ou affaiblissait les liens entre les éléments valorisés et leur terroir-support. Nous avons aussi tenté d'analyser l'effet de cette valorisation marchande sur la conservation de la biodiversité, des savoirs et des ressources à l'origine des produits (Boisvert & Caron, 2010).

D'après une première synthèse produite par Nicolas Senil, un dispositif de valorisation cherche à résoudre un problème (défense de producteurs, menace sur les ressources, accroissement de la valeur, de la maitrise, etc.) et apparait comme un système de démarches convergentes comme on l'a vu dans le cas de l'arganeraie (coopératives féminines, réserve de biosphère, IG « Huile d'argan », inscription au patrimoine immatériel, projet de PSE en cours…). Un dispositif associe une diversité d'acteurs (producteurs, consommateurs, scientifiques, politiques) et travaille l'appropriation. Il construit une communauté qui met en lien les producteurs de la démarche et les usagers. Des difficultés récurrentes apparaissent : la conciliation au sein d'un même dispositif de différentes logiques, les risques de récupération et d'essoufflement des dispositifs, etc.

Références bibliographiques

Aderghal M., Berriane M., Iraki A., Laouina A., 2013. Projet de territoire, territoire de projet. Synthèse des travaux d'un colloque international. Revue *GéoDév.ma* [En ligne], Vol. 1

http://revues.imist.ma/?journal=GeoDev&page=article&op=view&path%5B%5D=616

Benoit G., Comeau A. (dir.), 2005. *Méditerranée. Les perspectives du Plan Bleu sur l'environnement et le développement*. Éditions de l'Aube, Plan Bleu.

Boisvert V., 2013. Marchandisation ou patrimonialisation ? L'économie de la biodiversité en perspective. In : Juhé-Beaulaton D. Cormier-Salem M.-C. de Robert P. Roussel B. (dir.), *Effervescence patrimoniale au Sud, entre nature et société*. Marseille, IRD Éditions, coll. « Latitudes 23 », p. 27-54.

Boisvert V., Caron A., 2010. La conservation de la biodiversité : un nouvel argument de différenciation des produits et de leur territoire d'origine. *Géographie, économie, société*, 2010/3, Vol 12 : 307-328.

Campagne P., Pecqueur B., 2012. *Processus d'émergence des territoires ruraux dans les pays méditerranéens. Analyse comparée entre 10 pays du Nord, du Sud et de l'Est méditerranéens,* Montpellier CIHEAM, Options méditerranéennes, série B- n° 2.

Conseil général du développement agricole (CGDA), 2009. *Pilier II du Plan Maroc Vert : de la stratégie à l'action. Le développement solidaire et durable de la petite agriculture prenant en compte les spécificités de la montagne et des oasis*. Document de synthèse.

CIHEAM, 2008. *Méditerra 2008, Les futurs agricoles et alimentaires en Méditerranée*. Rapport annuel du CIHEAM, Les Presses de Sciences-Po.

Collectif CIRAD-INRA, 2009. *Agricultures et alimentations du monde en 2035 et 2050. Étude « Agrimonde »*.

Hervieu B., Thibault H.-L. (dir.), 2009. *Méditerra 2009. Repenser le développement rural en Méditerranée*. Rapport annuel du CIHEAM, Plan Bleu. Les Presses de Sciences-Po.

Inter-réseaux Développement rural, SOS Faim Belgique, 2016. Plan Maroc Vert : les grands principes et avancées de la stratégie agricole marocaine. *Bulletin de synthèse souveraineté alimentaire*, n° 20, mai 2016.

http://1io5.mj.am/link/3r04/yuhpzp0/a7/dXc8dY7lD1wbdo9TAKKtOg/aHR0cDovL2ludGVyLXJlc2VhdXgub3JnL0lNRy9wZGYvYmRzX25vMjBfcGxhbl9tYXJvY192ZXJ0LnBkZg

IRAM, 2015. *Développement économique des territoires et développement des filières : comment renouveler les approches et outils d'analyse d'intervention au Sud ?* Journées d'études IRAM, Paris, juin 2015, www.iram-fr.org/pdf-publications/700.pdf.

Landel P.-A., 2011. L'exportation du « développement territorial » vers le Maghreb : du transfert à la capitalisation des expériences. *L'information géographique*, 2011/4, vol. 75 : 39-57. DOI : 10.3917/lig.754.0039.

Landel P.-A ., Senil N., 2009. Patrimoine et territoire, les nouvelles ressources du développement, *Développement durable et territoires* [En ligne], Dossier 12: Identités, patrimoines collectifs et développement soutenable.http://developpementdurable.revues.org/7563

Lazarev G., 2009. *La gouvernance territoriale et ses enjeux pour la gestion des ressources naturelles. Des approches novatrices pour lutter contre la désertification et la dégradation des terres et des eaux.* Secrétariat de la Convention des Nations Unies pour la Lutte contre la Désertification (UNCCD). Désertification, dégradation des terres et sécheresse, document thématique n°3. http://www.unccd.int/Lists/SiteDocumentLibrary/Publications/dldd3_web.pdf

Linck T., Romagny B., 2011. Les pièges de la patrimonialisation. Les qualifications de l'origine et l'adaptation au changement global. In : Dahou T., Elloumi M., Molle F., Gassab M., Romagny B. (dir.), *Pouvoirs, sociétés et nature au Sud de la Méditerranée*. Paris, INRAT-IRD-Karthala, p. 235-264.

Pecqueur B., 2011. Les terroirs constituent-ils un objet économique ? In Delfosse C. (dir.), *La mode du terroir et les produits alimentaires*. Les Indes savantes, coll. « Mondes ruraux contemporains », p. 59-71.

Pecqueur B., 2001. Qualité et développement territorial : l'hypothèse du panier de biens et de services territorialisés. *Économie rurale*, n° 261 : 37-49.

Pinton F., Romagny B., Senil N., J.-M. Sorba, S. Boujrouf, 2015. Note de cadrage du séminaire « *Les dispositifs de valorisation des produits et des territoires : identification et trajectoires* », organisé à Marrakech (11-12 novembre 2015) dans le cadre du programme ANR « Med-Inn-Local ».

Rosa H., 2010. *Accélération, une critique sociale du temps*. Éditions La Découverte, coll. « Théorie critique », éditions Suhrkamp Verlag, 1e éd., 2005.

Royaume du Maroc, Haut Commissariat au Plan, 2009. *Prospective Maroc 2030. « Agriculture 2030 », quels avenirs pour le Maroc ?*.

Simenel R., Romagny B., Auclair L., 2014. « Les femmes berbères gardiennes des secrets de l'arganier » : le détournement des pratiques locales. In : Guetat-Bernard H., Saussey M. (eds. sci.), *Genre et savoirs. Pratiques et innovations rurales au Sud. Marseille*, IRD Éditions, coll. « A travers champs », p. 179-200.

Annexe

Un témoignage : dix points de réflexion sur l'atelier de Marrakech (novembre 2015) proposés par Paule Moustier, directrice de l'UMR MOISA.

1. Qu'est-ce qui donne de la valeur à un territoire ou à un produit ?

La justification politique est de contribuer au développement économique de territoires marginalisés, en lien avec le deuxième pilier de la politique agricole marocaine. Cette valorisation se fait en s'appuyant sur des ressources territoriales qui peuvent intéresser des consommateurs ou des touristes, par exemple des savoir-faire particuliers. Une meilleure insertion au marché de produits de terroir crée de la valeur et des revenus, c'est le cas emblématique de l'huile d'argan au Maroc, du guarana en Amazonie ou des simples en France. Cette insertion favorise la visibilité et la reconnaissance de ressources territoriales. Mais elle fait courir le risque d'une domination de logiques de court-terme, caractéristiques des logiques marchandes, qui peuvent déstructurer les logiques communautaires à l'origine de la ressource.

2. Quel est le lien entre la valorisation marchande et la préservation des ressources naturelles ?

Il n'y a pas forcément opposition si les cahiers des charges intègrent des spécifications relatives à la préservation des ressources naturelles ou de la biodiversité. C'est plutôt une tension entre les deux objectifs qui doit être prise en compte par les acteurs politiques, avec des compromis possibles. Les paiements pour service environnementaux sont aussi une tentative de combinaison entre logiques marchandes et logiques de long terme, mais ils posent des questions très complexes.

3. Il existe des dynamiques d'exclusion par rapport à la rente territoriale à l'intérieur du territoire.

Au sein de territoires marginalisés, des acteurs sont particulièrement fragiles, car ils manquent de ressources territoriales. C'est le cas des transhumants dans l'arganier ou des femmes de manière assez générale. Les savoir-faire sont des ressources territoriales plus faciles à partager que des ressources forestières, parce que moins ancrés territorialement. L'exclusion de certains acteurs de l'usage ou de la valorisation de la ressource peut être justifiée, en particulier pour limiter les comportements opportunistes, et la surexploitation des ressources. Mais les règles d'exclusion doivent être légitimées. La question des sanctions est la plus délicate car la sanction peut mettre en cause la cohésion, elle demande un certain courage. Ces questions ont été abordées en utilisant le cadre de l'action collective d'Elinor Ostrom et les dispositifs de valorisation des produits locaux en Languedoc Roussillon. Il est important que les règles communes intègrent des modes de résolution des conflits. La marchandisation peut aussi exclure les résidents de l'accès libre à des espaces naturels (cas des cascades dans un parc régional). La typologie des biens en économie est éclairante sur les questions d'exclusion : ainsi les biens communs sont caractérisés par la rivalité des usages mais la difficulté à exclure, pouvant conduire à des cas de « tragédies des communs » qui peuvent être évités par des règles d'accès si elles sont considérées comme légitimes par la communauté. Les biens de club, auxquels on peut assimiler les IG, sont caractérisés par la non rivalité (plus il y a de membres, mieux c'est), mais par une exclusion possible[3].

4. Le séminaire a illustré ce qui crée la rente de qualité territoriale, en termes de combinaison de biens et services.

Les activités territoriales doivent exprimer l'identité propre du territoire, partagée par les acteurs, reconnue et qualifiée par les consommateurs. Les ressources territoriales peuvent être latentes et activées par un facilitateur qui mobilise des processus d'action collective. Le patrimoine cognitif (incluant les savoir-faire) peut plus facilement inclure les consommateurs et les touristes que le patrimoine ancré territorialement comme les forêts.

5. Conserver par le développement ou développer par la conservation ?

La conservation des savoir-faire peut passer par leur standardisation, au risque que la valeur ajoutée soit captée par des acteurs extérieurs. La standardisation permet la diffusion plutôt que la protection. La protection peut être mieux assurée par le maintien d'une variété de processus qui s'adaptent à l'évolution de l'environnement. Les musées ont un rôle dans la capitalisation des savoirs, comme l'illustre la maquette d'une *Khettara*, système hydraulique marocain ancien, exposée au MUCEM à Marseille. De même, il existe une tension entre la rigueur mais aussi le coût d'un contrôle de qualité externe coûteux, sur la base de critères de standardisation précis, relativement à de l'auto-certification. Il est

---

3 Denis Requier-Desjardins, 2011. Systèmes agroalimentaires localisés et qualification : une relation complexe, http://nmd.ufsc.br/files/2011/05/Requiers_Desjardins_Systemes_agroalimentaires_localises_et_qualification.pdf

important d'avoir des dispositifs territoriaux articulés à des dispositifs nationaux pour la formation technique relative aux savoir-faire territoriaux, qui peuvent s'appuyer sur des savoirs scientifiques. Ainsi, la professionnalisation est une étape préalable à la qualification (exemple de la qualification des miels en Corse et au Maroc). Dans le cas de la mise en œuvre du « pilier 2 » du PMV, en particulier sur les IG, il semble qu'une approche techniciste ait été adoptée, avec une prise en compte insuffisante des savoirs locaux. Les autorités ont aussi des difficultés à trouver des « agrégateurs » représentant les communautés locales.

6. Une typologie des dispositifs de valorisation a été proposée par Pierre-Antoine Landel. Les cas exposés dans l'atelier ont fait ressortir les variables suivantes :

- le type de biens/services ou le panier concerné par la rente territoriale (par exemple, la combinaison produits/tourisme) ;
- la combinaison d'objectifs marchands et de protection de l'environnement ;
- le degré de standardisation et de généricité, en lien avec la portée locale, régionale ou mondiale ;
- le lien avec une communauté soudée par des logiques patrimoniales.

7. Il n'y a pas adéquation totale entre logiques territoriales et logiques de qualification

Le territoire n'est pas le seul mode de valorisation ou de qualification. De nombreux acteurs, comme les transhumants, n'ont pas de logique territoriale, et s'appuient sur la mobilité et la multi-activité. Inversement, l'exemple des géoparcs montre qu'il peut y avoir valorisation territoriale sans qualité particulière (au sens de la satisfaction des utilisateurs). Ce point bien sûr peut ouvrir à débat : il me semble qu'il peut y avoir qualification sans qualité, mais les participants ont peut-être des définitions différentes de ces termes. J'associerai pour ma part volontiers trois caractéristiques à ce qui fait la qualité : les savoir et savoir-faire ; l'effort en termes de travail, en lien avec la notion de convention d'effort de Pierre-Yves Gomez[4] ; le contrôle de la qualité. L'ancrage territorial peut être temporaire, il n'est pas forcément terrien. Il existe des passeurs entre territoires. Jean-Michel Sorba a utilisé le magnifique terme de « contraction éphémère des réseaux » pour qualifier les foires.

Enfin, je suggère trois pistes de recherche à approfondir :

---

4 Pierre-Yves Gomez, 1994. *Qualité et théorie des conventions*, Economica.

8. Les indicateurs d'impact économiques, incluant les trajectoires et le niveau de stabilité des revenus. Des indicateurs sont plus difficilement mesurables, comme l'impact social (inclusion d'acteurs défavorisés), ou la dignité des populations concernées.

9. L'analyse des conflits : l'analyse de la genèse, du déroulement et du mode de résolution des conflits est révélatrice des jeux de pouvoir. Les conflits entre les transhumants et les sédentaires ont été évoqués.

10. La vision prospective partagée de l'avenir souhaitable des territoires. Ce type d'exercice peut renforcer les convergences. Mais il ne faut éluder ni les tensions ni les compromis possibles. Dans le cas des géoparcs, il a été mentionné que des acteurs se posent en monteurs de projet de territoire sans forcément bien connaître les territoires concernés.

Synthèse des débats et clôture du colloque

Luc Descroix[5]

Les zones littorales d'Afrique de l'Ouest affrontent, comme toutes les régions côtières de la planète, une pression sur l'espace, les ressources et leurs usages, bien plus forte que les arrière-pays, du fait de leur attractivité naturelle, de la mondialisation et de l'accélération conséquente des échange maritimes, et de l'exacerbation du rôle de la côte comme interface ; cet interface est, partout, fragilisé par l'élévation du niveau océanique. Mais en Afrique de l'Ouest, d'autres dynamiques liées aux changements climatiques accentuent cette fragilisation, tels que le régime des vents et la cyclogenèse. Comme pour de nombreux littoraux, cette dynamique est souvent accélérée par l'impact des actions humaines, des politiques publiques ou de l'évolution spontanée de territoires de plus en plus peuplés et anthropisés.

On retiendra du colloque de Saint Louis « ***Sciences Participatives et Gouvernance des Patrimoines et Territoires des Deltas*** » de multiples enseignements et avancées, des illustrations et propositions de méthodes nouvelles, de commentaires sur méthodes et résultats des expériences menées un peu partout sur les littoraux de la planète. Mais on peut mettre en avant *a minima* trois tendances lourdes :

- le première est celle contenue dans le titre de la conférence introductive, c'est l'injonction du participatif, injonction « spontanée », surgie des erreurs et errements du passé ; la démarche de « bottom up » est de plus en plus suggérée, voire contrainte, dans les processus de prise de décision et leurs antécédents informatifs nécessaires ;

- la seconde tendance de fond est celle de l'irruption constante du problème foncier, celui-ci également exacerbé par le fait littoral, la recherche de cet interface générateur d'activités et riche en ressources naturelles et facile d'accès : concurrence pour les usages, les espaces, les ressources, entre activités de production primaire, les transformations, le tourisme, la préservation indispensable d'écosystèmes riches, etc.

- la troisième, déjà évoquée, est la menace sous-jacente du « conflit du trait de côte », à savoir la fragilité du littoral, en lien avec les tendances

[5] IRD, LMI PATEO, UMR PALOC IRD/MNHN/Sorbonne Universités.

lourdes de l'élévation du niveau océanique et autres modifications climatiques, qui ont un impact important sur cette région où la plaine côtière et les estuaires s'étendent en profondeur dans le continent.

La question du foncier n'a pas été traitée en tant que telle dans le colloque mais elle était sous-jacente à un grand nombre d'exposés, comme contrainte ou comme variable explicative de conflits… Ce problème est aggravé par la densité forte de la population et sa croissance plus forte qu'ailleurs. Elle introduit un débat passionnant en SHS comme en sciences de l'environnement sur le statut des communs, puisque la plupart des pays d'Afrique subsaharienne ont un régime de tenure qui est fondé sur un « domaine national ». On peut souvent parler de « bien commun » perçu et géré comme tel, dans les nombreux cas de gestion vertueuse et durable des ressources halieutiques (dans le Saloum ? à Mangagoulak ? en Casamance) ou forestière (Bandjikaki dans le Diouloulou ? les Kalounayes ?) ; mais aussi parfois de « tragédie commune » quand domine une absence de prise de conscience et de partage de ce qui est commun, comme pour certaines forêts classées ou non des zones littorales, rayées de la carte ces dernières années, sans parler des forêts continentales dont les bois précieux sont décimés, puis exportés frauduleusement par la Gambie.

Le Domaine National constitue une aubaine pour préparer l'Observatoire du Littoral en gestation au Sénégal, même s'il peut être perçu comme une contrainte au développement.

Ce qu'il faut retenir du colloque

Ces trois éléments ne sont que des tendances observées durant ce colloque. Le point primordial, bien développé par ***Marie-Christine Cormier Salem***, est l'intérêt grandissant pour la démarche participative ; même si elle paraît plus qu'évidente de nos jours, plus que logique, et qu'elle est aussi devenue naturelle à la suite des erreurs du passé, on comprend bien le succès lié aux motivations normative, instrumentale, heuristique, de cette démarche qui procède de mouvements convergents et d'un « retour au local » et de l'incertitude scientifique, des dénonciations des injustices environnementales.

Que retenir de la session 1 « Dynamique bioécologique, environnementale et sociale des deltas » ?

La tendance est pour l'heure à l'apaisement dans les conflits géopolitiques qui ont marqué les régions sud (Casamance et Guinée-Bissau) comme les régions nord (Sénégal et Mauritanie) ces dernières décennies ; des conflits endormis tels que le conflit casamançais, un des plus longs du continent , l'instabilité en Guinée-Bissau, des deux côtés de la frontière comme en Gambie, les risques liés à l'exploitation du zircon, aux velléités d'exploitation du pétrole off-shore, pourraient créer des tensions dans les prochaines années, certes. Mais partout, si les deltas sont zones de rencontres, ils peuvent être zones de conflits, comme l'enseignent trop bien les recherches menées par la JEAI KENWEB. Les tensions sur l'espace et les ressources et leurs usages dans le delta de la Tana sont extrêmes et conduisent à des violences meurtrières (figure 1).

MASSACRE | Rival ethnic groups have a long history of clashes over access to water and fertile lands of the Tana Delta

Blood and tears as 48 villagers killed

State accused of laxity and reluctance to stop attacks after four people were killed and more than 100 houses razed last week

BY NATION TEAM

Figure 1 : coupure de presse relatant des violences intervenues dans le Delta du Tana

Eviter ou amoindrir les conflits passe souvent par l'adoption de méthodes de gestion acceptées de tous, plus aisées à imaginer dans une démarche participative ou tout du moins de « bottom-up ». L'intérêt de la méthode DPSIR (*EH Touré et al.*) est exposé, telle qu'elle peut être appliquée positivement sur la pêche artisanale. Le tableau ci-dessous

DRIVERS. Artificialisation du bassin et la demande en poisson.
PRESSURES. Dynamique des engins de pêche utilisés pour exploiter les écosystèmes.
STATE. Changements dans la composition physico-chimique et biologique de l'eau.
IMPACTS. Les captures par engin de pêche.
RESPONSES. Tactiques et stratégies développées par les pêcheurs pour mieux s'adapter aux changements

fournit les paramètres utilisés pour appliquer cette méthode dans le Delta du Sénégal.

Parfois, une contrainte sur la rive d'un fleuve peut aussi devenir une opportunité, voire une ressource sur la rive opposée ; ainsi du ***Typha australis*** (*Konaté et al.*), cette plante d'eau douce qui a envahi les bras et défluviations du fleuve Sénégal suite à la fermeture du barrage de Diama dans le cours aval du fleuve, fermant le haut estuaire aux remontées de l'eau de mer. Côté sénégalais, on continue à privilégier les essais d'éradication de cette plante, tandis que la Mauritanie, privée de biomasse ligneuse par la disparition de ses dernières forêts, tente d'en tirer des bio-charbons capables de remplacer cette source d'énergie, indispensable dans les pays du Sahel.

Figure 2. Des chercheurs mesurent des typhas dans le cadre d'une étude destinée à déterminer les méthodes d'exploitation les plus productives (Konaté et al.)

C'est aussi dans le Delta du fleuve Sénégal qu'un exemple de démarche participative est décortiqué par ***Dominique Sène***. Cette auteur nous a montré comment « *la souplesse et l'efficacité de ces modes d'intervention participatifs* » jointes « *aux dynamiques paysannes locales d'autopromotion, posent les jalons de ce qu'on peut appeler le*

« co-développement rural » dans la filière hydro-agricole au niveau du delta, à partir de *« la technique documentaire, de l'observation et d'entretiens individuels avec des paysans, des responsables paysans ainsi que des agents des institutions d'appui au développement agricole intervenant à Pont-Gendarme »*, un village du haut delta.

A l'embouchure du grand fleuve se trouve la ville de Saint Louis, dont les quartiers d'architecture coloniale de l'île éponyme ont été classés au patrimoine mondial par l'UNESCO. L'ouverture de la brèche dans la Langue de Barbarie, qui a épargné à un bon tiers de la population de la ville sa plus grave inondation, en octobre 2003, montre à la fois le poids et les conséquences potentielles des politiques publiques, mais avant tout, démontre l'extrême vulnérabilité d'un site urbain d'estuaire sans relief face à l'élévation du niveau de la mer et ce, malgré le contrôle que devait apporter la construction des barrages sur le fleuve. ***Fatoumata Sall*** **et** ***Adrien Coly*** démontrent qu'une urbanisation peut se faire dans des zones humides très inondables malgré le surcroît énorme de vulnérabilité que cela représente : deux dynamiques, l'une urbaine et démographique, l'autre globale, environnementale et hydrologique, s'affrontent dans un espace vaste mais extrêmement plat, à quelques centimètres d'altitude, parfois même à quelques centimètres sous le niveau océanique.... Malgré *« une prise en compte encore insuffisante de la biodiversité dans la gestion urbaine »*, ***Sall et Coly*** proposent comme éléments de gouvernance une implémentation des processus décisionnels ne remettant pas en cause les flux qui assurent la fonctionnalité du système, celui-ci nécessitant, vis-à-vis des écosystèmes, *« une éthique environnementale, une précaution, une prévention et une coopération à long terme entre les différents acteurs »*.

Figure 3. Quartiers de la rive gauche du fleuve (Sor) à Saint Louis : des remblais, des ordures et en toutes saisons, l'eau !

Que retenir de la session 2
Gouvernementalité des patrimoines
et territorialité ?

Gouvernementalité et Gouvernance interfèrent en pratique avec démocratie, décentralisation, représentativité et participation. La gouvernementalité des patrimoines pose, à la fois, implicitement et explicitement, la notion de démocratie participative (***Mouhamadou M. Diakhaté***), d'autant que les zones côtières sont des zones à enjeux : les jeux et les enjeux de pouvoir économique s'exacerbent avec la prise de conscience des populations de la qualité des ressources de ces terroirs. *« La démocratie participative est la clé de voûte de la décentralisation mais pose elle-même une problématique liée à la psychologie sociale des groupes socio-ethniques constitués dans les terroirs ».*

Ces très riches exposés se sont intéressés à la gouvernance des territoires, de leurs ressources, de leurs usages. La protection des milieux, de la biodiversité, fait bien sûr partie des usages des zones de rencontre entre sociétés et milieux naturels, plus encore près du littoral, où ces éléments sont très imbriqués. La sauvegarde et la patrimonialisation entraînent souvent un risque d'accaparement des espaces pour besoin de protection, ce qui est mal perçu par les communautés qui se voient déposséder de ressources qu'elles exploitent parfois depuis plusieurs générations ; c'est dire l'urgence du participatif… ***Elisabeth Diouf*** évoque quant à elle l'intérêt de « *l'effectivation* » d'une gouvernance par la régulation *« au participatif ».*

Inscrits dans les cultures locales, témoins et lieux de conservation des savoirs locaux et des traditions culturelles et cultuelles, les sites naturels sacrés (SNS) font « *partie de* ***l'espace*** *invisible contrôlé par des forces surnaturelles et dont l'appréhension par l'homme passe par la médiation de gens initiés à un savoir ésotérique* » (***Sidia Badiane***). Ils résultent d'un processus de patrimonialisation et peuvent être « *un lieu terrestre ou aquatique perçu par une communauté culturelle comme étant le siège d'êtres surnaturels* », ou un lieu « *particulièrement révéré par un peuple, une culture ou un groupe culturel comme le centre d'une croyance spirituelle, d'une pratique ou d'un rituel religieux* ». Ces espaces remplissent de manière spontanée un rôle de préservation du patrimoine végétal, en tant qu'espaces effectivement préservés depuis l'arrivée des communautés villageoises dans les territoires concernés.

Entre exclusion et fabrique d'une élite conversationniste, ***Mariama Diallo*** montre que « *dans le cas du Bamboung, l'idéologie participative* *contribue à la fabrique d'une élite locale consciente des enjeux de conservation et capable de capter la rente verte* ». On serait même tenter de parler de « *leadership environnemental*». Ce genre de « *dérive* » est inhérent à tout processus où des enjeux « *apportés* » par des organisations ou des personnes allogènes, s'ajoutent aux enjeux et pressions locaux. L'eau fait sans conteste partie de ce patrimoine, tant elle est imbriquée dans la lisière continentale mais aussi très profondément dans les terres, par les marais maritimes et les estuaires. La réhabilitation du patrimoine doit se faire autant que possible autour de l'eau-patrimoine et ***Romeo Farinella*** suggère à travers deux exemples, à Comacchio en Italie du Nord et à Saint Louis, comment renouer avec les expériences et le savoir-faire dans la réhabilitation des villes d'eau et des paysages fluviaux.

Mais l'eau et les milieux aquatiques sont aussi patrimoines et éléments de l'écosystème et sont aussi des ressources ; l'eau potable est même une condition de vie et par là, quand elle est absente ou rare, une contrainte au développement des communautés. En milieu insulaire, elle est une préoccupation accrue, du fait du sel omniprésent **(*Kane et al.*).** Ces auteurs promeuvent la professionnalisation de la distribution et la tarification, ainsi que les bonnes pratiques telles que les techniques d'exhaure « vertes ». Dans ces milieux plus qu'ailleurs se posent des problèmes de gouvernance des espaces et des ressources ; il faut par une démarche participative (***Adama Mbaye et Marie-Christine Cormier-Salem***), prendre en compte les savoirs des populations, légitimer les droits traditionnels des pêches, établir un cadre dans lequel les acteurs et les chercheurs se concertent pour arriver à de meilleures pratiques de gestion des ressources.

Que retenir de la session 3 Outils de planification locale ?

Avant de voir concrètement comment les outils de spatialisation, les enquêtes, les bases de données peuvent aider à la planification locale, il est utile de s'interroger, avec *Amadou Tahirou Diaw,* sur quelques lignes contributives à la réflexion, des types de questionnement sur les stratégies, leur définition et contenu, puis sur le contenu de l'information géographique à collecter et les apports des différents outils de planification mais surtout bien sûr, sur le sens de la participation.

Pour mieux percevoir des indicateurs de vulnérabilité ou de résilience des agrosystèmes qui nous intéressent et des espaces côtiers en général, rien de tel que la carte. Et l'un des outils les plus « visibles » et les plus

« lisibles » à la fois, à la portée de tous mais contenant une information scientifiquement validée et spatialisée, les atlas, constituent un formidable outil de planification. Le LMI PATEO intervient dans deux de ces productions en cours de réalisation, sous des formes différentes. L'atlas SIRENA de la RBTDS est un pur produit du LMI qui a suscité et porté l'outil SIRENA, un SIG participatif et collaboratif construit et nourri par les acteurs du delta (*Labaly Touré et al.*). La plateforme SIRENA est un outil commun des scientifiques et des acteurs de terrain et des gestionnaires et décisionnaires, un excellent outil de valorisation et d'aménagement qui apporte une information de première main, à la disposition de tous, l'atlas n'étant qu'une épreuve papier à un temps « *t* » d'un système vivant et en constante évolution…. L'atlas des dynamiques sociales et environnementales de la Basse Casamance et de la Guinée Bissau, porté par le GRDR, est un document dont l'objectif est d'analyser, sur une cinquantaine d'années, les dynamiques territoriales et sociales de cette aire également transfrontalière. Il s'agit d'aboutir à une « *cartographie participative pour bâtir une connaissance concertée des mutations de territoire dans l'espace* » (*Francis Ehemba et al.).* L'aspect novateur de ce dernier travail tient beaucoup au très riche et très multiple apport de la cartographie participative. En effet, dans le cadre de ce LMI, la constante collaboration scientifiques/acteurs de terrain aura permis de mener une riche expérience de cartographie participative. Pour *EH Balla Dièye, Tidiane Sané* et leurs collaborateurs, ce qui, à la fois en fait la richesse et l'originalité, et en conditionne la réussite, est l'aspect collaboratif, centré autour des points suivants : la sensibilisation des acteurs en général, le choix et sensibilisation des points focaux, les travaux de terrain et l'indispensable restitution. Enfin, le Capitaine *Ousseynou Niang* et al, ont démontré le grand intérêt d'un autre outil de planification spatiale des ressources et des usages, le « système-expert », un outil qui sert à répondre aux questions que se posent souvent les preneurs de décision, à savoir « *comment les gestionnaires de cet écosystème aquatique arrivent-ils à prendre « la bonne » décision* ? » ; leur terrain d'application expérimental, la plus grande réserve d'eau douce du Sénégal, à savoir le lac de Guiers, concentre les enjeux et les pressions sur la ressource, l'espace et leur usage respectif, et exige une gestion concertée et conservationniste d'autant plus stricte que le lac est la principale réserve d'eau douce de la ville de Dakar et d'autres villes du centre-ouest du Sénégal.

L'apport du LMI MediTer à PATEO est primordial au moins à deux niveaux : celui de l'ainé, apparu un an avant, et qui a ouvert la voie des

LMI « SHS » dans un milieu très complémentaire, les hinterlands d'Afrique du Nord ; et celui du voisin justement, puisque MediTer est basé au Maroc, pays qui a des liens historiques et profonds, au niveau culturel mais aussi au plan scientifique, avec l'Afrique sub-saharienne en particulier avec le Sénégal et la Mauritanie. Le co-directeur du LMI MediTer, ***Bruno Romagny***, a cherché à déterminer quels étaient justement les liens thématiques et stratégiques inter LMI, les mettant en évidence dans les défis environnementaux et sanitaires, qui questionnent la notion même de progrès, la pensée critique sur la croissance, les revendications et contestations, la transparence…

Dans un contexte de fragilité croissante des zones littorales et du trait de côte, de pression accrue sur les espaces, les ressources et les usages, les méthodes participatives sont apparues primordiales et particulièrement utiles et adéquates aux chercheurs du LMI PATEO et leurs partenaires de la société civile, acteurs des activités multiples d'un milieu complexe où la terre et la mer sont constamment imbriquées.

Figure 4. Un conflit Océan/continent permanent, un trait de côte fuyant et mouvant, surtout quand l'Homme joue aux apprentis sorciers : érosion côtière dans le Gandiolais : les fiaos peuvent freiner l'érosion, pas la stopper

Dans ce conflit Océan/continent, la démarche participative autorise une meilleure prise en compte des divers usages de l'espace et des risques que les activités pourraient faire courir aux milieux, et plus encore des facteurs de résilience des communautés et des milieux, en gros des agrosystèmes ; les risques sont exacerbés par l'élévation en cours du niveau océanique, qui accentue le conflit du trait de côte, à travers l'érosion côtière, les risques de submersion accrus, la salinité et la salinisation des sols et des nappes… les démarches participatives peuvent-elles freiner l'action des marchands de sable, des destructeurs de mangrove, et autres « coupeurs de Langue (de Barbarie) » ? Quoiqu'il en soit, elles permettent de mieux cerner le contexte et les enjeux de cette zone forte d'enjeux….

La démarche participative doit permettre de mieux comprendre les concurrences en question, concurrences d'usage, concurrences d'utilisateurs, entre tourisme, écotourisme, élevage, pêche, aquaculture, exploitation des coquillages, produits de la mangrove, extraction de matériaux ou de minerais, sports nautiques ; elles permettent de mieux prévoir les conflits que ces concurrences peuvent apporter dans le contexte du conflit océan/continent. C'est probablement à travers l'expérience de la cartographie participative, menée sur les communes côtières de Diembéring en Casamance et de Varela en Guinée Bissau, que le LMI a acquis la plus forte expérience et la meilleure expertise des sciences participatives.

Figure 5 : cartographie participative au village de Varela Iale (Guinée Bissau)

TABLE DES MATIÈRES

SESSION 1

DYNAMIQUE BIOÉCOLOGIQUE, ENVIRONNEMENTALE ET SOCIALE DES DELTAS

SESSION 3

OUTILS DE PLANIFICATION LOCALE

Le Sénégal
aux éditions L'Harmattan

Dernières parutions

L'ESTHÉTIQUE SOCIALE DES PULAAR
Socioanalyse d'un groupe ethnolinguistique
Sy Harouna
L'esthétique sociale pulaar est une mise en ordre éthique de la vie sociale. Elle est l'inventaire systématique de ce qu'il y a de beau et de laid dans le social relativement à ses valeurs, à ses normes, à ses règles et à ses codes qui commandent des postures, des relations, des rapports et des qualités appropriés. L'analyse des contradictions de la société pulaar du Fuuta Tooro a révélé des logiques et des stratégies fondées sur des rapports de castes et sur les représentations sociales que ces rapports produisent.
(31.00 euros, 304 p.)
ISBN : 978-2-343-11189-6, ISBN EBOOK : 978-2-14-002810-6

LE BAYNUNK GUNAAMOLO, UNE LANGUE DU SUD DU SÉNÉGAL
Analyse phonologique, morphologique et syntaxique
Diop Sokhna Bao - Préface de Denis Creissels
Le Sénégal est un pays multilingue avec des langues majoritaires et des langues minoritaires, de par le nombre de leurs locuteurs, mais également de par la quantité de travaux dont chacune dispose. Les langues majoritaires ont fait l'objet de nombreuses recherches, à la différences des langues minoritaires. Ce constat est à l'origine du choix porté sur la description de la variante gunaamolo du baynunk (parlé au sud du Sénégal, plus précisément à Niamone, dans la région de Ziguinchor) qui est une langue en danger très peu décrite. L'utilité et l'intérêt de ce travail résident dans la sauvegarde et la connaissance de cette langue et sa communauté. Elle peut servir aussi de référence à des recherches futures.
(Coll. Études africaines, 38.50 euros, 392 p.)
ISBN : 978-2-343-09614-8, ISBN EBOOK : 978-2-14-002913-4

DE L'HÉRITAGE ARABO-ISLAMIQUE SAINT-LOUISIEN
Une illustration par les œuvres d'Abbas Sall et d'Abdoulaye Fall Magatte
Fall Cheikh Tidiane - Préface de Samba Dieng et Postface de Mouhamed Habib Kébé
Cet ouvrage porte sur la réhabilitation du legs culturel arabo-islamique ouest-africain en général et saint-louisien en particulier. Revaloriser un pan du patrimoine culturel par l'entremise de l'imagination poétique locale de deux intellectuels demeure l'objectif principal de cette étude. Une partie descriptive constituée de la traduction d'une cinquantaine de poèmes suivie d'un volet analytique constitue la méthodologie de ce travail de recherche. La moisson tirée de ce travail préliminaire apporte quelques éclairages sur l'intérêt de la traduction de manuscrits arabes, notamment ceux produits par d'éminents ulémas du Sénégal, tels les deux poètes faisant l'objet de cette étude.
(Harmattan Sénégal, 35.00 euros, 340 p.)
ISBN : 978-2-343-11306-7, ISBN EBOOK : 978-2-14-003014-7

L'AGRICULTURE DU SÉNÉGAL SOUS LA COLONISATION
Diop Ismaïla
L'introduction de l'arachide au Sénégal au début du XXe siècle révolutionne le paysage agricole. La France décide alors de faire du Sénégal une colonie arachidière. Le Sénégal devient la troisième puissance arachidière du monde après les États-Unis et l'Inde. Cette monoculture extensive aboutit à un déficit vivrier chronique, une dégradation des sols, une dépendance vis-à-vis des importations de riz en provenance d'Asie. Pour y remédier, le rapport de la mission Roland Portères de 1952 recommande des mesures d'aménagement du territoire, de restauration des sols, de promotion de l'agriculture intégrée sérère.
(Harmattan Sénégal, 23.50 euros, 218 p.)
ISBN : 978-2-343-11129-2, ISBN EBOOK : 978-978-2-14-002836-6

CASAMANCE
À quand la paix ?
Bassène René Capain - Préface du père Nazaire Diatta
Malgré leur volonté et leur engagement affichés d'aller vers la fin du conflit armé en Casamance, la position des parties en guerre n'a jamais réellement évolué. L'État du Sénégal se dit prêt à négocier sur tous les points, sauf sur ceux relatifs à l'intégrité territoriale et l'unité nationale, alors que, de son côté, le MFDC soutient une position contraire en déclarant être disposé à ne négocier que sur la question se rapportant à l'indépendance totale de la Casamance. Cette situation montre que le conflit armé est encore loin de finir en Casamance.
(28.50 euros, 276 p.)
ISBN : 978-2-343-10426-3, ISBN EBOOK : 978-2-14-002593-8

PARCOURS D'UN JOURNALISTE AUTODIDACTE
Ndiaye Pape Ngagne - Préface de Mamoudou Ibra Kane
Pape Ngagne Ndiaye, par son style, est devenu un rendez-vous incontournable de l'espace audiovisuel sénégalais. L'émission « Faram Faccce » qu'il anime présentement sur TFM est très courue des hommes et femmes politiques pressés de se soumettre au feu roulant et nourri des questions du redoutable interviewer, unique dans son genre. Ce livre n'est pas seulement une autobiographie, mais aussi une réflexion thématique et une sélection rigoureuse de certains numéros de la célèbre émission qui se veut « un décryptage des questions majeures de l'actualité nationale ».
(37.00 euros, 360 p.) ISBN : 978-2-343-09916-3, ISBN EBOOK : 978-978-2-14-002822-9

DES FRANCENABE AUX MODOU-MODOU
L'émigration sénégalaise contemporaine
Fall Papa Demba - Préface du Professeur Abdoulaye Bara Diop
Principalement centré sur la France et ses anciennes colonies d'Afrique, le champ migratoire sénégalais s'est, de manière originale, progressivement étendu à des destinations naguère méconnues ou peu fréquentées (comme les États-Unis, l'Italie, l'Espagne, l'Afrique du Sud ou le Brésil). Peu à peu, les migrants sont devenus des acteurs incontournables du développement. La prise en compte de ces populations, et de leurs mouvements, devient donc nécessaire aux programmes et politiques de développement durable.
(Harmattan Sénégal, 40.00 euros, 559 p., Illustré en noir et blanc)
ISBN : 978-2-343-10796-7, ISBN EBOOK : 978-2-14-002539-6

« DOYEN » AMADY ALY DIENG, LE TRANSMETTEUR INTÉGRAL (1932-2015)
Économie biographique ou sémio-Histoire
Ngaïdé Abdarahmane
Amady Ali Dieng nous a quittés il y a un an. Pour lui rendre hommage et s'en rappeler les enseignements, l'auteur de cet ouvrage a décidé de compiler ses nombreux écrits ou interventions. Les quatorze textes qui composent cette anthologie sont représentatifs et significatifs de la personnalité, du style et des préoccupations d'Amady Ali Dieng. On y retrouve son style, son humour et son esprit critique.
(Harmattan Sénégal, 23.50 euros, 228 p., Illustré en noir et blanc)
ISBN : 978-2-343-10855-1, ISBN EBOOK : 978-2-14-002561-7

41 RULES TO BE HAPPY
Kane Babaly
Seeing that happiness is the goal towards which all men strive for, the author wrote this book to help the reader in treasuring the joyous of life and realizing his desires in entirety, to be fulfilled, to claw his way to the top and to assure him it will turn out well in the end. Moreover, this book intends to give the keys us to get the secret for reaching we want in this life. 41 rules to be happy is a little self help book which has 41 rules that are meant to allow every reader to live life in full potential.
(Harmattan Sénégal, 14.50 euros, 138 p.)
ISBN : 978-2-343-10904-6, ISBN EBOOK : 978-2-14-002583-9

SÉNÉGAL
Les limites du Plan Sénégal Émergent
Mansour Samb El Hadji
Cet ouvrage présente une analyse profonde des politiques publiques en décortiquant le Plan Sénégal Émergent (PSE) qui jusque-là n'a fait l'objet d'aucune analyse critique sérieuse. Le Sénégal est face à un défi, le défi de son émergence, un défi qu'il compte relever avec tous ses fils. Ce défi qui mobilise aujourd'hui tout le monde doit nous pousser à proposer de nouveaux chemins et à animer un débat nécessaire et incontournable dans tout processus d'émergence.
(Harmattan Sénégal, 27.00 euros, 276 p.)
ISBN : 978-2-343-09721-3, ISBN EBOOK : 978-2-14-002372-9

SÉNÉGAL
Dynamiques paysannes et souveraineté alimentaire
Le procès de production, la tenue foncère et la naissance d'un mouvement paysan
Diop Amadou Makhouredia - Préface d'Yves Guillermou ; Postface de Fodé Niang
Le présent ouvrage contribue à la compréhension des stratégies développées par la petite paysannerie et les dynamiques qui animent les exploitations agricoles familiales permettant la production de biens nécessaires à l'alimentation et l'entretien des familles. La capacité des paysans à prendre en main leurs propres préoccupations a été mise en évidence par l'émergence d'organisations, de groupements, d'associations et d'unions dans tout l'espace rural sénégalais.
(Harmattan Sénégal, 26.00 euros, 256 p.)
ISBN : 978-2-343-10852-0, ISBN EBOOK : 978-2-14-002457-3

HISTOIRE ET SOCIOLOGIE DES RELIGIONS AU SÉNÉGAL
Tamba Moustapha
Le Sénégal reste une exception dans le domaine religieux : 90 % de musulmans, 5 % de chrétiens et 5 % d'adeptes de l'animisme. C'est aussi le pays où les musulmans et les catholiques partagent le même cimetière, où les conjoints partagent des religions différentes, où les écoles privées catholiques comptent 60 à 70 % d'élèves de confession musulmane, etc. Ce phénomène n'est pas dû au hasard. L'histoire et la sociologie des religions permettent de l'expliquer amplement. Cet ouvrage souligne cette exception sénégalaise pour montrer qu'au moment où notre monde est en proie au fanatisme, à l'intolérance et au terrorisme religieux, le Sénégal propose un autre « modèle ».
(Coll. Études africaines, série Economie, 41.00 euros, 426 p.)
ISBN : 978-2-343-10424-9, ISBN EBOOK : 978-2-14-002506-8

FIGURES DU POLITIQUE ET DE L'INTELLECTUEL AU SÉNÉGAL
L.S. Senghor - M. Dia - A. Ly - CH. A. Diop A. Diouf & F. Mitterrand - J.R. De Benoist - A. Seck - TH. Fall - A. M. Samb - A.M. Samb JR - TH. Monod - H. Bocoum - G. R. Thilmans
Samb Djibril
Cet ouvrage réunit des personnalités politiques et/ou intellectuelles très diverses : Léopold Sédar Senghor, l'Immortel Noir ; Mamadou Dia, le brillant économiste ; François Mitterrand et Abdou Diouf, deux experts politiques, ou encore Théodore Monod, le savant probe. Ces figures sont autant de coryphées auxquels l'auteur a voulu rendre hommage, afin de rappeler que la terre africaine du Sénégal ne manque pas de princes de l'esprit ni de nourriture intellectuelle.
(26.00 euros, 266 p.)
ISBN : 978-2-343-10731-8, ISBN EBOOK : 978-2-14-002513-6

TÉLÉVISIONS AU SÉNÉGAL
Entre désert de contenu et sécheresse intellectuelle
Djimbira Cheikh Mouhamadou
« Il faut lire ce livre en considérant qu'il a été sciemment écrit dans l'intention de nuire à la société spectaculaire. Il n'a jamais rien d'outrancier. » Cette pensée de Guy Debord nous permet de comprendre à bien des égards, l'ouvrage de Cheikh Mouhamadou Djimbira qui est un plaidoyer pour la création de programmes audiovisuels de qualité.
(11.50 euros, 80 p.)
ISBN : 978-978-2-343-10790-5, ISBN EBOOK : 978-978-2-14-002528-0

UN SCOUT SÉNÉGALAIS
L'aventure citoyenne (deuxième édition)
Ndene Pascal - Préface de Jacques Moreillon
Lorsque nous parlons de l'adolescence, nous évoquons l'autonomie, la responsabilisation, la citoyenneté, le jeu, les relations avec les parents et avec les pairs. Toutes ces questions sont abordées dans ce livre qui montre avec humour le parcours éducatif d'un adolescent dans le scoutisme. Ce livre s'adresse à tous les jeunes, garçons et filles, aux parents et éducateurs de tout milieu social et culturel, ainsi qu'à tous les scouts et guides du monde.
(14.00 euros, 124 p.)
ISBN : 978-2-343-10965-7, ISBN EBOOK : 978-2-14-002526-6

LA PENSÉE DE CHEIKH AHMADOU BAMBA FACE AUX DÉFIS AFRICAINS
Sow Cheikh Mar
Cheikh Ahmadou Bamba Mbacké a su déterminer une nouvelle vision aux yeux de ses contemporains en formulant d'une façon très claire des idées novatrices capables de faire bouger le peuple. Cette conception de la société dans sa globalité a permis «à chaque individu de devenir un centre d'initiative, de création et de responsabilité à tous les niveaux : celui de l'économie, de la politique, de la culture ; une conception qui ne soit ni individualiste, ni totalitaire mais fondée sur les communautés de base».
(Harmattan Sénégal, 24.00 euros, 238 p.)
ISBN : 978-2-343-10021-0, ISBN EBOOK : 978-2-14-002284-5

LE MODERNISME EN ISLAM
Introduction à la pensée de Sayyid Amir Ali
Diagne Mbengue Ramatoulaye
« Les thèmes abordés par le Professeur Ramatoulaye Diagne dans sa lecture de la pensée d'Amir Ali ont tous un lien indéfectible avec le pluralisme et la paix. (...) Dans la lecture de son ouvrage, on arrive à comprendre que le modernisme d'Amir Ali est une sorte de renouveau dans la pensée islamique. C'est un mouvement d'intellection qui intègre, dans une cohérence architecturale, l'usage de la raison, l'esprit du soufisme pratique ghazalien et la finalité de la prière qui concilie l'ascèse de l'âme à la transformation positive des sociétés. » Abdoul Aziz Kebe, Ancien Chef du Département d'Arabe UCAD-DAKAR.
(Harmattan Sénégal, 15.00 euros, 144 p.)
ISBN : 978-2-343-09977-4, ISBN EBOOK : 978-2-14-002211-1

MA RENCONTRE AVEC ALLAH
De l'obscurité à la lumière
Mbengue Adama Ousmane
Cet ouvrage traite surtout de la question essentielle du Mahdi qui vient pour apporter les solutions idoines en s'appuyant sur la Sharia mouhammadiya et la Tariqah ahmadiya afin d'offrir à tout individu le meilleur profil dans la société idéale qu'il compte établir.
(Harmattan Sénégal, 14.50 euros, 134 p.)
ISBN : 978-2-343-10299-3, ISBN EBOOK : 978-2-14-002277-7

L'HARMATTAN ITALIA
Via Degli Artisti 15; 10124 Torino
harmattan.italia@gmail.com

L'HARMATTAN HONGRIE
Könyvesbolt ; Kossuth L. u. 14-16
1053 Budapest

L'HARMATTAN KINSHASA
185, avenue Nyangwe
Commune de Lingwala
Kinshasa, R.D. Congo
(00243) 998697603 ou (00243) 999229662

L'HARMATTAN CONGO
67, av. E. P. Lumumba
Bât. – Congo Pharmacie (Bib. Nat.)
BP2874 Brazzaville
harmattan.congo@yahoo.fr

L'HARMATTAN GUINÉE
Almamya Rue KA 028, en face
du restaurant Le Cèdre
OKB agency BP 3470 Conakry
(00224) 657 20 85 08 / 664 28 91 96
harmattanguinee@yahoo.fr

L'HARMATTAN MALI
Rue 73, Porte 536, Niamakoro,
Cité Unicef, Bamako
Tél. 00 (223) 20205724 / +(223) 76378082
poudiougopaul@yahoo.fr
pp.harmattan@gmail.com

L'HARMATTAN CAMEROUN
BP 11486
Face à la SNI, immeuble Don Bosco
Yaoundé
(00237) 99 76 61 66
harmattancam@yahoo.fr

L'HARMATTAN CÔTE D'IVOIRE
Résidence Karl / cité des arts
Abidjan-Cocody 03 BP 1588 Abidjan 03
(00225) 05 77 87 31
etien_nda@yahoo.fr

L'HARMATTAN BURKINA
Penou Achille Some
Ouagadougou
(+226) 70 26 88 27

L'HARMATTAN SÉNÉGAL
10 VDN en face Mermoz, après le pont de Fann
BP 45034 Dakar Fann
33 825 98 58 / 33 860 9858
senharmattan@gmail.com / senlibraire@gmail.com
www.harmattansenegal.com

L'HARMATTAN BÉNIN
ISOR-BENIN
01 BP 359 COTONOU-RP
Quartier Gbèdjromèdé,
Rue Agbélenco, Lot 1247 I
Tél : 00 229 21 32 53 79
christian_dablaka123@yahoo.fr

Achevé d'imprimer par Corlet Numérique - 14110 Condé-sur-Noireau
N° d'Imprimeur : 138003 - Dépôt légal : avril 2017 - *Imprimé en France*